Electrónica divertida con Raspberry©

Gregorio Chenlo Romero (gregochenlo.blogspot.com)

Notas (v4):

Índice

Dedicatoria

A D. Antonio Mira Mira

Excelente persona, excelente profesor,
siempre alegre, siempre responsable,
rey del "mutatis mutandis",
en este valle de lagrimas
de aquí a la eternidad

1.-INTRODUCCIÓN

C uando publiqué mi primer libro de Domótica "Domótica con Raspberry©, Google© y Python©: un proyecto de Domótica útil y divertida" (www.amazon.com), tanto en Español como en Inglés, recibí varios comentarios de los lectores animándome a escribir otro libro para principiantes en el uso de la Raspberry© como base para la creación de ejercicios de desarrollo de pequeños proyectos, donde se explicara paso a paso, más despacio, en más detalle, más sencillo, etc. cómo se utiliza una Raspberry©, comenzando desde cero e ir añadiéndole elementos de menor a mayor complejidad: un LED, un pulsador, sensores, interruptores, controladores, dispositivos Domóticos, acceso desde la Web, control por voz, etc.

En el primer libro se describía como utilizar la Raspberry© para crear un proyecto Domótico concreto y completo con múltiples sensores (temperatura, humedad, termostato con geolocalización, fallos de suministro, sensor del estado de la puerta del garaje, toxicidad del aire en el garaje, llamada al timbre de la puerta, sensores de presencia, escapes de gas, detector de fuego y humo, inundación, estado de la conexión a Internet, botones, etc.), múltiples actuadores (iluminación, subida/bajada de persianas, LED de estado del sistema, señales acústicas y de voz, simulación del ladrido del perro guardián, relés, válvulas de gas y agua, control electrónico por "watchdog", etc.), algoritmos inteligentes de control (procesos repetitivos, rutinas, escenas, etc.) uso de integradores de aplicaciones y dispositivos de diversos fabricantes (tipo IFTTT©) o incluso la gestión bidireccional de todo el sistema mediante voz (Brodcasting) con un lenguaje natural, usando para ello la Inteligencia Artificial incluida en algún asistente como es el Google Home© o Alexa©.

Por lo tanto, atendiendo a esta propuesta de los lectores de mis primeros libros, me he decidido a escribir el presente libro que pretende ayudar al lector principiante a adquirir conocimientos básicos generales sobre Electrónica y particulares en el uso de una Raspberry© para poder usar su potencial de gestión de diversos dispositivos electrónicos, Domóticos, etc.

En el mercado ya existen varias publicaciones que persiguen objetivos similares a éste (sobre todo en Inglés) pero suelen ser muy teóricos, aburridos, demasiado escuetos, sin profundidad suficiente, sin la explicación de los porqués de las cosas, orientados a proyectos muy complejos que en muchas ocasiones solo aplican en soluciones muy concretas y que no ayudan a un proceso de aprendizaje sólido que permita desarrollar un proyecto propio.

Al contrario, aquí no se desarrolla ningún proyecto en concreto pero se explican, en profundidad, pequeños ejemplos o ejercicios que consolidan conocimientos para que un principiante y entusiasta del auto aprendizaje y del auto desarrollo puede implantar sus propias ideas que seguro serán nuevas, creativas, inéditas y excelentes.

En este sentido, este libro contiene una primera parte donde se introducen los conceptos básicos necesarios para disponer del hardware (Raspberry©, GPIO©, HDMI©, redes Gigabit©, pantallas táctiles, etc.) y el software (sistema operativo, instrucciones básicas, configuración, actualización, instalación de paquetes, asignación de IP, acceso remoto a la Raspberry©, arranque del sistema, inicio de dispositivos, software de gestión Python©, etc.) necesarios para iniciar una actividad lúdico formativa entorno a la Electrónica gestionada con una Raspberry©.

La segunda parte del libro incluye unos ejercicios prácticos (50 con solución detallada y más de 150 propuestas para que el lector experimente por su cuenta) para afianzar la formación de los conceptos teóricos básicos y con una complejidad incremental ejercicio a ejercicio. Cada ejercicio describe el objetivo perseguido, los componentes necesarios y la teoría (hardware y software) imprescindible para entender los conceptos y conseguir el objetivo, además todo ello escrito en un lenguaje que persigue el entretenimiento y el pasárselo bien del lector y con gráficos, esquemas, fórmulas, fotos, etc. que facilitan una mayor comprensión de todos los conceptos utilizados.

La tercera parte incluye una lista de software adicional (aplicaciones para Raspberry©, ordenador y móvil) que ayudan a mejorar el proceso de desarrollo de los ejercicios, la prueba previa, su documentación, la búsqueda de recursos técnicos, etc. haciendo mucho más sencillo, fácil, asequible y amigable todo el proceso.

Hoy en día los fans de estas tecnologías tenemos la gran suerte de que en las últimas décadas se ha impulsado drásticamente el desarrollo de los sistemas electrónicos de gran consumo, la facilidad en el acceso a las nuevas tecnologías por parte de cualquier persona interesada, la proliferación de dispositivos electrónicos de todo tipo, (sensores, actuadores, aplicaciones, integradores, asistentes de voz, etc.), el abaratamiento de dichos sistemas que hacen que el precio deje de ser un problema para su uso, la "democratización" en el uso de la **Inteligencia Artificial** (tanto el software, como en los dispositivos específicos, asistentes personales, etc.), gran facilidad de acceso a la información que brinda Internet (buscadores, contenido formativo, difusión gratuita de información, vídeos explicativos, manuales, foros de debate, grupos de trabajo, descarga de información por parte de fabricantes y usuarios, tutoriales, etc.), software de integración de aplicaciones y dispositivos (tipo "If this then that" o IFTTT©) etc. que hacen con todo ello que no haya excusa para no afrontar y dedicar unas cuantas horas a formarse en esta tecnología, planteándose el proceso como una formación formal y estructurada pero además y muy importante como parte de un hobby o un tiempo dedicado al entretenimiento.

De esta manera, se ha potenciado la aparición de sistemas electrónicos e informáticos, a coste muy reducido o incluso gratuitos, asociados a las necesidades de digitalización, de aprendizaje, de desarrollo personal, de ocio, hobbies, entretenimiento, formación, auto desarrollo, etc. que han eliminado totalmente las barreras de entrada para que cualquier persona, de cualquier edad y con cualquier tipo de conocimiento quiera iniciarse en este mundo.

Finalmente, este libro persigue la formación, el entretenimiento y el desarrollo del lector, por lo tanto no incluye ningún proyecto "llave en mano" o servicio "plug & play", al contrario, persigue que el camino que se vaya recorriendo sea el motor del objetivo formativo y del desarrollo personal y no el destino del viaje.

Para ello, se incluyen tanto 50 los ejercicios resueltos como otros 150 ejercicios propuestos sin resolver, por lo tanto "buen viaje" y espero, que tras la lectura del libro, o parte de él, se hayan adquirido, por una parte, algunos conocimientos básicos que sirvan de impulso para volar en este mundo donde la Raspberry© es el trampolín y por otra parte se haya pasado un tiempo de entretenimiento en el que el proceso de prueba y error es el fundamento de un sólido aprendizaje.

☉☉☉

2.-COPYRIGHT

El autor de este libro es Gregorio Chenlo Romero, que se reserva los derechos que la ley le otorga en cada región donde se publique este libro.

Este libro, en su 1ª edición, se publicó en Mayo de 2020 y le aplican los derechos de autor que la Ley Española le otorga ya desde el mismo momento de su publicación. Reservados todos los derechos. No se permite la reproducción total o parcial de esta obra.

Con el símbolo © al lado de cada producto, logo, idea, etc., se quiere indicar el respeto por las posibles marcas, propietarios y proveedores de hardware, software, etc., aquí descritas, por lo que podría reconocerse que todas ellas son posiblemente marcas ya registradas y posiblemente dispongan de los derechos que la Ley les pueda otorgar.

El autor no es experto en este tema y no dispone de la información o no conoce si alguna de ellas están sujetas a algún tipo de copyright o derecho de autor que le impida usarlas como referencia en este libro. Todas ellas están extraídas del navegador público de **Google©**, por lo que se entiende por lo tanto que su uso es totalmente público para utilizarlas, al menos como referencia, en obras similares a ésta.

Por otra parte, se afirma que el sistema aquí detallado se usa y está pensado únicamente para el uso en el entorno particular del hogar, uso formativo y/o lúdico, tal cual está escrito, sin pretensión comercial alguna, sin garantía alguna y declinando toda la responsabilidad que los lectores, otras personas, terceros, empresas, etc., puedan realizar por su cuenta y por el uso de la información aquí descrita.

A pesar de que todo lo descrito en este libro ha sido implantado y probado suficientemente, también se declina cualquier responsabilidad por el funcionamiento incorrecto o no exactamente idéntico al descrito, por parte de los diversos componentes, tanto hardware como software.

Finalmente indicar que se adjuntan las diversas fuentes públicas utilizadas, Web, etc., reafirmando los derechos que les puedan corresponder y declinando cualquier tipo de responsabilidad, garantía, etc., consecuencia de la variación o desaparición de dichas fuentes de información.

☉☉☉

3.-HARDWARE

Para realizar ejercicios de software/hardware con la Raspberry© contamos con múltiples opciones en libros, Web, tutoriales, etc. todas ellas buenas y entretenidas.

En este libro se describen opciones paso a paso, explicadas en detalle, con complejidad incremental en su introducción, sencillas, baratas, fáciles de conseguir y fáciles de configurar pero el lector dispone de un campo de trabajo casi infinito. Para ello se resume una teoría escueta, básica, imprescindible para iniciarse, 50 ejercicios resueltos paso a paso y 150 ejercicios propuestos para que el lector practique el aprendizaje adquirido.

Hay diversos tipos de Raspberry© en el mercado que pueden servir para este proyecto, desde la Raspberry© más básica, la Zero W hasta la versión 4 que es la más completa actualmente. Será el lector el que elija la que desee usar en función de sus necesidades actuales pero sobre todo futuras. Para los ejercicios aquí propuestos, con la Raspberry© 3 es más que suficiente.

Se adjunta una tabla con la comparativa de los parámetros fundamentales de las Raspberry© existentes en la actualidad más interesantes.

Modelo	Velocidad (Ghz)	Núcleos	RAM	USB	Red
Zero W	1	1	512 MB	1 micro	WIFI BT
Pi 3 B	1,2	4	1 GB	4 USB	10/100 WIFI BT
Pi 3 B+	1,4	4	1 GB	4 USB	10/300 WIFI DUAL BT
Pi 4	1,5	4	2 a 4 GB	4 2 USB 2.0 3 USB 3.0	1.000 WIFI DUAL BT

Como se observa, disponemos desde opciones muy básicas, con poca velocidad de procesador, poca memoria interna y conexión solo WIFI, hasta soluciones muy completas, con velocidades elevadas, RAM más que suficiente, conectividad USB tanto 2.0 como 3.0 y red Gigabit (1.000 Gb/s), WIFI dual (2,4Ghz y 5,0Ghz) y Bluetooth BT 5.0 (bajo consumo y mayor alcance).

Lógicamente el precio de cada opción también va a variar, ver por ejemplo www.amazon.com o www.kubii.fr. Una buena opción es una solución

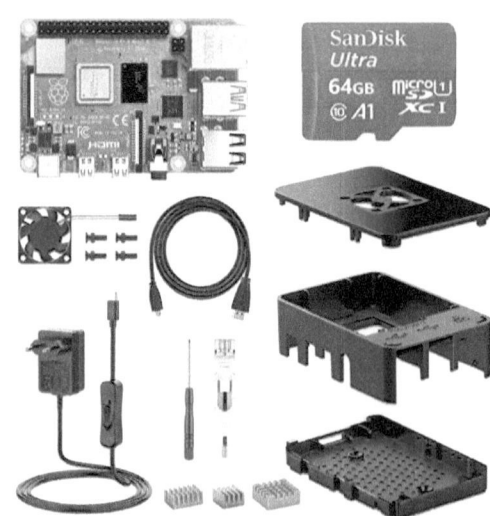

intermedia ,como puede ser la Pi 3 B+©, que es muy estable, está bien equipada y sin muchas necesidades de alimentación y ventilación.

En función de la Raspberry© elegida necesitaremos algunos componentes adicionales y que vamos a ver en detalle a continuación:

1. **Tarjeta uSD**: este es un elemento importante y como con todo, va a depender de lo que nos queramos gastar en una tarjeta de memoria uSD más o menos rápida o más o menos grande.

Puesto que vamos a realizar muchas prácticas en este proyecto, seguro que vamos a realizar varias copias de seguridad (muy recomendable), en este sentido para no ser muy pesado el proceso de copia, la tarjeta no debe ser muy grande, por ejemplo 16Gb es más que suficiente (las de menor tamaño no compensan por su coste por Gb).

Recomiendo, además, que la tarjeta sea clase 10 y tipo U-3 mínimo para disponer de una velocidad de lectura y escritura suficientes. En la Web tenemos varios tutoriales de cómo escoger el tipo de tarjeta: tamaño, velocidad, precio, etc.

2. **Caja para la Raspberry©**: hay muchas en el mercado, de todo tipo y precio. Aconsejo elegir una caja que sea fácil de montar, con bastantes orificios para la ventilación de la placa y de alguna marca conocida para asegurar la compatibilidad: ubicación de entradas/salidas, dimensiones, etc. y que tenga la posibilidad de acoplarle un pequeño ventilador alimentado desde el GPIO©.

Recomiendo además, que a la hora de escoger la caja prime que ventile bien y que tenga un tamaño compatible más que sea "bonita".

3. **Disipadores de calor**: muy aconsejables, es algo muy barato, muy fácil de instalar y nos ayudará a disipar el calor generado por los circuitos integrados más cargados (CPU, WIFI y memoria).

Mantener nuestra Raspberry© a una temperatura adecuada (menos de 50ºC) es muy importante para que nos dure varios años.

4. **Fuente de alimentación**: este también es un elemento muy importante pues debe contar con la potencia suficiente para alimentar todos los

circuitos de la Raspberry© y también de todos aquellos componentes que conectemos al GPIO©, esto es, al puerto de conexión que vamos a usar para nuestros ejercicios.

Si la fuente no dispone de la potencia suficiente nuestra Raspberry© no arrancará o mostrará una especie de "rayo" en la pantalla cuando estemos trabajando con ella.

Así, si vamos a usar una Raspberry© del tipo básico Zero W será suficiente con un cargador micro USB de 300mA/5v/1,5w pero si usamos una Raspberry© 4 debemos usar, como mínimo, un cargador USB-C 2,5A/5v/12,5w

Es también interesante que la fuente de alimentación disponga de un interruptor on/off pues la Raspberry© carece de él. Aprovecho esta sección para comentar que siempre que apaguemos nuestra Raspberry© lo hagamos desde la opción del sistema operativo <shutdown> y no apagando la alimentación directamente.

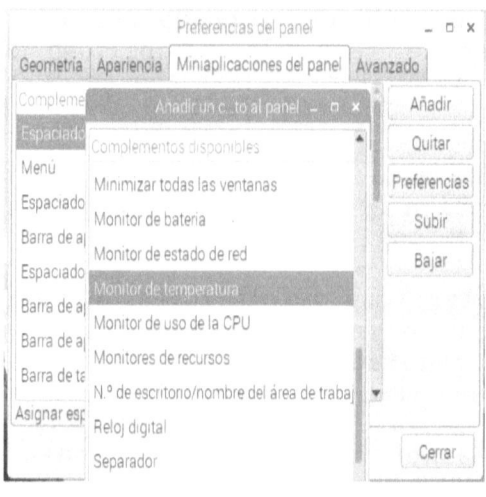

5. **Ventilador:** en función del tipo de Raspberry© que vayamos a usar (básica o avanzada), necesitaremos o no, un pequeño ventilador para garantizar que la temperatura del equipo esté dentro de los márgenes "normales" de temperatura de funcionamiento.

Personalmente recomiendo que si la Raspberry© es tipo 3 o superior se use siempre un ventilador, que sea silencioso y se adapte bien a la carcasa.

También aconsejo que se alimente del GPIO© entre los pines +3.3v y GND (ver el diagrama de conexión) con esto mantendremos la Raspberry© sobre los 35ºC si es tipo 3 o 40ºC si es tipo 4 con una carga media de trabajo o aproximadamente 5ºC adicionales para una carga de trabajo media-alta (por ejemplo reproduciendo un video). **ATENCIÓN:** estas cifras son orientativas pues dependerán del modelo de carcasa, ventilador, ubicación, temperatura ambiente, carga de trabajo, dispositivos conectados al GPIO©, etc.

Finalmente es importante probar si es mejor situar el ventilador para sacar el aire o para introducirlo en la carcasa, esto va a depender mucho de la "termodinámica" de la caja, para ello instalamos el ventilador, lo dejamos funcionando unos minutos y la Raspberry© reproduciendo un video (para simular una carga de trabajo) y observamos la temperatura que nos indica Raspbian© añadiendo en la barra superior lo siguiente (se detalla también en el apartado Software):

<boton derecho en barra superior> <añadir/quitar elementos del panel> <añadir> <monitor de temperatura>

6. **Cables de conexión:** aunque no son imprescindibles, podemos necesitar cables HDMI© para conectar la Raspberry© con un monitor o una TV, aquí tenemos que ver si se necesita un HDMI© normal o mini HDMI© (va a depender del modelo de Raspberry©).

También nos puede hacer falta algún cable USB para conectar algún disco duro, memoria USB, etc. y también algún cable de audio.

7. **Memoria USB:** este elemento no es imprescindible pero, por el precio actual de las memorias USB, no está nada mal conectar una de ellas a uno de los puertos USB de la Raspberry© y configurarla como si fuera un disco externo para realizar copia de seguridad de archivos pesados: fotos, diagramas, videos, etc. y de nuestro proyecto.

En este apartado deberemos formatear y preparar la memoria USB como una unidad de almacenamiento más, esto es, como si fuera un disco duro y esto lo veremos en el apartado Software.

No me voy a extender más en este apartado pues en la Web hay disponible todo tipo de información sobre todo tipo de memorias USB, precios, velocidades, etc. y como conectarlas a una Raspberry©, pero si disponemos de una Raspberry© 4 tenemos 2 puertos USB 3.0 y por lo tanto deberíamos usar memorias de este tipo.

8. **Resumiendo:** Necesitamos una serie de elementos hardware que van a depender del uso en el proyecto actual y en el futuro que queramos darle a nuestro equipo.

Personalmente y para usuarios que se están iniciando en este mundo recomiendo adquirir en el mercado, por ejemplo en www.amazon.com o en www.kubii.fr de un kit que contenga todos estos elementos, asegurándonos por lo tanto, la compatibilidad entre ellos y ahorrándonos mucho tiempo y puede que algún dinero en elegir componentes por separado.

⊖⊙⊖

*La Raspberry©

La placa de circuito impreso de la Raspberry© incluye múltiples componentes, como vemos en la figura siguiente, pero a nosotros nos interesan los comentados a continuación. En este libro se ha usado y descrito una Raspberry© 4 por disponer, en el momento de escribir este libro, de las mayores prestaciones pero los demás modelos tienen una configuración parecida (excepto los modelos más básicos) que siempre podemos consultar en la Web.

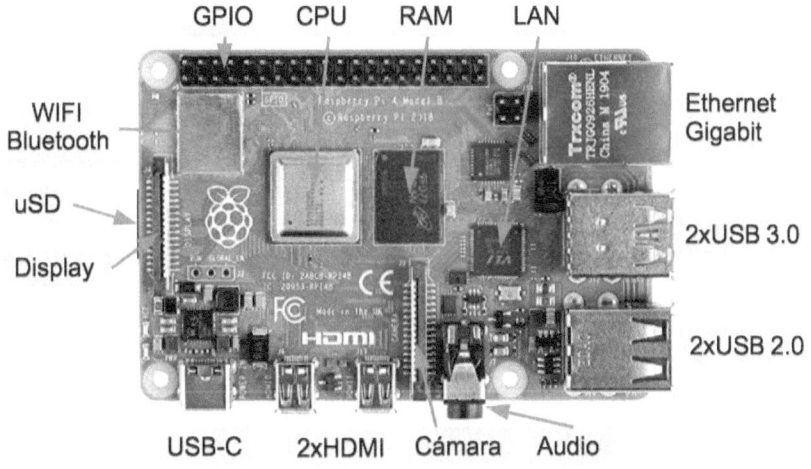

1. **CPU, RAM y LAN:** aquí es donde tenemos que situar los disipadores de calor pues son los componentes que más se calientan, sobre todo la CPU, y deberemos conseguir una temperatura de funcionamiento media (no superior a 50º).

2. **uSD:** la memoria uSD se inserta en una ranura especial para ella. Se trata de una ranura que está en la cara opuesta del circuito principal de la Raspberry© donde tenemos que insertar la memoria

uSD (micro SD) que contiene el sistema operativo (por ejemplo Raspbian©).

Esta memoria deberemos manipularla con cuidado debido a su fragilidad e intentando evitar tocar los contactos con los dedos para evitar posibles descargas electroestáticas que la dañen. Es fácil de introducir pues solo dispone de una posición y para extraerla solo es necesario tirar de ella hacia afuera (no es como en otros dispositivos en que la memoria se extrae empujándola primero hacia adentro).

3. **USB-C:** conector para acoplar la alimentación del equipo y que recordamos que par la Raspberry© 4 es del tipo 220v/+5v 3A. Si el alimentador no es el adecuado, por ejemplo no dispone de la potencia suficiente, es probable que la Raspberry© no arranque o nos salga un mensaje en pantalla recordándonos que usemos otro cargador. En otros modelos anteriores de Raspberry© el conector es del tipo micro USB.

4. **HDMI©:** en realidad son un par de conectores gemelos, del tipo micro HDMI© con capacidad 4K hasta 60fps (imágenes por segundo) y es donde conectaremos el cable HDMI© que nos permitirá ver lo que sucede en la Raspberry© en una TV. Como ya hemos visto, este elemento no es imprescindible pues podemos acceder al sistema a través de un acceso remoto del tipo VNC©. En modelos anteriores de la Raspberry© el HDMI© puede ser del tipo mini o del tipo normal.

5. **WIFI y Bluetooth:** Este componente es un chip que incluye la gestión de WIFI dual (2,4Ghz y 5,0Ghz) y de la conexión Bluetooth© del tipo 5.0 y por lo tanto de bajo consumo y mayor alcance que otras versiones

6. **Ethernet© Gigabit:** en este puerto deberemos conectar un cable Ehternet© con conectores RJ45© para acceder a Internet y a VNC© por cable si no queremos acceder por la WIFI.

Si queremos aprovechar toda la velocidad disponible de este puerto Gigabit© (1Gbps) es imprescindible que el cable sea de Categoría 5-e o superior y los conectores de calidad. El libro contiene un apartado tratando en detalle este tema. Las diferentes versiones de la Raspberry© disponen de diferentes velocidades en este puerto.

7. **USB:** Aquí podemos conectar múltiples dispositivos: memorias USB, discos duros con interfaz USB, impresoras, teclados con cable o inalámbricos, etc. Disponemos de 2xUSB 2.0 y 2xUSB 3.0 que podremos usar en función de la velocidad máxima que admita el dispositivo conectado. Las versiones anteriores de la Raspberry© solo disponen de conectores USB del tipo 2.0

8. **GPIO©:** Este es un conector específico de la Raspberry©, configurable por software y que nos permite conectar directamente múltiples dispositivos que dispongan de este conector: pantallas táctiles, tarjetas GPS, tarjetas 4G/5G, etc. pero también usar sus pines, de manera individual o en grupos (protocolos SPI©, I^{2}C©, 1-Wire©, UART©, etc.), para poder realizar ejercicios y pequeños proyectos. Esta última opción es la que trataremos en este libro.

☉☉☉

*El GPIO©

Como habíamos comentado, vamos a usar el GPIO© para gestionar nuestros ejemplos y proyectos y para ellos tenemos que saber algunas cosas **MUY IMPORTANTES**:

• Los pines del GPIO© solo se pueden conectar a señales de +3.3v y nunca a señales de +5v

• La intensidad máxima que puede gestionar un pin del GPIO© es de 16mA y la intensidad máxima de todos los pines usados no pasa de 78mA. Esto es muy importante, si superamos esta corriente vamos a "quemar" la Raspberry©. Usaremos siempre resistencias, bien calculadas, para controlar este tema y aun mejor, siempre que podamos aislaremos los pines de la Raspberry© de otras tensiones con el uso de opto acopladores (por ejemplo cuando usemos motores que generan muchos parásitos eléctricos).

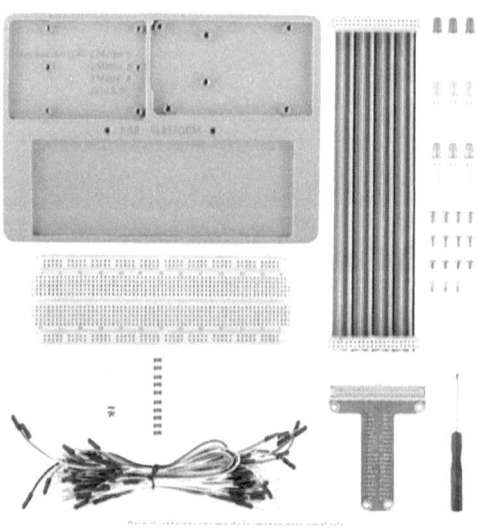

• Los pines de la Raspberry© son delicados, esto significa que no debemos estar enchufando y desenchufando constantemente dispositivos o cables en él. Para evitar esta situación, lo mejor es usar un cable plano de 40 pines y un extensor de GPIO© que podemos conectar fácilmente (teniendo en cuenta la polaridad del conector) a una placa de pruebas.

MUY IMPORTANTE: asegurarse que la conexión del GPIO© al extensor es la correcta, comprobar por ejemplo, que el pin 1 del GPIO© (+3,3v) coincida con el pin 1 del extensor (+3,3v)

• Para realizar todos los ejercicios de este libro podemos conseguir todos los elementos necesarios por separado pero existen muchas opciones en el mercado de kits Raspberry© que ya disponen de todo ello, ver por ejemplo las de www.amazon.com donde podemos encontrar diversos modelos con todo tipo de elementos: fuente de alimentación, disipadores, caja, ventilador, memoria uSD, memoria USB, cables y también: extensor del GPIO©, placa de pruebas, conectores, sensores, actuadores, LED, resistencias, condensadores, circuitos integrados, teclados, display, extensores de GPIO©, cables de conexión, pulsadores, relés, manual de uso, software básico, etc.

• La elección del kit a usar va a depender de lo que se quiera hacer, desde una sencilla prueba de apagar/encender un LED hasta manejar la Domótica de una vivienda por voz con Google Assistant©, por lo tanto la elección es muy personal. Si los conocimientos del lector son básicos recomiendo para iniciarse un kit básico, sencillo y barato.

• Si necesitamos gestionar muchos elementos o

algunos que consuman más de las intensidades descritas anteriormente (motores, bocinas, etc.) deberemos usar una fuente de alimentación externa.

En este libro se ha usado una fuente de alimentación externa, del tipo compatible con una MB-102© como la adjunta, que se puede acoplar directamente a la placa de pruebas.

Esta fuente se puede alimentar a 6-12v (con un cargador de un móvil o similar) y dispone de 4 salidas que se pueden configurar (mediante jumpers) para salidas de +3.3v ó +5v y una corriente máxima de 700mA que es suficiente para los ejercicios descritos.

• Finalmente necesitamos una placa de pruebas donde podamos insertar cómodamente todos los elementos de nuestro ejercicio: extensor del GPIO©, chips, condensadores, resistencias, LED, pulsadores, sensores, display, etc. y que vamos a interconectar con cables ya preparados para tal tarea. Recomiendo una placa de pruebas de al menos 17cm pues parte de su extensión va a ser ocupada por el extensor del GPIO© que la conecta con la Raspberry©

• En el mercado, por ejemplo, en www.amazon.com o en www.aliexpress.com existen kits que incluyen parte o todo lo que necesitamos y que el usuario deberá elegir el que mejor se le adapte a sus necesidades presentes y futuras, o por lo contrario, adquirir elementos por separado (personalmente recomiendo seleccionar un buen kit que asegura que todo "cuadre")

☉☉☉

*Pines del GPIO©

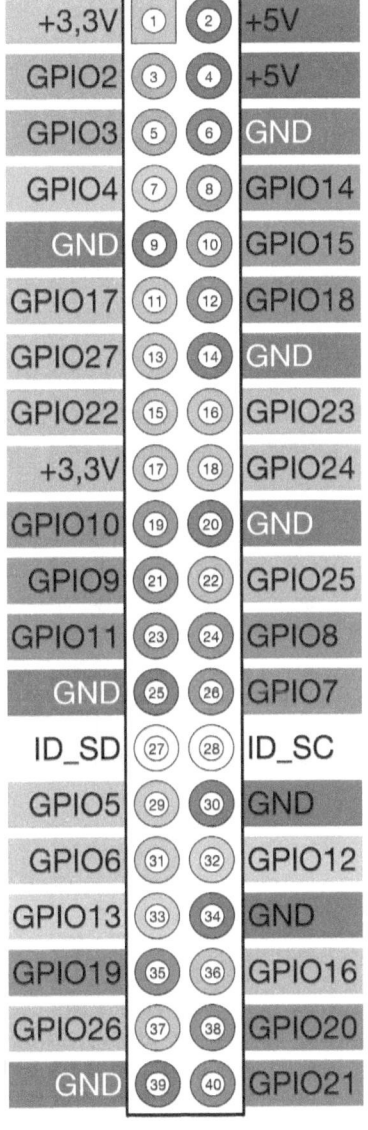

Una parte importante que necesitamos conocer en detalle es el GPIO© de la Raspberry© y que se trata del puerto de entrada/salida que comunica a ésta con el mundo exterior.

Los pines del GPIO© se enumeran físicamente por número de pin, del 1 al 40 y también por la función, GPIO2© a GPIO27©, como se muestra en la figura adjunta , así por ejemplo el pin físico 19 es el pin GPIO10© y éstos se pueden clasificar en varios grupos (pines físicos):

1. **Alimentación**
+3.3v: 1 y 17
+5.0v: 2 y 4
GND: 6, 9, 14, 20, 25,
           30, 34 y 39

2. **Interfaz UART©**
8 y 10 (TxD, RxD)

3. **Interfaz I²C©**
3 y 5 (SDA, SCL)

4. **Interfaz SPI©**
19,21,23,24,26 (MOSI, MISO
           SCLK, SPICE0, SPICE1)

5. Para EPROM
27 y 28

6. Propósito general
7, 11, 12, 13, 15, 16, 18, 22, 29, 31, 32, 33, 35, 36, 37, 38 y 40

Donde:

El interfaz **UART**© (Universal Asynchronous Receiver-Transmitter) se usa para conectar dispositivos que utilizan comunicaciones en serie asíncronas, por ejemplo un dispositivo RS232©, etc.

El interfaz **I^{2}C** © (Inter Integrated Circuit Serial Bus) permite la comunicación serie de alta velocidad entre diversos dispositivos que dispongan de este tipo de interfaz (sensores, reloj en tiempo real, display LCD, conversor analógico vs digital, etc.) o comunicar circuitos integrados de baja velocidad a micro controladores, pudiendo conseguir con la Raspberry© hasta 400kbit/s. Permite la comunicación half duplex sobre solo dos cables (SDA=datos y SCL=reloj) a distancias medias.

El interfaz **SPI**© (Serial Peripheral Interface BUS) también permite la comunicación síncrona de alta velocidad serie entre dispositivos con este interfaz (sensores, display, etc.). Permite la comunicación full duplex y precisa tres o cuatro cables y es más rápido que el interfaz I^{2}C© pero su alcance es menor.

Además la Raspberry© cuenta, en algunos pines, con el interfaz **1-Wire**© que es un sistema de comunicaciones serie asíncrono basado en un solo pin y que veremos en algún ejercicio.

Estos interfaces específicos están, por defecto, desactivados en la Raspberry©

En principio, salvo que se indique lo contrario, los interfaces anteriores: UART© y SPI© no los vamos a usar, por lo que sus pines actúan como GPIO© generales de entrada salida. Usaremos los bus I^{2}C© y 1-Wire©.

La activación o desactivación de estas funciones se realiza por la opción de Raspbian©:

<menú> <preferencias> <configuración de Raspberry PI> <interfaces>

En el software Python© se pueden usar indistintamente las referencias físicas de los pines (del 1 al 40) o las referencias lógicas (GPIO2© al GPIO27©). En los programas Python© de este libro se usan las referencias a los pines físicos pues es más sencillo de identificarlos. Para ello se debe activar, antes de usar cualquier pin la siguiente instrucción en Python©:

```
GPIO.setmode(GPIO.BOARD)
```

⊖⊙⊖

*Activación HDMI©

Si se conecta la Raspberry© a una TV de manera directa por HDMI© y se quiere manejar la pantalla del sistema operativo Raspbian© con el mando infrarrojo de la TV (sistema CEC©) y no se detecta señal de vídeo alguna, se debe realizar la siguiente secuencia en este orden:

1. Desconectar físicamente todo el cable HDMI© en los dos extremos.
2. Apagar la TV con el mando infrarrojo.
3. Desconectar la TV de la alimentación y esperar más de 1 minuto.
4. Encender la Raspberry©
5. Conectar el HDMI© a la Raspberry©
6. Conectar el HDMI© a la TV
7. Encender la TV

Si además, el HDMI© es del tipo CEC© (esto dependerá del modelo y marca de la TV o monitor utilizados), podremos manejar cómodamente el menú de Raspbian© con el mando infrarrojo de la TV sin tener que usar ningún tipo de ratón o un teclado adicional.

Si lo necesitamos, podemos añadir también un teclado y/o un ratón (cableados o inalámbricos) usando cualquier puerto USB de la Raspberry©. Raspbian© los reconocerá automáticamente y únicamente tendremos que definir en la ventana de configuración de Raspbian© el tipo de teclado, el idioma y el país de uso para que todos los caracteres de dicho teclado se representen adecuadamente.

No obstante es más práctico y fácil acceder a la Raspberry© por VNC©, liberando de esta manera un puerto HDMI© de la TV y pudiendo acceder a ella, tanto desde el hogar como fuera de él (veremos cómo se configura) y con cualquier dispositivo conectado a Internet: móvil, tablet, PC©, MAC©, etc.

⊖⊖⊖

*Conexión Gigabit Ethernet© 1Gbs

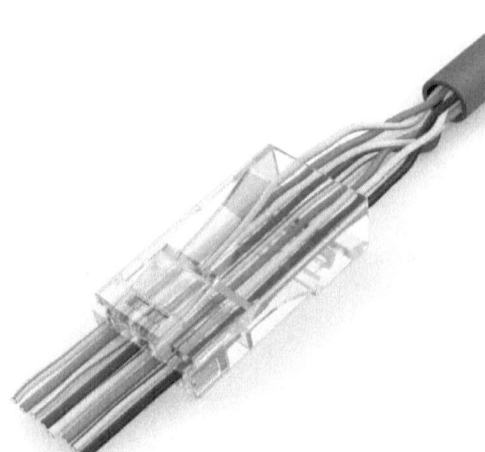

Para obtener una conexión Ethernet© estable y de alta velocidad de 1Gbs (100/1.000baseT) se deben seguir con detalle las siguientes instrucciones:

1. Usar cable de calidad y de categoría **5e o superior** (no es valido el cable de categoría 5).

2. Elegir conectores Rj45© compatibles, de calidad y con el clip de cierre correcto y en buen estado, para que no se suelten y produzcan falsas desconexiones indeseadas. No merece la pena ahorrar en este punto.

3. El cable de categoría 5e, debe disponer de los 8 cables trenzados en pares 2 a 2 y con la siguiente configuración:

La conexión de los pares: **1-2, 3-6, 4-5 y 7-8**, deben estar en este orden en los dos extremos, ver la foto adjunta. **NO SIRVE** que estén en otro orden, aún estando en paralelo.

Por ejemplo con los siguientes colores: BlancoNaranja-Naranja, BlancoVerde-Azul, BlancoAzul-Verde, BlancoMarrón-Marrón.

No es imprescindible, aunque si que es aconsejable, conectar la malla metálica al conector RJ45© en ninguno de sus extremos.

Si no se respeta este orden en la conexión de los pares trenzados, se obtendrá una velocidad máxima de 10/100Mbs en vez de la 100/1.000Mbs (Gigabit© ó 1Gbs).

4. En las rosetas Ethernet© de pared, respetar los colores indicados en el interior de cada roseta, no están necesariamente en el mismo orden que en los pines exteriores de la misma.

5. Comprobar la conectividad extremo a extremo con un tester de RJ45/RJ11©, por ejemplo uno sencillo como el tester TL-468© nos puede servir.

IMPORTANTE: estos tester sencillos solo detectan la continuidad cobre y el paralelismo del cableado, pero no el orden del trenzado interno descrito anteriormente, ni tampoco la velocidad.

6. Si se alcanza 1Gbs, en el puerto Ethernet© parpadearán en color naranja y en verde sus 2 LED de estado localizados en el exterior, en caso contrario, solo parpadeará en verde un LED.

7. Si los pares no están trenzados y grimpados adecuadamente, el Router puede que reconozca la señal pero no se conseguirá 1Gbs.

☉☉☉

*Pantallas táctiles para la Raspberry©

Nos puede interesar conectar nuestra Raspberry© directamente a una pantalla táctil y no depender ni de TV ni de accesos remotos. Para ello existen en el  mercado varios tipos de pantallas táctiles para acoplar a la Raspberry©, pero básicamente se pueden clasificar en dos tipos: las que se conectan al GPIO© y las que se conectan al HDMI©

Un ejemplo de conexión directa al GPIO© es la pantalla Osoyoo© o similar, aunque no se recomienda por tener poca definición tanto en visualización como en la parte táctil, pero sobre todo porque precisa de una versión específica del sistema operativo Raspbian© muy difícil de configurar y actualizar.

No obstante, si se quiere usar la Osoyoo©, es muy barata, se acopla perfectamente al GPIO© y es del mismo tamaño que la placa de la Raspberry©, realizar las siguientes operaciones:

1. Descargar de la Web de Osoyoo© la última versión del software adecuada para la pantalla (ver la versión de la pantalla en la parte trasera de la misma).

2. Descomprimir el software con:

   ```
   sudo tar xzuf LCD*.tar.gz
   ```

3. Cambiar el directorio:

   cd LCD_show_v6_1_3

4. Ejecutar el programa de arranque:

   ./LCD35_v

5. Reiniciar la Raspberry© con:

   sudo reboot

6. Finalmente, para pasar la visualización de la pantalla Osoyoo© al HDMI©:

   cd LCD_show_v6_1_3

7. Ejecutar el programa de arranque:

   ./LCD_hdmi

La pantalla de Osoyoo© tiene la gran ventaja de conectarse a la Raspberry© vía algunos de los pines del GPIO© que no se suelen usar (interfaz SPI© en los pines del 19 a 26).

Además este tipo den pantallas tienen las dimensiones "exactas" de la propia placa de la Raspberry©, lo que nos permite disponer de un pequeño display, adosado a la placa de la Raspberry©, de bajo consumo, bajo precio, táctil y que nos permite visualizar y gestionar rápidamente lo que en la Raspberry© sucede.

Este tipo de pantallas o display no puede competir con una pantalla HDMI©, puesto que no permite disponer de un ventilador en la caja de la Raspberry©, el funcionamiento de la pantalla HDMI© es independiente de la versión del sistema operativo, tiene mucha mayor resolución, dispone de una mejor respuesta táctil, bastante más brillo, es infinitamente más fácil de configurar y más estable, como contrapartida, la pantalla HDMI© es más cara, más voluminosa y precisa de cableado HDMI© y alimentación por USB que suelen ocupar bastante espacio.

Como en otras ocasiones, la elección del display para la Raspberry será del usuario.

ⓧⓧⓧ

4.-SOFTWARE PRINCIPAL

Lógicamente, además del hardware, necesitamos de un sistema operativo para interaccionar con el hardware de manera cómoda y unas aplicaciones básicas para acceder a las diversas funciones que queremos que realice nuestra Raspberry©.

Por lo tanto en esta sección veremos los siguientes elementos:

- Sistema operativo
- Linux© y Raspbian©
- Instrucciones básicas
- Configuración de Raspbian©
- Actualización del sistema operativo
- Instalación de paquetes
- Reglas de asignación de las IP
- IP fija en la Raspberry©
- Acceso remoto por VNC©
- Instalación de VNC©
- Configuración del arranque
- Creación de archivos script
- Configuración del salva pantallas
- Inicio de la memoria USB
- Configuración de la pantalla táctil
- Uso de discos externos

*Sistema Operativo

Existen múltiples sistemas operativos que podemos usar en la Raspberry© en función de los gustos y conocimientos del usuario: Ubuntu©, OSMC©, Raspbian©, etc. En este libro se usa Raspbian© por su estabilidad, facilidad de manejo y por la mayor existencia de librerías e información en la Web para realizar diversos proyectos.

Para instalar Raspbian© realizaremos los siguientes pasos:

1. Descargar el archivo [*].zip de la versión que hayamos seleccionado de:

www.raspberry.org

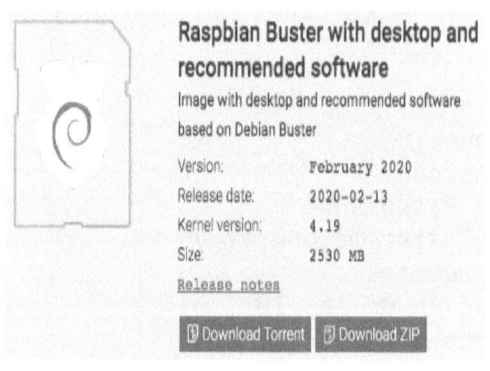

2. Realizar una copia de seguridad de este archivo, así siempre tendremos una copia original por si necesitamos volver al principio.

3. Grabar el archivo [*].zip en la uSD con una aplicación específica, por ejemplo balenaEtcher© o ApplePi-Baker©

4. A partir de aquí tenemos dos opciones: conexión directa de la Raspberry© por HDMI© a una TV y seguir los pasos que se indiquen o conectarla sin HDMI© y activar el software de control remoto VNC©.

Personalmente prefiero esta segunda opción pues de esta manera no hipotecamos el uso de una TV y podremos acceder a la Raspberry© desde el ordenador, una tablet o un móvil.

5. Para activar la conexión VNC© y poder acceder a la Raspberry© desde el ordenador (MAC© o PC©) realizar lo siguiente:

• Crear un archivo vacío llamado **ssh** y ubicarlo en /boot de la memoria uSD

• Conectar la Raspberry© a la red por cable Ethernet© y encenderla.

• Conocer la IP que la red nos ha asignado a nuestra Raspberry© usando una aplicación que escanee la red, por ejemplo Finger© o IP Scanner©

• Acceder a la Raspberry© con:

```
ssh
pi@[IP]
```

Donde [IP] es la dirección de nuestra Raspberry©

• Si es necesario, usar:

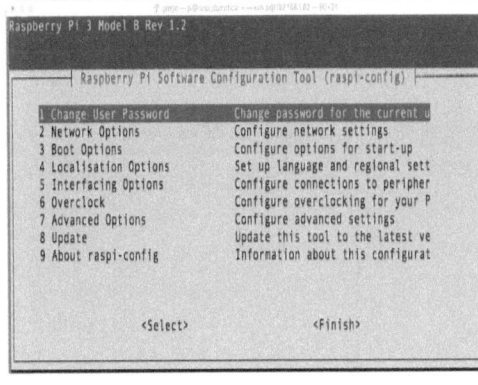

[usuario] =pi
[password]=raspberry

• En este punto estaremos ubicados en la pantalla LXTerminal© de Raspbian©, desde la cual entramos en la configuración con:

```
sudo raspi-config
```

37

<interfacing options> <vnc> <enable>

Con todo esto tenemos la Raspberry© iniciada y con VNC© activado para poder acceder de manera remota sin tener que estar conectada a una TV o a un monitor específico por HDMI©

Este acceso remoto lo podremos hacer desde la red (LAN o WIFI) de la vivienda, pero también desde fuera de la vivienda (ya veremos cómo).

⊖⊖⊖

*Linux© y Raspbian©

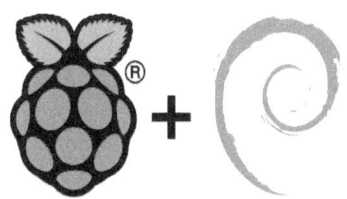

L a Raspberry© integra, entre otras múltiples posibles opciones de sistemas, un excelente y completo sistema operativo de la familia Linux©, llamado Raspbian© y que ya hemos comentado anteriormente.

En múltiples ocasiones vamos a necesitar ejecutar comandos Linux© directamente en la aplicación de Terminal de Raspbian© llamada LXTerminal© para actuar directamente con el sistema operativo.

MUY IMPORTANTE: Puesto que vamos a actuar directamente con el sistema operativo, deberemos saber bien lo que estamos haciendo para evitar alterar información crítica para el correcto funcionamiento del sistema.

Como siempre, si vamos a modificar mucha cantidad de información o sospechosamente crítica, lo mejor que podemos hacer es realizar antes de ninguna otra operación, una copia de seguridad de la uSD de la Raspberry© (veremos más adelante varias aplicaciones).

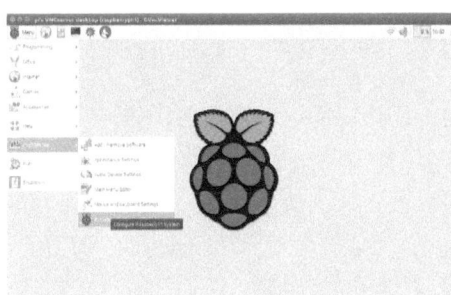

A continuación se describen algunas funciones habituales de este sistema operativo, sin pretender ser en absoluto una descripción exhaustiva ni de Linux© ni de Raspbian©, no obstante existe amplia información de ambos en las Web.

Más información en:

www.raspbian.org.

☺☺☺

*Instrucciones Básicas

Recordar el [user] y [password] que hemos personalizado en la configuración de la Raspberry© y que por defecto son: **user: pi** y **password: raspberry**

Comando Linux	Descripción
sudo shutdown -h now	Cierra el sistema
sudo reboot -f	Reinicia el sistema
sudo rpi-config	Modo de configuración
cat /proc/version	Ver versión de Raspbian©
cat /proc/partitions	Ver particiones activas
cat /proc/cpuinfo	Ver hardware
sudo ssh-keygen -r[ip]	Genera claves host [IP]
sudo ssh -vvv pi@[ip]	Resetea claves Raspberry©
lsusb	Lista USB conectados
sudo chmod 777 [file]	Asigna permisos totales [file]
sudo chown pi [file]	Asigna propietario pi [file]
htop	Procesos del sistema
rmdir	Borrar directorio
rm	Borrar archivo
ls	Listar archivos
cd	Cambiar al directorio
mkdir	Crear directorio
cp	Copiar archivo
mv	Mover archivo
clear	Borrar pantalla

*Configuración
de Raspbian©

Ahora que ya tenemos el hardware y el software mínimo preparado y por lo tanto podemos acceder a la Raspberry© es muy conveniente configurar el escritorio de Raspbian© para que dispongamos cómodamente de toda la información necesaria para arrancar con nuestros proyectos. Entremos en detalle:

1. Lo primero que tenemos que hacer es actualizar la Raspberry© asegurándonos que tenemos la última versión del sistema operativo Raspbian© y de sus componentes, para ello entraremos en LXTerminal© y ejecutaremos los comandos siguientes esperando el tiempo necesario.

```
sudo apt-get update
sudo apt-get upgrade
sudo apt-get autoclean
sudo apt-get autoremove
```

2. Reiniciamos la Raspberry© y comprobamos que todo ha ido bien, si no fuera el caso deberíamos volver a repetir el proceso de instalación del archivo [*].iso original. Si todo ha ido bien, continuamos con los siguientes pasos:

Barra de tareas (lista de ventanas) Settings

Añadir/quitar elementos del panel

Eliminar «Barra de tareas (lista de ventanas)» del panel

Configuración del panel

Crear un panel nuevo

Eliminar este panel

Acerca de

3. Configuración de la barra superior: tal y como ya hemos visto en el apartado Hardware accederemos a la barra superior (pulsando con el botón derecho) y

añadimos, por ejemplo, las siguientes aplicaciones:

<añadir/quitar elementos del panel><añadir>
    y añadimos:

<barra de aplicaciones>   accesos directos (*)
<bluetooth>   emparejar los dispositivos
<monitor de temperatura>   temperatura de la CPU
<monitor de CPU>   velocidad de la CPU
<wireless & wired network> configuración de redes
<monitor de red>   estado de las redes
<volumen control (ALSA/BT)> control del volumen
<reloj digital>   hora, semana, día

(*) Aquí se pueden añadir diversas aplicaciones,
por ejemplo: Chromium©, gestor de archivos, Python©
2.7, Python© 3.7, varias aplicaciones personales,
etc.

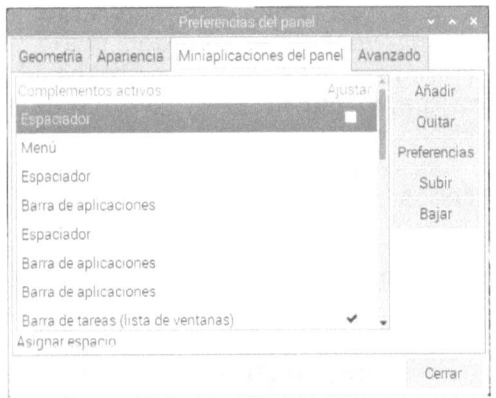

4. Finalmente
podremos cambiar
la posición de
cada icono de
aplicación en la
barra superior de
Raspbian©
accediendo
nuevamente a ella
y usando los
botones de <subir>
y <bajar>

⊖⊙⊕

43

*Actualización del Sistema

Actualizar el sistema operativo y el firmware (esto último con precaución y cuando nos lo indique el administrador de www.raspberry.org) de la Raspberry© es fundamental para maximizar la seguridad, disponer de la última versión de la información, corregir errores que se producen a medida que se desarrolla un proyecto, sobre todo por las inestabilidades propias de una fase de diseño, etc.

Es muy conveniente realizar una copia de seguridad previa de la memoria uSD donde reside el sistema operativo y el proyecto antes de realizar ninguna actualización y seguir las instrucciones del responsable de la misma para garantizar su correcta implantación.

Para ello realizaremos lo siguiente:

Comando	Descripción
hostnamectl	conocer la versión instalada
sudo apt-get update	descarga el software a actualizar
sudo apt-get upgrade	actualiza la versión descargada
sudo apt-get dist-upgrade	actualiza la nueva versión del sistema
sudo apt-get autoclean	borra ficheros temporales
sudo apt-get autoremove	borra paquetes innecesarios

☺☺☺

*Instalación de Paquetes

En múltiples ocasiones necesitaremos instalar paquetes de software adicional y deberemos saber gestionarlos: instalar, desinstalar, borrar, visualizar, etc.

Si las instalaciones que vamos a realizar son de múltiples paquetes de software y/o complejas, es muy recomendable realizar previamente una copia de seguridad de la memoria uSD donde reside el sistema operativo y el proyecto que estemos realizando.

Para ello existen múltiples instrucciones que podemos ejecutar directamente en LXTerminal© de Raspbian©.

Alguno de los más importantes son los siguientes comandos:

Comando	Descripción
sudo dpkg-gel-selections	ver qué paquetes están instalados
sudo apt-get remove [package]	desinstala el paquete [package]
sudo apt-get purge [package]	borra el paquete desinstalado [package]
sudo apt-get autoclean	borra paquetes huérfanos
sudo apt-get autoremove	borra paquetes innecesarios

⊖⊖⊖

*Reglas de Asignación de IP

Hoy en día se produce la proliferación de dispositivos conectados a las redes WIFI y LAN del hogar: TV, ordenadores, tablets, móviles, Routers, Bridges, dispositivos domóticos de todo tipo (desde bombillas hasta humidificadores con selección aceites esenciales y con diversos olores y colores), decodificadores de TV, Raspberry©, ordenadores, NAS, enchufes y switches WIFI, termostatos, consolas de video juegos, equipos multimedia, ebooks, radios digitales, conversores a infrarrojos, smart watches, smart clock, aspiradoras, lavadoras, productos de Inteligencia Artificial (Alexa©, Google Home©, Homekit©), etc.

Por esta razón, es imprescindible aplicar cierto orden en la asignación de las IP de dichos dispositivos, por ejemplo los que tiene IP fija asignada en el Router, los que la tienen variable asignada por DHCP©, clasificación por plantas, por habitaciones, por tipo de dispositivo, etc.

Para conseguir que los dispositivos tengan una IP fija estable y conocida en la red interna, configurar en el Router principal (en general 192.168.1.1), la tabla de asignación entre IP y dirección MAC como sigue (depende del Router):

<configuración de la red> <LAN>

<Static DHCP> <add new static lease>

Y añadir, por ejemplo, las IP vs direcciones MAC de los dispositivos conectados más importantes y que se pueden obtener fácilmente escaneando la red interna con app similares a Fing© o IP Scanner©

Para garantizar la correcta asignación de direcciones IP, tanto fijas como dinámicas, para que las aplicaciones de acceso remoto funcionen adecuadamente, para que los discos (físicos o virtuales) arranquen adecuadamente, etc., se recomienda revisar los siguientes aspectos:

1. Hacer OFF y ON de la red eléctrica en cada dispositivo para que capture su IP asignada.

2. Revisar las IP en las conexiones que realicemos por acceso remoto, por ejemplo con VNC©

3. Revisar las IP asignadas en la tabla NAT© del Router principal (en general 192.168.1.1)

4. Si los hubiera, actualizar las IP de los discos virtuales declarados en **/etc/fstab** de las Raspberry©

5. Revisar las IP en el sistema operativo Raspbian© en la Raspberry© accediendo en la barra superior con:

> <wireless & wired network settings>

6. Revisar las IP en la Raspberry©, que el archivo del sistema: **/etc/dhcpcd.conf**, incluya al final del mismo la siguiente información:

```
interface wlan0
inform 192.168.1.[IP WIFI]
interface eth0
inform 192.178.1.[IP LAN]
```

Nota sobre las direcciones MAC:
Son secuencias de números hexadecimales, del tipo: **aa:aa:aa:bb:bb:bb**, donde los tres primeros bloques **aa** suelen representar la marca y lo tres últimos bloques **bb** suelen representar el tipo de dispositivo. En la siguiente Web se puede ver información detallada de una dirección MAC:

https://www.adminsub.net/mac-address-finder

*IP Fija en la Raspberry©

Para acceder de manera sencilla a la Raspberry©, por ejemplo por acceso remoto con VNC© o por SSH©, o para acceder desde el exterior de la instalación, es necesario que la IP de la Raspberry© sea fija y estática. Mantener las Raspberry© con unas IP fijas ahorra mucho tiempo de búsqueda y evita múltiples errores en su acceso. Para ello hacemos lo siguiente:

1. Pulsar botón derecho del ratón en barra superior: <monitor de estado>

2. Wireless and Wired Networks Settings.

3. Configure Interface (por ejemplo):

   192.168.1.[aa]   IP de LAN eth0
   192.168.1.[bb]   IP de WIFI wlan0

4. También se puede realizar accediendo a los ficheros de configuración como:

```
ifconfig                 ver configuración actual
sudo cp /etc/network/interfaces interfaces.old
sudo nano -w /etc/network/interfaces y añadir:
auto eth0
iface lo inet loopback
iface eth0 inet static
address 192.168.1.[aa]
network 255.255.255.0
gateway 192.168.1.1
sudo reboot
```

5. Finalmente comprobar que accedemos adecuadamente a las Raspberry©, con estas IP fijas, bien por SSH© o por VNC©

*Acceso Remoto por VNC©:

Existen varias opciones de acceso remoto a la Raspberry©: SSH©, VNC©, etc. En este libro se describe VNC© por ser de fácil instalación y comprensión. Para ello realizaremos lo siguiente:

1. Conocer la IP de la Raspberry©
2. Instalar VNC© en el MAC© o PC©, descargándolo de www.realvnc.com
3. Crear en VNC© accesos a la Raspberry© iniciando la aplicación y:

Para conectarnos fácilmente a la Raspberry© por VNC© vamos a necesitar conocer la IP que tiene nuestra Raspberry© en nuestra red local.

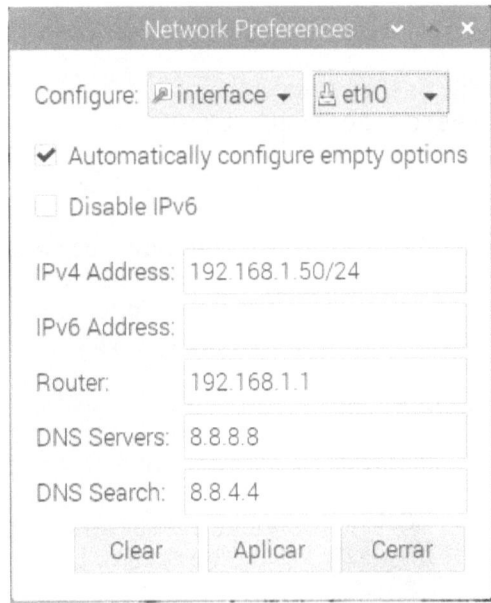

Cada vez que se apague y se encienda, el Router le asigna una dirección IP diferente, lo que nos obliga a cambiar la conexión en VNC© Para evitar esta situación, lo mejor es asignarle una dirección IP fija a nuestra Raspberry© de tal manera que siempre nos conectaremos a ella de una manera sencilla y cómoda.

Para realizar esta asignación de IP a la

Raspberry© hay múltiples métodos, que se pueden consultar en la Web. Aquí se describen tres:

a) Método usando el sistema operativo Raspbian©
   Ir a:

   <panel superior de Raspbian©>
   <wireless & wired network> <settings>

   Añadir las IP para cada tipo de conexión [eth0] para la conexión por cable (LAN) y [wlan0] para la conexión por inalámbrica (WIFI) por ejemplo:

• **eth0**
   ipv4   192.168.1.[aa]/24
   ipv6   dejar en blanco
   router   la IP del Router principal o
                 gateway, en general 192.168.1.1
   DNS server   la DNS de un servidor de dominio,
                 puede ser la de la operadora de
                 telecomunicaciones que nos presta el
                 servicio o por ejemplo las de
                 Google©: 8.8.8.8
   DNS search   ídem que anterior, para Google© la
                 8.8.4.4

• **wlan0**
   ipv4   192.168.1.[bb]/24
                 y el resto igual que eth0

   NOTA: [aa] es la IP LAN y [bb] es la IP WIFI

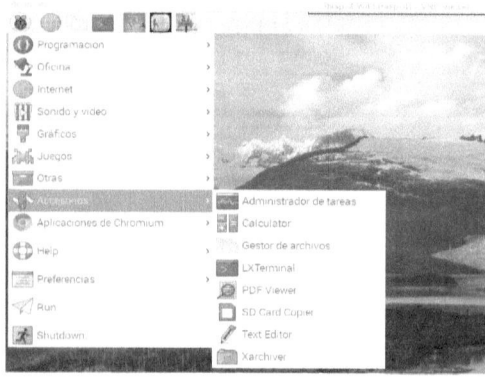

b) Método directo actuando sobre los archivos de configuración:

   Realizamos las siguientes acciones desde la aplicación de emulación de terminal del sistema operativo Raspbian© llamada LXTerminal© accesible desde:

<menu> <accesorios> <LXTerminal©>

y aquí hacemos:

```
cd /etc
sudo cp dhcpcd.conf dhcpcd.conf.old
sudo nano dhcpcd.conf          y añadir:
```

```
interface eth0
static ip_address=192.168.1.[aa]/24
static routers=192.168.1.1
static domain_name_servers=8.8.8.8
static domain_search=8.8.4.4
```

```
cd /etc/network/
sudo cp interfaces interfaces.old
sudo nano interfaces          y añadir:
iface eth0 inet manual
```

Aquí lo que hemos hecho es ir al directorio /etc, hacer una copia de seguridad del archivo de configuración /etc/dhcpcd.conf y editar tal archivo añadiendo, al final, la configuración de la red que queremos que tenga una IP fija.

Idem para el archivo: /etc/network/interfaces

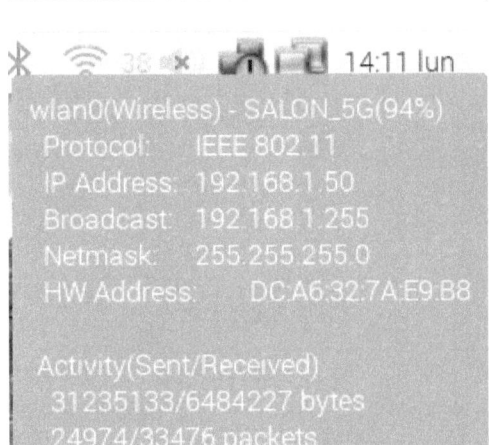

Reiniciamos la Raspberry© y ésta asignará de manera automática esta IP fija en la conexión indicada en el archivo comentado en el directorio:

/etc/dhcpcd.conf

c) Método de configuración de IP fijas en el Router principal:

En esta opción añadimos la IP y la MAC (la dirección que identifica nuestra Raspberry©) en una tabla especial dentro del Router.

Esta opción es la más compleja y requiere conocimientos básicos de cómo acceder a nuestro Router principal (en la Web del fabricante tenemos información detallada de cómo se accede a esta opción).

Para ello primero averiguamos la MAC de nuestra Raspberry© pasando el cursor del ratón sobre el icono de conexión (WIFI o LAN) de la barra superior de Raspbian© veremos una ventana similar a la adjunta, donde en <HW Address> vemos la MAC tipo aa:bb:cc:dd:ee:ff

Ahora entramos en el Router principal, accediendo desde un navegador Web (Chrome©, Safari©, etc.) al router tecleando su dirección IP, por ejemplo la 192.168.1.1, introducir el usuario y password (en general "admin" y "admin" ó "1234" y "1234" respectivamente o lo que indique el fabricante) y acceder a <LAN> <Static DHCP> y añadir la MAC y la IP que queremos asociar (la manera de incluir esta información va a depender de la marca y del modelo del Router).

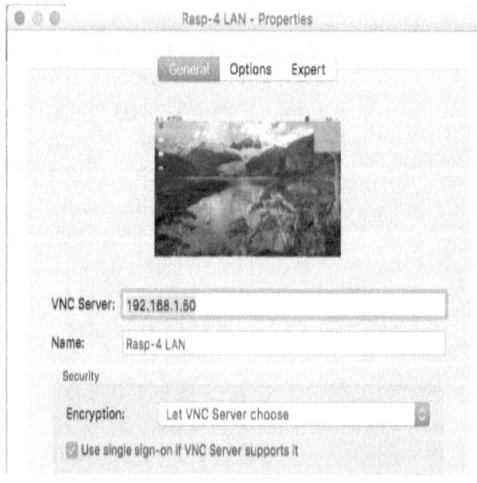

Ahora entramos en VNC© y configuramos la conexión con:

<file>
<new connection>

<VNC© server=
IP de la Raspberry©>

<Name=nombre de conexión>

<encryption=let VNC© server choose>

Esta operación la podemos repetir en VNC©, tanto para el acceso a la IP de la LAN de la Raspberry© como a su WIFI.

VNC© lo podremos instalar en cada uno de los dispositivos desde los que queremos acceder a la Raspberry©: MAC©, PC©, tablet, móvil, etc.

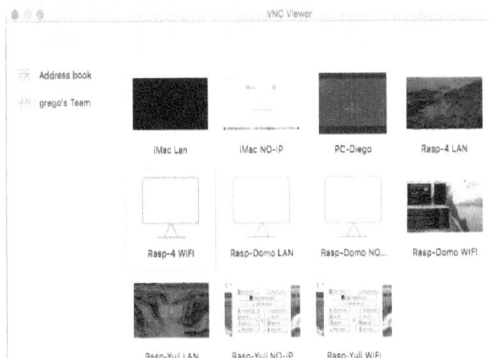

Con todo ello ya tendremos un acceso sencillo a Raspbian© para poder acceder a todas las funciones de la Raspberry© y que vamos a ver a continuación

☺☺☺

*Instalación de VNC©

Para más comodidad en el acceso al sistema operativo Raspbian© de la Raspberry© y para no bloquear otros recursos como una TV (por HDMI-CEC©), la necesidad de un teclado, un ratón, tener que ubicar la Raspberry© muy próxima a la TV, etc., se recomienda usar una conexión remota vía el software VNC© (aplicación local o plugin de Chrome©), que permite el acceso a la Raspberry© desde el móvil, una tablet, un ordenador, etc. y no solo desde la red interna del hogar, también permite el acceso desde el exterior de la vivienda.

Para garantizar la conexión desde el exterior, aunque la IP pública se reasigne al apagar/encender el Router principal, se usa el entorno NO-IP© y cierta configuración en el Router principal y en la Raspberry©, todo ello con la configuración siguiente:

1. Instalar la APP VNC© Server en la Raspberry©. En las últimas versiones de Raspbian© este software ya está incluido y no hay que hacer nada más.

2. Instalar el plugin de Chrome© para VNC© en el ordenador (PC© o MAC©) y también la APP VNC© Viewer (cliente) en los móviles y tablets desde los que se realizará el acceso remoto.
Con la instalación de VNC© Viewer en el móvil podremos disponer de varios iconos de acceso a los diferentes dispositivos: ordenador, Raspberry©, etc. y con diferentes tipos de acceso: LAN, WIFI (en casa) o NO-IP© (fuera de casa)

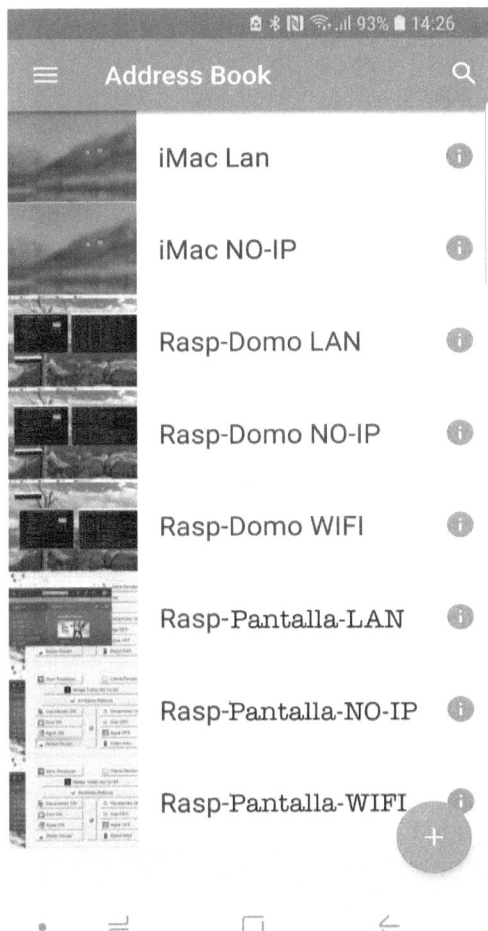

3. Abrir los puertos en el Router principal: **5800, 5500** y **5900** en el servicio **TCP.**

4. Para realizar la operación de abrir puertos en el Router principal, seguir las instrucciones del fabricante de dicho Router o del operador de telecomunicaciones que brinda el servicio.

5. Para acceder desde la red interior de la casa sería, por ejemplo: **192.168.1. [IP]:5900**

Donde [IP] es la IP asignada a nuestra Raspberry© a la que se quiera acceder, por ello es muy conveniente que dicha IP sea fija y conocida.

6. Para acceder desde la red externa de la vivienda, sería por ejemplo: **http://[url]:5900.** Donde [url] es la IP pública del Router principal o una url asignada por algún servicio de asignación dinámica de DDNS©, tipo NO-IP©, que describiremos más adelante.

7. La IP pública del Router principal se conoce accediendo, desde la red interna de casa, al buscador de Google© y buscando "my public ip", o desde alguna Web como:

   https://www.cual-es-mi-ip.net/
   https://www.whatismyip.com/

☉⊖☉

*Configuración del Arranque

Seguramente vamos a querer que cuando arranque nuestra Raspberry©, por ejemplo tras una caída en el suministro eléctrico o un Reboot por una actualización, etc., se inicien automáticamente las configuraciones (por ejemplo montar los discos en red), se inicie un script Python©, navegadores, etc.

Existen varias opciones, una de ellas es:

1. Crear un programa [*].sh por cada programa [*].py que se desee arrancar.
2. Hacer ejecutables los [*].sh con:
   sudo chmod +x [*].sh
3. Probarlos, ejecutándolos con:
   bash [*].sh
   sudo nano ~/.config/lxsession/LXDE-pi/autostart
   y añadir:
   @/home/pi/[directorio]/[*].sh
4. Añadir los @... necesarios para cada [*].sh

La estructura de los [*].sh son como sigue:

echo visualiza un texto, **cd** cambia a la carpeta donde se ubica el [*].py que vamos a ejecutar y Lxterminal© arranca una ventana de terminal (Lxterminal© en Raspbian©) de dimensiones indicadas en –**geometry**=CxF, don **C** son columnas y **F** filas y finalmente en –**title** se concreta el título de la ventana.

```
#!/bin/bash
echo 'Arrancando [script].py...'
cd /home/pi/[directorio]
lxterminal --command='sudo python [script].py'
--geometry=CxF –title='[Título]'
```

*Creación de Archivos Script

En muchas ocasiones, cuando necesitamos ejecutar varios comandos Linux© en Raspbian© de manera habitual, es muy útil crear un script que los incluya y que se pueda ejecutar. Este método es útil, por ejemplo, para crear copias de seguridad de ciertos archivos importantes en la configuración de la Raspberry©

Ejemplo: vamos a crear un script, llamado **salva.sh** que realice copia de seguridad de algunos archivos de configuración interesantes de la Raspberry© y que vamos a ubicar en el directorio [d]:

Vamos a crear: /home/pi/[d]/salva.sh   hacemos:

sudo nano salva.sh

Y le agregaremos las siguientes líneas:

```
#! / bin / bash
echo "Copiando ficheros..."

sudo cp ~/.config/lxsession/LXDE-pi/autostart
                           /home/pi/[d]/autostart
sudo cp /boot/config.txt /home/pi/[d]/config.txt
sudo cp /etc/fstab /home/pi/[d]/fstab
sudo cp /home/pi/.config/openbox/lxde-pi-rc.xml
                        /home/pi/[d]/lxde-pi-rc.xml
sudo cp /etc/rc.local /home/pi/[d]/rc.local
sudo cp /etc/samba/smb.conf /home/pi/[d]/smb.conf

echo "...copia realizada"
```

Ahora necesitamos que el script salva.sh sea ejecutable, para ello hacemos:

```
sudo chmod +x salva.sh
```

Y para probarlo y ejecutarlo:

```
bash salva.sh
```

Comprobar que ha funcionado correctamente revisando que los archivos:

- autostart
- config.txt
- fstab
- lxde-pi-rc.xml
- c.local
- smb.conf

se han copiado correctamente en el directorio: /home/pi/[d] donde [d] es el subdirectorio destino donde queremos que se salven los archivos citados.

⊖⊖⊖

*Configuración del Salva Pantallas

Si hemos instalado una pantalla HDMI© con la Raspberry© es posible aprovechar la función de salva pantallas incluida en Raspbian© para que ésta se transforme en un marco de fotos y poderla usar de este modo mientras no usamos la pantalla para otra aplicación.

Para ello vamos a usar el salva pantallas Xscreensaver© del sistema operativo Raspbian© Para configurarlo realizamos lo siguiente:

```
sudo apt-get install xscreensaver
```

Y configurar:

1. Usar el modo de salva pantallas RIPPLES©

2. Que se active tras x minutos (configurable).

3. Configurar el directorio con las fotos a presentar en el apartado <avanzado>

4. Eliminar efectos en la configuración de RIPPLES©

5. Añadir el apagado de la pantalla tras xx minutos (configurable).

Se puede usar cualquier otro salva pantallas y cualquier otro modo que no sea RIPPLES©, aunque se recomienda éste por su facilidad de configuración y porque permite la integración del marco de fotos y del apagado de la pantalla en una sola aplicación.

☺☺☺

*Inicio de la memoria USB

En este apartado vamos a configurar la memoria o disco USB para que sea reconocido por el sistema operativo Raspbian© como una unidad de almacenamiento.

Para evitar errores en esta tarea se propone formatear previamente el disco o memoria USB en formato Exfat©, por ejemplo conectándolo previamente a un MAC© o a un PC© y realizar en la Raspberry© las siguientes operaciones:

Abrir una ventana de LXTerminal y ejecutar:

```
sudo apt-get install exfat-utils -y
```

Con esta operación instalamos la última versión de gestión de sistema de archivos tipo Exfat© y con ello, al conectar el disco a la Raspberry©, lo reconoce el gestor de archivos de Raspbian© de manera automática sin tener que hacer nada más.

Si ya disponemos de un disco formateado en otros sistema (Fat32©, Ntfs©, etc.) debemos utilizar otros procedimientos específicos que no se detallan aquí por no hacer este apartado extenso y tedioso.

En la bibliografía adjunta al libro se indican enlaces a Web donde se explica con detalle cómo usar discos externos en otros formatos diferentes a Exfat©

Ya hemos conseguido disponer de una Raspberry© y de sus periféricos: alimentador, caja, disipadores, ventilador, memoria uSD, memoria USB, cables, etc. y también del software necesario: Raspbian©, Python©, etc.

Ahora si queremos hacer ejercicios o pequeños proyectos para principiantes con todo lo anterior, necesitamos profundizar en tres temas muy importantes:

- Conocer el hardware básico de la Raspberry©

- Conocer los comandos básicos de Raspbian© para acceder a las herramientas del sistema.

- Conocer las instrucciones básicas de Python© para diseñar los programas [*].py que gestionen el hardware comentado.

Este libro tiene como objetivo ayudar a un principiante a sacarle partido a una Raspberry© añadiéndole un hardware básico adicional que permita realizar ejercicios simples y pequeños proyectos, por lo tanto no se trata en absoluto ni de un manual, ni de un tratado, ni de un curso de Raspberry©, ni de Raspbian©, ni de Python© pero se ha estructurado de manera que se vayan introduciendo los conceptos poco a poco para que el lector vaya adquiriendo los conocimientos necesarios en cada momento.

⊖⊖⊖

*Configurar la Pantalla Táctil

Si queremos instalar una pantalla del tipo HDMI©, por ejemplo la Waveshare© (modelo 7 pulgadas, 1024*600, con tecnología capacitativa), debemos configurar la salida del HDMI© de la Raspberry© del siguiente modo.

sudo nano /boot/config.txt   y añadir:

```
# configuración pantalla 7"
      max_usb_current=1
      hdmi_group=2
      hdmi_mode=1
      hdmi_mode=87
      hdmi_cvt 1024 600 60 6 0 0 0
      hdmi_drive=1
```

Ver: http://www.waveshare.com/wiki/

Nota: descartar el uso de pantallas táctiles de tipo resistivo, no son adecuadas para este proyecto.

☉☉☉

*Uso de Discos Externos

Aunque no es imprescindible para realizar ejercicios básicos con la Raspberry©, siempre es interesante y conveniente disponer de un disco externo (disco HD o memoria USB), conectado a un puerto USB de la propia Raspberry© en el que hacer copia de seguridad o almacenar archivos multimedia pesados: imágenes, vídeos, copias de seguridad de diversas versiones del sistema operativo o de proyectos, de versiones de los script Python©, etc.

Las versiones más recientes del sistema operativo Raspbian© disponen de rutinas de configuración de discos externos muy sencillas, prácticamente plug & play, pero si no es el caso, para configurar un disco externo, realizaremos las siguientes operaciones:

Comando	Descripción
sudo fdisk —l	lista de particiones
sudo mkfs.ext3	formatea partición en ext3
sudo mkdir /media/[disk]	crea [disk] in directorio: /media/
sudo nano /etc/fstab	editar configuración inicial y añadir:
/dev/sdb/media/[disk] ext3 defaults 0	
sudo chown pi /media/[disk]	asigna permisos y dueño
sudo mount —a	monta el disco [disk]
df —h	ver tamaño del disco

☉☉☉

5.-PYTHON 2.7©

Para la programación de los ejercicios de este libro, se ha usado, en la Raspberry© el famoso lenguaje de programación Python 2.7©, corriendo sobre el sistema operativo Raspbian©, sobre todo por ser un lenguaje moderno, potente, por su superior facilidad de implantación, por la existencia de múltiples librerías, manuales, tutoriales, foros, integración con otros sistemas y proyectos, fácil desarrollo y gestión del hardware de la Raspberry©, etc.

Existen otras versiones de Python© superiores a la 2.7, pero ésta, para la mayoría de los scripts, es más que suficiente para este proyecto.

Si se usara una versión posterior de Python©, por ejemplo la versión 3.5 o superior, es necesario reescribir el código de los scripts ejemplos incluidos en este libro (incluir paréntesis en las instrucciones PRINT, etc.).

En algunos scripts (condicionados por la existencia de librerías), se indicará cuándo es necesario usar Python 3.7© y cómo acceder a él.

El acceso a Python 2.7© se realiza a través del software IDLE© incluido en Raspbian© y del siguiente modo:

[menú][programación][Python©] (elegir la versión 2.7)

Existen otras versiones de intérpretes Python©, como Thonny© (también incluido en Raspbian©) pero son más lentas o más complejas de usar.

Una vez arrancado Python 2.7© cargar el módulo que corresponda con:

[file][open][*.py] (*.py es el script a ejecutar)

Y para ejecutar el script [*.py] usar el comando [Run] del menú principal de IDLE©. Del mismo modo, en IDLE©, se pueden usar otros comandos como:

[File]   operaciones con los script [*.py]
[Edit]   edición de los script [*.py]
[Format]   formatear áreas concretas del script.
[Run]   ya comentada.
[Options]   configuración del intérprete IDLE©.
[Window]   cambio entre varios script [*.py]
[Help]   ayuda para conocer el uso de IDLE©

El uso de IDLE© es sencillo e intuitivo, no obstante en la ayuda [Help] se dispone de suficiente información para crear, modificar, editar, ejecutar, etc. los ejercicios incluidos en este libro.

Si no se disponen de conocimientos básicos de Python©, se puede realizar un sencillo aprendizaje online sobre el entorno de formación www.codecademy.com, u otros, dándose de alta y obteniendo el correspondiente usuario y password. Este entorno Web es muy fácil de manejar, dispone de teoría y ejemplos muy prácticos, ambas partes muy bien guiadas y tutorizadas por la propia Web.

Para completar los módulos Python© diseñados, se necesitan bibliotecas Python© de terceros ya configuradas y probadas. Las más utilizadas en los ejercicios de este libro se indican a continuación:

1. **rpi.gpio©**: manejo de pines del GPIO© de la Raspberry©

2. **time**© y **datetime**©: gestión de variables temporales, hora, año, semana, etc.

3. **o s** © y **sys**©: acceso a gestión del sistema operativo.

4. **commands**©: para la gestión scripts Python3.7©

5. **LCD**©: gestor del display LCD1602©

6. **rpi_time**©: gestión de variables del reloj en tiempo real o RTC

7. **ds1302**©: gestión del hardware del RTC DS1302©

8. **DHT**©: gestor del sensor DHT11©

9. **PCF8591**©: gestor del conversor A/D

⊖⊙⊖

*Configuración de Python© 2.7

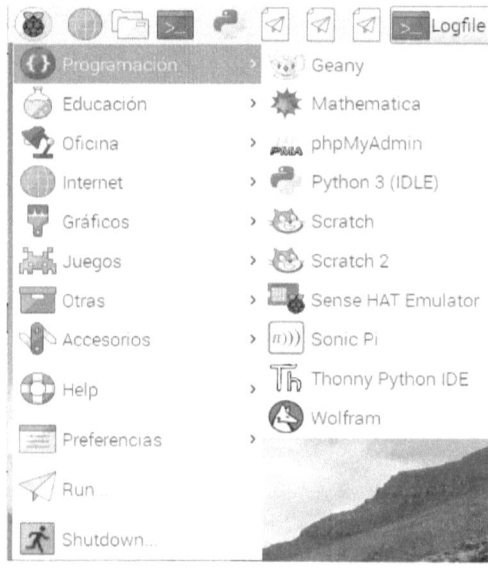

Puesto que nuestros proyectos y/o ejercicios con Raspberry© están basados en la utilización del intérprete de Python© (2.7 ó 3.7) como lenguaje de programación de los scripts y algoritmos que manejen el hardware, es importante que aseguremos que lo tengamos instalado y que su acceso sea cómodo, para ello hacemos lo siguiente:

```
sudo apt-get install idle-python2.7 (*)
sudo cp /usr/bin/idle-python2.7 /usr/bin/idle
```

(*) ídem para python3.7©

Y ya en el apartado anterior hemos visto como crear un acceso directo al intérprete de Python 2.7©, esto es a IDLE© y ubicarlo en la barra principal de Raspbian©.

⊖⊖⊖

*Resumen de Comandos

A continuación se describen los comandos Python2.7© y Python3.7© más comunes usados en este libro. En absoluto este listado quiere ser un curso de Python© o una guía de referencia o algo exhaustivo sobre el tema, tan solo se trata de una lista de comandos con una brevísima descripción y que puede servir de recordatorio cuando se está escribiendo un programa muy simple.

Para información más detallada, se recomienda acudir a la guía oficial:

https://www.python.org/

También se puede usar cualquiera de las Web de aprendizaje online, muchas de ellas gratuitas, tutoriales, foros, vídeos explicativos, etc.

Comando	Descripción
#	Comentar 1 línea
'''…'''	Comentar varias líneas
print text	Visualiza texto en pantalla
print '%s'%var	Imprime var en formato %s
var=raw(input)	Entrada de texto y carga en var
=	Asigna variables enteras, reales, lógicas, etc.
+,-,*,/	Operaciones básicas
**	Exponente
%	Módulo, residuo
//	División entera

Comando	Descripción
\	Carácter escape, ejemplo: '\n' salto de línea
var[x]	Obtiene posición x en variable var, cuenta desde 0
len(x)	Longitud de cadena x
string.isalpha()	Ver si variable es una cadena
x.lower()	Convierte cadena a minúsculas
x.upper()	Convierte cadena a mayúsculas
str(x)	Convierte x a cadena
x+y	Concatena las cadenas x é y
==	Comparación en sentencias if No confundir con =
!=	No igual en sentencias if
-=,+=,*=	Opera y asigna en la misma función
and, or, not	Operaciones lógicas básicas
a>>b	Desplaza 1 bit a la derecha
a<<b	Desplaza 1 bit a la izquierda
a&b	Operación AND entre bytes
a|b	Operación OR entre bytes
a^b	Operación XOR entre bytes
~a	Operación NOT
0bx	Transforma x a binario
bin(x)	Transforma cadena x a binario
oct(x)	Transforma cadena x a octal
hex(x)	Transforma cadena x a hexadecimal
int(x)	Transforma cadena x a entero
int(x,s)	Transforma cadena x a entero en base s
if[exp]:	Si expresión [exp] es verdad, se ejecuta la siguiente
elif[exp]:	Caso contrario se ejecuta otra

Comando	Descripción
else:	o se ejecutan las siguientes
s[i:j]	Extrae de la cadena s desde i a j-1. Cuenta desde 0
s[i:]	Cadena s desde i hasta el final
s[:j]	Cadena s desde el principio hasta j-1
def fn(a,b):	Define la función fn con argumentos a y b
return(x)	Devuelve la variable local x de la función fn
fn(a,b,c)	Llama a la función fn con parámetros a, b y c
import x	Importa librería x
from m import f	Importa función f desde librería m
dir(m)	Ver librerías en m
math.sqrt(x)	Invoca la raíz cuadrada de x
type(x)	Devuelve el tipo de dato de x
lista=[x,...,z]	Define lista como lista de datos de x a z
lista.append(e)	Añade elemento e a lista
lista.remove(e)	Borra elemento e de lista
len(lista)	Número de elementos en lista
lista[a:b]	Trunca lista desde la posición a a la posición b-1. Cuenta desde 0
lista.index(x)	Posición de x en lista
lista.insert(x,s)	Inserta la cadena s en la posición x en lista
lista.sort()	Ordena los elementos de lista y crea una nueva lista ordenada
sum(lista)	Suma los elementos de lista
zip(l_1,l_2)	Crea una lista con los pares de las listas l_1 y l_2

Comando	Descripción
for x in lista:	Realiza ciclo sobre lista
while condición:	Ejecuta mientras condición sea cierta
break	Sale de un bucle while
dic={x:a,...,z:b}	Crea el diccionario dic con claves x...z y valores a...b
dic[x]	Retorna el valor de la clave x en el diccionario dic
del dic[a]	Borra la clave a y su valor en el diccionario dic
dic={}	Diccionario vacío
dic[x]=a	Añade clave x y valor a a dic
dic.items()	Retorna valor_clave de dic de manera desordenada
dic.keys()	Retorna claves de dic
dic.values()	Retorna valores de dic
print dic[x]	Visualiza clave del valor x en dic
range(x)	Elemento x de una lista
range(x,y)	Rango desde x a y con incremento 1 por defecto
range(x,y,z)	Rango desde x a y con incremento z
import random	Importa gestor de números aleatorios
random.randint(x,y)	Genera número aleatorio entre los enteros x e y
round(x,y)	Redondea x a y decimales
s.split()	Transforma cadena s en lista
pass	No hace nada
open([file],'w')	Abre archivo [file] para escritura
open([file],'r')	Abre archivo [file] para lectura
open([file],'a')	Abre archivo [file] para añadir
open([file],'r+')	Abre archivo [file] para lectura y

Comando	Descripción
	escritura
[file].readline()	Lee una línea en archivo [file] ('\' incluido)
[file].close()	Cierra archivo [file]
with open([file],'r') as var	Abre/cierra automáticamente archivo [file] en objeto var

*Manejo de Errores

Además de las instrucciones que manejan entradas vs salidas según el algoritmo descrito en cada programa Python©, a medida que la complejidad del programa va creciendo y sobre todo al acceder a dispositivos hardware externos que pueden dar fallos, se hace imprescindible el uso de un gestor de errores, de manera que cuando un error se produce, no se paralice el programa, al contrario, el flujo del mismo se redirige a un módulo concreto donde es tratado y si es posible, se reconduce el flujo al punto donde se deba continuar la ejecución del programa principal.

Para ello incluimos en nuestro programa Python© una estructura similar a:

```python
import logging
logging.basicConfig(filename='/home/pi/[file]'
                                ,level=logging.INFO)
```

Y un bloque **try** vs **except** como el siguiente:

```python
try:
    [...]
except Exception as e:
    logging.exception(str(e))
    print sys.exec_info()
```

De esta manera se ejecutan las instrucciones contenidas en el **cuerpo try:**, y si se produce un error (una excepción), el flujo se dirige al **cuerpo except:** y aquí se trata como corresponda.

Existen múltiples opciones para tratar las excepciones, por ejemplo, en función del tipo de error:

Interrupción por teclado
Error del sistema
Error en entrada/salida
Error en importación
Error en valor
Error EOF (fin de archivo)
Error OS (sistema operativo)
Excepción general
Etc.

Se puede redirigir el flujo a un cuerpo específico except en función del tipo del error detectado y allí tratarlo como se desee.

Si se quiere dirigir la salida del programa a un fichero, se puede realizar lo siguiente:

```
sudo python /home/pi/[file].py & > [error].txt
```

Donde [file].py es el script Python© y [error].txt es el archivo donde se van a recoger todos los errores que se produzcan al ejecutar el script.

⊖⊙⊖

6.-EJERCICIOS

Una vez vistos, por un lado, los conceptos básicos del hardware de la Raspberry© y sus componentes asociados y por otro lado, el sistema operativo Raspbian© y el software adicional necesario, estamos en disposición de realizar ejercicios de Electrónica usando la Raspberry© como elemento de control.

El objetivo fundamental de este libro es doble: por un lado satisfacer las necesidades de información de los entusiastas de la Electrónica y/o del mundo de la Raspberry© y por otro lado ser un documento de auto aprendizaje, auto formación y estudio. En este último sentido, los ejercicios contienen suficientes explicaciones para que el lector pueda seguir paso a paso el desarrollo de la actividad descrita, tanto teórica como práctica.

Los ejercicios se van introduciendo por complejidad creciente y en cada uno de ellos se describe con detalle más que suficiente tanto el hardware como el software necesarios para el funcionamiento adecuado del tema planteado y además en cada uno de estos ejercicios se plantean otros tres relacionados con la temática tratada y también con complejidad incremental para que el lector pueda resolverlos por su cuenta.

⊖⊖⊖

*Ejercicio 1: Encender/apagar un LED

Este es el ejercicio más simple, apagar y encender un LED desde la Raspberry©, parece simple pero es muy importante manejar bien este caso que es la base de otros.

Apagamos y encendemos un LED pero esta acción se podría extender a cualquier cosa que necesite apagarse y encenderse: una bombilla, una persiana, un electrodoméstico, la puerta del garaje, la calefacción, cualquier cosa, solo tendremos que cambiar el hardware que actua de interfaz entre la Raspberry© y lo que queramos apagar/encender.

En este primer ejercicio se detalla mucha información: conceptos, los cálculos necesarios, las fórmulas, leyes, etc. y lo mismo en el software: librerías, funciones, comandos, funcionamiento, etc.

A medida que avanza el libro iremos apoyándonos en estos conceptos de los primeros ejercicios.

Tenemos que tener en cuenta varias cuestiones:

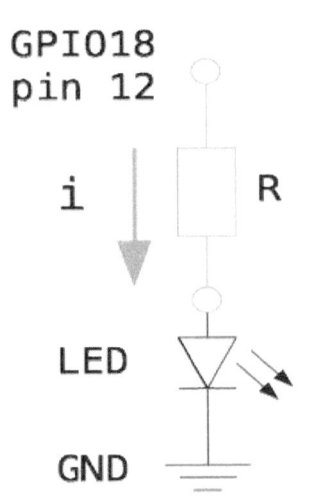

GPIO18
pin 12

i   R

LED

GND

1. La corriente máxima, **i**, que puede conmutar un pin GPIO© de la Raspberry©, por seguridad, es de 16 mA, por lo tanto para limitar esta corriente usaremos una resistencia calculada siguiendo la **Ley de Ohm**:

$$R=\frac{V}{i}=\frac{3,3\ Voltios}{0,016\ Amperios}=207\ ohmios$$

esto es:

$$R=\frac{3,3v}{0,016A}=207\,\Omega$$

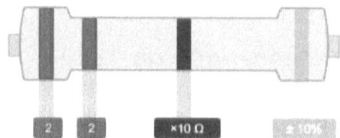

y comercialmente la resistencia más cercana es la de 220Ω que, usando el código de colores, es una resistencia con líneas: roja-roja-marrón

Si queremos saber de qué potencia o tamaño debe ser la resistencia lo podemos hacer con:

$$P=i^2*R=\left(\frac{16}{1000}\right)^2*220=0,06\ watios$$

por lo tanto una resistencia habitual de 1/4w es suficiente.

2. El circuito lo podemos simular previamente con un simulador de circuitos digitales y analógicos, por ejemplo con el software iCircuit©

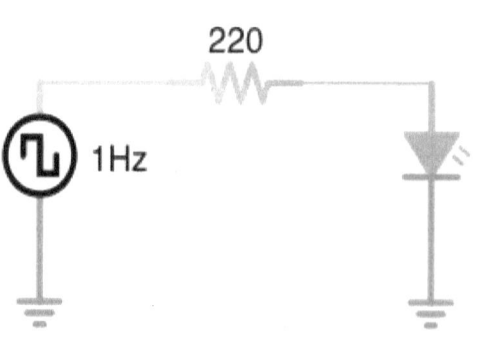

Este caso es muy sencillo pero nos sirve de ejemplo de uso de iCircuit©, que es muy útil para probar circuitos complejos antes de implementarlos físicamente y por lo tanto evitar errores, evitar estropear algún componente, ajustar valores, rehacer el diseño físico, etc.

iCircuit© es muy sencillo de usar: abrimos la aplicación, añadimos componentes que ya vienen pre configurados: resistencia, LED y la Raspberry© la simulamos con un generador de una onda cuadrada o un pulso, ajustamos valores de los componentes, unimos los componentes con cables virtuales, añadimos las tierras, etc. y.... listo.

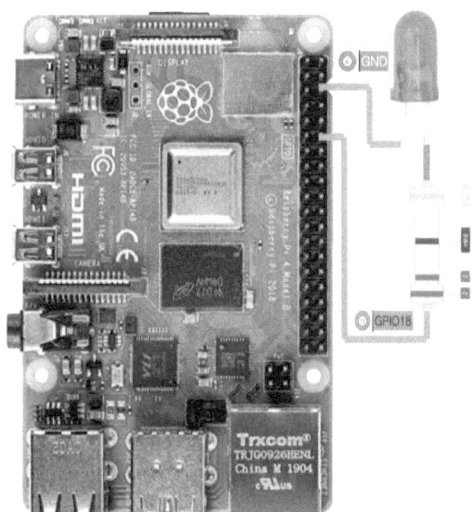

3. No podemos conectar ningún pin de la Raspberry© a más de +3.3v pues de lo contrario corremos el riesgo de "quemar" algún GPIO© de manera irreversible.

4. Montamos el circuito anterior del siguiente modo:

5. Como vemos en las figuras anteriores, en circuitos simples y con tan poco consumo como este, se pueden conectar los componentes directamente a la Raspberry©, pero es mucho más cómodo y claro usar una placa de pruebas (imagen de la derecha).

6. El LED tiene polaridad y se indica por un borde plano en su circunferencia inferior (terminal –) o por una patilla más corta. Si usamos voltajes no superiores a +3,3v podremos comprobar la

polaridad del LED simplemente intercambiando los terminales.

7. ¿Cómo funciona?:

Cuando la Raspberry© pone el pin físico 12 (GPIO18©) en OFF (nivel LOW a GND) el LED se apaga y por el contrario, cuando lo pone en ON (nivel HIGH a +3,3v) el LED se enciende.

8. Finalmente, necesitamos un script Python© que gestione este hardware con el algoritmo que necesitemos: encender, apagar, realizar parpadeos, secuencias, etc.

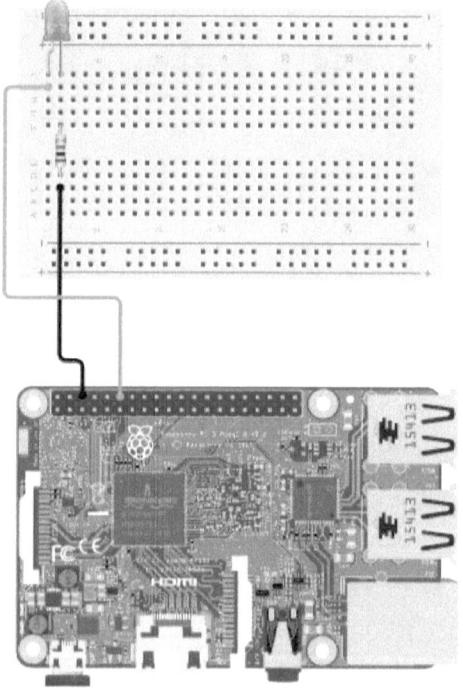

Una vez instalado, podemos hacer múltiples algoritmos cambiando solo el software, esta es la gran ventaja de manejar hardware con software.

En éste y los siguientes ejercicios se describe un ejemplo de programa Python© que es bastante sencillo e incluye suficientes explicaciones, no obstante en este libro existe un capítulo que resume los comandos Python© más habituales que pueden servir de ayuda adicional para aclarar cómo funcionan estos programas.

9. Ahora escribimos el código Python© para manejar este circuito, para ello entramos en IDLE© desde el menú principal de Raspbian© como:

<programación> <Python2.7> <file> <newfile>

Y escribimos el siguiente programa, lo guardamos y lo ejecutamos con <run>

También se puede descargar el programa de la siguiente dirección. Ir al blog, acceder a la pestaña Python©, bajar el script que interese y usarlo en IDLE©:

https://gregochenlo.blogspot.com/

```
#---------------------------------------------------------------
# 01_LED.PY: Parpadea un LED en pin 12 (GPIO18©)
#---------------------------------------------------------------
# ENTRADAS: tiempo de parpadeo te=tiempo encendido,
#           ta=tiempo apagado
# SALIDAS:  parpadea un LED
# Acción:   si pin 12=LOW, el LED se apaga, si pin 12=HIGH,
#           el LED se enciende
#---------------------------------------------------------------
# -*- coding: utf-8 -*-           #esta instrucción permite incluir
                                  #caracteres especiales
#!/usr/bin/env python             #le indica a Python© dónde está
                                  #ubicado el interprete
import RPi.GPIO as GPIO           #importa librería para gestionar el
                                  #GPIO©
import time                       #importa librería de gestión de tiempo
pin=12                            #pin 12 (pin físico)
te=.5                             #tiempo LED encendido
ta=.5                             #tiempo LED apagado

def setup():                      #FUNCIÓN: inicia el GPIO©
  GPIO.setmode(GPIO.BOARD)        #Números de pin según orden físico
  GPIO.setup  (pin,GPIO.OUT)      #Pone pin como pin de salida
  GPIO.output (pin,GPIO.LOW)      #Pone el pin LOW (GND) así se apaga

def apaga(tiempo):                #FUNCIÓN: apaga el LED
  print '...apago'
  GPIO.output(pin,GPIO.LOW)       #LED apagado
  time.sleep(tiempo)              #espera un tiempo

def enciende(tiempo):             #FUNCIÓN: enciende el LED
  print 'enciendo...'
  GPIO.output(pin,GPIO.HIGH)      #espera un tiempo
  time.sleep(tiempo)
```

```
def parar():                    #FUNCIÓN: detiene el programa
    GPIO.output(pin,GPIO.LOW)   #apaga el LED
    GPIO.cleanup()              #libera los recursos del GPIO©
if __name__ == '__main__':      #El programa se inicia desde aquí
    setup()                     #ejecuta la función setup()
    try:                        #ejecuta la siguiente instrucción
                                #salvo excepción
        while True:             #inicia este bucle infinito
            apaga(ta)           #ejecuta la función apaga (tiempo
                                #apagado)
            enciende(te)        #ejecuta la función enciende (tiempo
                                #encendido)
    except KeyboardInterrupt:   #si se pulsa 'Ctrl+C' se ejecuta
        parar()                 #la función parar() que detiene el
                                #programa
```

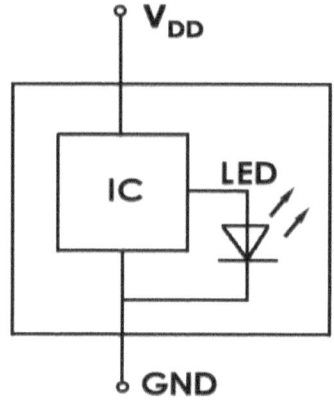

Una variante interesante de un LED "normal" es usar un LED del tipo "auto-flash", por ejemplo el KY-034©, que incluye en su interior un circuito integrado con un oscilador que va cambiando el color del LED.

Este dispositivo se puede conectar directamente a la alimentación (+3,3v o +5v) por ejemplo para visualizar cuando un equipo está encendido o también lo podemos conectar a un GPIO© de la Raspberry© para visualizar que un cierto programa está corriendo adecuadamente.

Ejercicios propuestos:

• Hacer parpadear el LED un número n de pulsos y de duración un número z de segundos cada uno de ellos, según un diccionario Python© del tipo como el siguiente:

{pulso_1:z_1...pulso_n:z_n}

• El LED debe parpadear en una secuencia de un número de pulsos creciente y después decreciente.

- Hacer parpadear el LED según Código Morse, pulsos largos y cortos, por ejemplo S-O-S. Para hacerlo más realista, ver en la Web cómo es la proporción de tiempo entre pulsos largos, cortos y la separación entre letras.

⊖⊜⊖

*Ejercicio 2:
On/off un Relé

Un ejercicio similar al anterior en filosofía, pero muy diferente en aplicación, es poder conmutar desde la Raspberry© un relé de cierta potencia que nos

permita gestionar la alimentación de un equipo de consumo medio de hasta 250v y 10A de corriente alterna, esto es unos 2.500w, con lo que podemos apagar/encender una pequeña estufa, la iluminación, la caldera de la calefacción, la máquina del aire acondicionado, las luces del árbol de Navidad, un motor, etc.

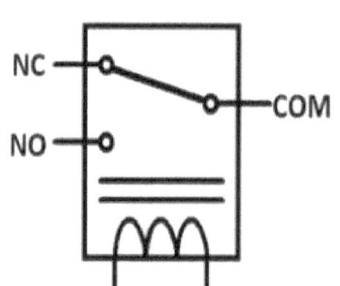

Para ello usaremos un relé, por ejemplo el SRD-05VDC© que consiste en un dispositivo que, usando una pequeña corriente (circuito de control), puede interrumpir una corriente de alta potencia o intensidad (circuito de potencia).

Todos los relé cuentan con 2 pines de entrada, donde se aplica la señal al circuito de control de baja intensidad y/o baja tensión (en nuestro caso la generada por el GPIO17© de la Raspberry©) y 3 pines de salida: común **C**, normalmente abierto **NO** y normalmente cerrado **NC** donde se conmuta la señal del circuito de potencia y/o alta intensidad y/o tensión.

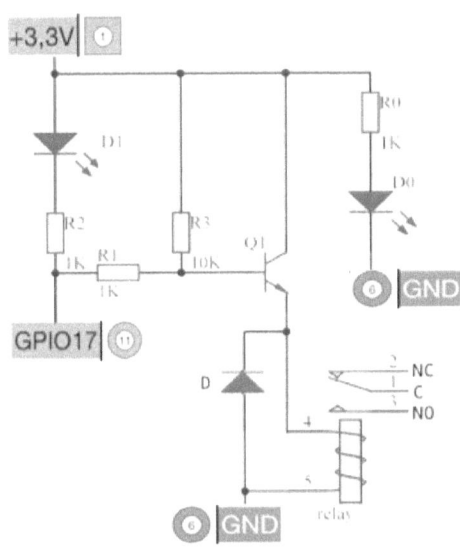

Con el relé que usemos debemos tener en cuenta la tensión de la baja intensidad (en nuestro caso +3,3v) y la potencia máxima que soporta el circuito de potencia (en nuestro caso 250v*10A=2.500w)

Los relés suelen venir acompañados de un circuito electrónico de control que ejecutan varias operaciones: aislamiento con opto acopladores, control de la polaridad y amplificación de la señal de baja intensidad, LED de visualización de estado, etc.

Todas estas características dependen de la marca y el modelo del relé y de su circuito asociado, por lo que se deberá revisar el esquema aportado por el fabricante y tener en cuenta sus parámetros específicos.

En nuestro caso el GPIO17© activa la entrada, ésta el transistor Q1 y éste el relé, por lo que los contactos del relé pasan de **C+NC** a **C+NO**, cerrando el circuito de potencia.

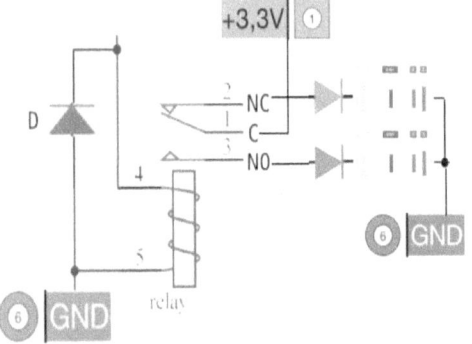

Las resistencias R0 y R2 limitan la corriente en los LED y las resistencias R1 y R3 ajustan la corriente que los atraviesa y la tensión necesarias en la base del transistor Q1.

Los LED D0 y D1 indican el funcionamiento del circuito y el diodo D lo protege de las corrientes inducidas por la bobina del relé.

Al activar y desactivar el relé oiremos el sonido que producen sus partes móviles al contactar el terminal C con NC y NO, pero para probar mejor el circuito podemos conectarle a su salida un LED simulando la carga (como siempre, añadir las resistencias que correspondan).

```
#----------------------------------------------------------------
# 02_RELE.PY: Activa on/off un relé en pin 11 (GPIO17©)
#----------------------------------------------------------------
# Entradas: tiempos de apertura y cierre
# Salidas:  relé on/off entre C-NC y C-NO
# Acción:   si pin 11 HIGH, une C+NO (lógica directa)
#----------------------------------------------------------------
# -*- coding: utf-8 -*-             #gestiona caracteres especiales
#!/usr/bin/env python               #ubicación intérprete Python©
import RPi.GPIO as GPIO             #importa librería gestión GPIO©
import time                         #librería de gestión de tiempo
pin=   11                           #pin 11
tiempo=.5                           #tiempo apertura y cierre del relé
def setup():                        #FUNCIÓN: inicia el GPIO©
  GPIO.setmode(GPIO.BOARD)          #números de pin según orden físico
  GPIO.setup  (pin,GPIO.OUT)        #pone pin como pin de salida
  GPIO.output (pin,GPIO.LOW)        #pone el pin LOW (GND) así esta OFF

def loop():                         #bucle principal del programa
  print 'relé on...'
  GPIO.output(pin, GPIO.HIGH)       #activa relé
  time.sleep(0.5)
  print 'relé off...'
  GPIO.output(pin, GPIO.LOW)        #desactiva relé
  time.sleep(0.5)

def parar():                        #al pulsar CTRL+C se para programa
  GPIO.output(pin, GPIO.LOW)        #desactiva el relé
  GPIO.cleanup()                    #libera GPIO©

if __name__ == '__main__':          #El programa se inicia desde aquí
  setup()                           #inicia GPIO© y pines
  try:                              #ejecuta la siguiente instrucción
                                    #salvo excepción
    while True:                     #inicia este bucle infinito
      loop()                        #bucle principal del programa
  except:                           #si se pulsa 'Ctrl+C' se ejecuta
    parar()                         #la función parar() que detiene el
                                    #programa
```

Ejercicios propuestos:

• Añadir un botón conectado a un GPIO© de modo que al pulsarlo active o desactive el relé.

• Añadir una condición adicional, por ejemplo que una variable, en un bucle, supere una cierta cantidad, o que se superen 100 ciclos o que la temperatura de la CPU pase de un cierto valor.

• Añadir un sensor de vibración (ver otros ejercicios) y abrir o cerrar el relé cuando se detecte una vibración determinada.

⊖⊙⊖

*Ejercicio 3:
Aumentar/disminuir
la luz de un LED

En el ejercicio anterior el LED o se encendía al 100% o se apagaba al 0%, pero en este ejercicio **y con el mismo hardware**, pero controlándolo por software, podremos conseguir cambiar la luminosidad de un LED.

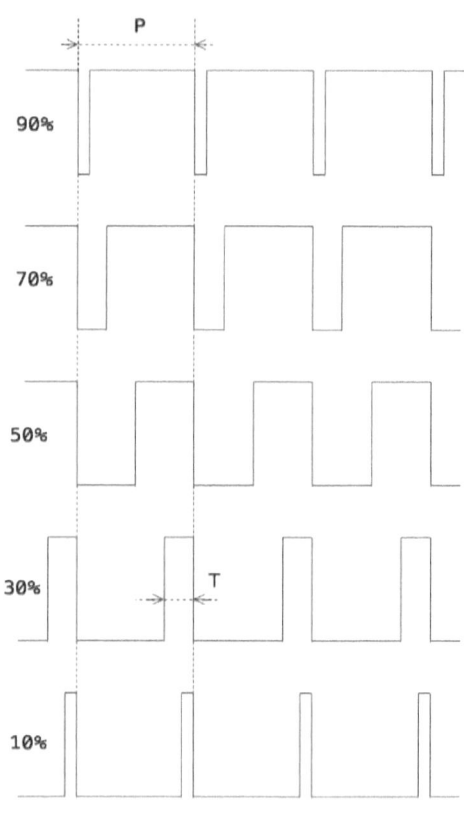

La salida del GPIO© es una señal digital, esto es: ó esta a 1 (HIGH= 3,3v) ó a 0 (LOW=GND=0v), por lo tanto parece imposible conseguir valores intermedios.

Existe una técnica, que se denomina **Modulación por Anchura de Pulsos**, en inglés Pulse Width Modulation o PWM©, que permite resolverlo, ¿cómo?, pues generando una cadena de pulsos, de amplitud +3,3v y de anchura variable.

Si hay muchos pulsos de +3,3v por segundo, el LED se iluminará más que si hay pocos pulsos.

En la figura adjunta vemos una señal cuadrada de periodo **P**.

Cuando, dentro de dicho periodo, el pulso está más tiempo en ON (se modula la anchura **T** del pulso), el LED estará más tiempo encendido, por ejemplo 90%

A medida que el pulso va estando menos tiempo en ON, por ejemplo, pasando de 90% al 70%, al 50%, al 30% ó al 10% la luminosidad del LED se va reduciendo. A este % se le llama **Duty Cycle** o ciclo de trabajo y se expresa como:

$$D = \frac{T}{P} \times 100 \%$$

Donde **P** es la duración total del pulso y **T** es el tiempo en el que el pulso está en ON.

De esta manera podemos asimilar que para una señal de periodo **P** y por ejemplo una tensión **V**=+5v, si le aplicamos un Duty Cycle del 90% tendríamos $V_{90\%}=4,5v$ o con uno del 10% tendríamos $V_{10\%}=0,5v$

Duty Cycle al 10%	Duty Cycle al 90%

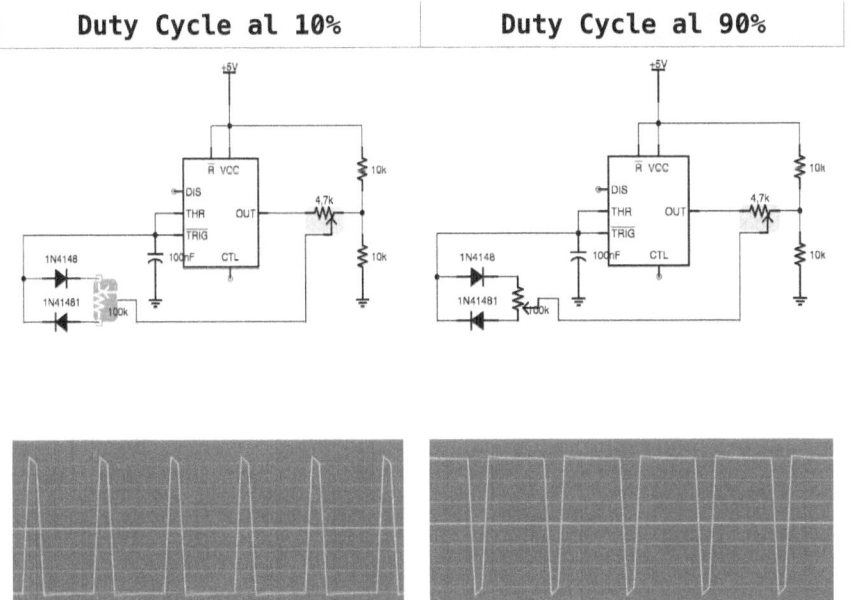

Podemos simular en iCircuit© un circuito generador de una señal PWM© con Duty Cycle variable, con un circuito integrado tipo timer NE555© y algunos componentes adicionales como sigue:

Modificando el potenciómetro de 100kΩ se puede cambiar el Duty Cycle.

En el software que controla esta opción tenemos que definir la frecuencia de la señal cuadrada, o sea, la duración del pulso **P** y el Duty Cycle o el tiempo que está la señal en ON (o en OFF).

Los GPIO© de la Raspberry© (12, 13, 18 y 19) con pines físicos (32, 33, 12 y 35) respectivamente, permiten realizar por hardware (y el resto de GPIO© lo permiten también por software) esta opción de una manera muy sencilla con los siguientes comandos:

Configurar el PWM:
p=GPIO.PWM(pin,frecuencia)

Iniciar PWM:
p.start(dc)   donde dc es el Duty Cycle (0 a 100)

Cambiar la frecuencia:
p.ChangeFrequency(frecuencia)   frecuencia en Hercios

Cambiar el Duty Cycle:
p.ChangeDutyCycle(dc)   dc es el Duty Cycle (0 a 100)

Parar el PWM:
p.stop()

Con este mismo software y este mismo hardware podríamos controlar un pequeño motor de corriente continua (que funcione a +3.3v y 15mA de corriente máxima) que va a girar a más o menos revoluciones en función del Duty Cycle aplicado, o un servo, que va a girar más o menos ángulo (por ejemplo para manejar un timón de un barco, coche, avión o robot de juguete) y como podemos controlar la frecuencia de los pulsos, podemos jugar a hacer un generador de notas musicales, etc. Este ejercicio tiene muchas aplicaciones.

Es importante tener en cuenta el tipo de lógica usada en nuestro circuito (lógica directa o lógica inversa) para usar Duty Cycle de 0 a 100 ó de 100 a 0.

En el siguiente programa Python© tenemos un ejemplo de un bucle de incremento y decremento del Duty Cycle donde se usa el GPIO18© (pin 12) que genera la señal PWM por hardware.

```python
#----------------------------------------------------------
# 03_LED_PWM.PY: Modula luminosidad LED en pin 12 (GPIO18)
#----------------------------------------------------------
# Entradas: frecuencia del PWM y paso de incremento/decremento
# Salidas:  modula la luminosidad LED
# Acción:   cambia el Duty Cycle (Ciclo de Trabajo) del pin
#----------------------------------------------------------
# -*- coding: utf-8 -*-           #esta instrucción permite incluir
                                  #caracteres especiales
#!/usr/bin/env python             #le indica a Python© dónde está
                                  #ubicado el intérprete
import RPi.GPIO as GPIO           #importa librería para gestionar GPIO©
import time                       #importa librería de gestión de tiempo
pin=12                            #pin 12 (pin físico)
frecuencia=100                    #frecuencia de la señal PWM en Hercios
paso=1                            #paso de incremento/decremento del
                                  #Duty Cycle
def setup():                      #FUNCIÓN: inicia el GPIO©
  global p                        #para que p se pueda usar fuera del
                                  #setup()
  GPIO.setwarnings(False)         #para evitar mensajes innecesarios
  GPIO.setmode(GPIO.BOARD)        #números de pin según orden físico
  GPIO.setup(pin,GPIO.OUT)        #pone pin como pin de salida
  GPIO.output(pin,GPIO.LOW)       #pone pin LOW (GND) así se apaga
  p=GPIO.PWM(pin,frecuencia)      #el PWM es en pin y con esta
                                  #frecuencia
  p.start(0)                      #arranca con Duty Cycle=0

def bucle():                      #FUNCIÓN: bucle aumenta/disminuye
  while True:
    print "aumenta..."
    for dc in range(0,101,paso):#Incrementa el Duty Cycle por pasos
      p.ChangeDutyCycle(dc)       #cambia el Duty Cycle
      time.sleep(.01)
    time.sleep(.2)                #espera para disminuir
    print "disminuye..."
    for dc in range(100,-1,-paso):#Decrementa el Duty Cycle por x
                                  #pasos
      p.ChangeDutyCycle(dc)       #cambia el Duty Cycle
      time.sleep(.01)             #espera entre pasos
    time.sleep(.2)                #espera para aumentar

def parar():                      #FUNCIÓN: detiene el programa
```

```
    p.stop()                    #para la generación del PWM
    GPIO.output(pin,GPIO.LOW)   #apaga el LED
    GPIO.cleanup()              #libera los recursos del GPIO©

if __name__ == '__main__':      #El programa se inicia desde aquí
    setup()                     #ejecuta la función setup()

    try:                        #ejecuta la siguiente instrucción
                                #salvo excepción
        bucle()                 #ejecuta bucle() hasta stop por
                                #teclado
    except KeyboardInterrupt:   #si se pulsa 'Ctrl+C' se ejecuta
        parar()                 #la función parar() que detiene el
                                #programa
```

Ejercicios propuestos:

- Mezclar el parpadeo del LED con cambios en su luminosidad según un patrón incluido en un diccionario del tipo:

  patrón={parpadeo:numero, luminosidad:cambios}

- Modular la luminosidad del LED en función de la temperatura del microprocesador (ver otros ejercicios).

- Modular la luminosidad de un LED en función de la posición de un decodificador giratorio (ver otros ejercicios)

⊖⊙⊖

*Ejercicio 4:
LED Dual

Una variante del ejercicio anterior es usar un LED Dual de dos colores, por ejemplo rojo y verde, que es un LED que incluye en su interior los dos colores y que se pueden usar de manera independiente en modo on/off o conseguir una mezcla de ambos colores usando una señal PWM en cada uno de ellos. También pueden estar conectados en paralelo (cátodos unidos o ánodos unidos) o en anti-paralelo (cátodo con ánodo y viceversa).

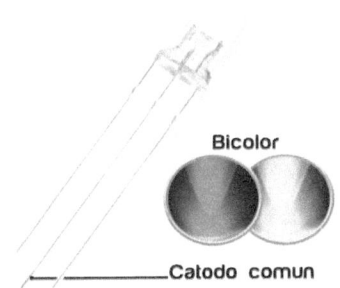

En el mismo encapsulado, disponible tanto en 3mm como en 5mm, coexisten los dos LED que pueden estar configurados con cátodo común o ánodo común.

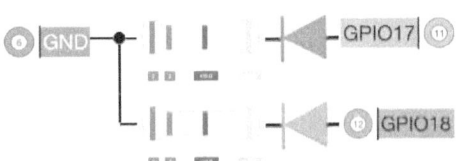

Esta misma situación la veremos en detalle en el funcionamiento de un LED RGB con 3 LED. Adecuando el programa Python© podremos hacer on/off de manera individual en cada LED o ajustar el brillo de cada uno de ellos.

Esta configuración es muy usada en equipos electrónicos: televisores, grabadoras, cámaras, electrodomésticos, etc. para conocer el estado on/off del equipo.

El programa hace un bucle on/off en ambos LED y después una secuencia de incremento/decremento del Duty Cycle de cada uno para conseguir mezclar varias intensidades.

Este dispositivo lo usaremos en muchos otros ejercicios para ver el estado del sistema.

```
#--------------------------------------------------------
# 04_LED_DUAL.PY: gestiona un LED dual (Rojo, Verde) on/off y PWM
#--------------------------------------------------------
# Entradas: tiempo on/off y Duty Cycle de cada LED
# Salidas:  on/off y cambio luminosidad LED verde y rojo
# Acción:   on rojo, atenúa, on verde atenúa y repite ciclo
#--------------------------------------------------------
# -*- coding: utf-8 -*-          #para caracteres especiales
#!/usr/bin/env python            #ubicación intérprete Python©
import RPi.GPIO as GPIO          #importa librería gestionar GPIO©
import time                      #importa librería gestión de tiempo
pines  =(11,12)                  #11: rojo y 12: verde

def setup():                     #FUNCIÓN: inicia el GPIO©
  global p_R,p_G
  GPIO.setwarnings(False)        #evita mensajes innecesarios GPIO©
  GPIO.setmode(GPIO.BOARD)       #números de pin según orden físico
  GPIO.setup  (pines,GPIO.OUT)   #pines como pin de salida
  GPIO.output (pines,GPIO.LOW)   #los pines a LOW (GND) así se apaga
  p_R=GPIO.PWM(pines[0],200)     #activa PWM en LED rojo
  p_G=GPIO.PWM(pines[1],200)     #activa PWM en LED verde
  p_R.start(0)                   #arranca con Duty Cycle=0
  p_G.start(0)                   #se apagan los LED

def bucle():                     #bucle principal
  for x in range(0,3):           #tres parpadeos usando Duty Cycle
    p_R.ChangeDutyCycle(100)
    p_G.ChangeDutyCycle(0)
    time.sleep(.5)
    p_R.ChangeDutyCycle(0)
    p_G.ChangeDutyCycle(100)
    time.sleep(.5)
  for x in range(0,100,10):      #sube el Duty Cycle rojo
    p_R.ChangeDutyCycle(x)       #y baja el del verde
    p_G.ChangeDutyCycle(100-x)
    time.sleep(.5)

def parar():
  print 'Programa finalizado...'
  p_R.stop()                     #apaga el PWM
  p_G.stop()
  GPIO.output(pines,GPIO.LOW)    #apaga los LED
  GPIO.cleanup()                 #libera el GPIO©
```

```
if __name__ == "__main__":        #Aquí comienza el programa
  print '\n'*80                    #borra pantalla
  print 'Cambiando colores de LED dual'
  setup()                          #inicia parámetros
  try:                             #ejecuta siguiente instrucción
                                   #salvo excepción

  while True:
      bucle()                      #ejecuta bucle() hasta stop
  except KeyboardInterrupt:        #si se pulsa 'Ctrl+C' se ejecuta
    parar()                        #función que detiene el programa
```

Ejercicios propuestos:

- Crear un diccionario en Python© con dos entradas: nombre y color y reproducirlo en pantalla encendiendo el LED que corresponda.

  secuencia={1:rojo,2:verde,...,n:color}

- Con indicaciones de ejercicios posteriores, añadir un botón y hacer que se encienda el LED rojo en pulsaciones largas y el verde en pulsaciones cortas. Usar función time()

- Idem indicar con el color del LED Dual el sentido de giro de un motor de DC.

⊖⊖⊖

*Ejercicio 5:
Generador de notas musicales

Tal como comentamos anteriormente y aprovechando la posibilidad de modificar la frecuencia de la señal PWM, podemos jugar a construir un generador de notas musicales, no es muy preciso ni suena muy bien, pero nos sirve para conocer posibilidades y practicar a escribir programas Python©.

Para ello sustituimos el LED por un pequeño altavoz de 8Ω y 0.2w y mantenemos la resistencia de 220Ω para limitar la corriente del GPIO©. Si queremos usar un altavoz más potente, deberíamos añadir un amplificador con un transistor conectado a +5v o incluso a una fuente de alimentación externa.

En el ejemplo siguiente se ve un script Python© que hace sonar la música de "Cumpleaños Feliz" aprovechando que hoy es precisamente mi cumpleaños.

Para ello necesitamos (hay en Internet):

• Frecuencias de las notas básicas: Do, Re...
• Notas de la partitura de "Cumpleaños Feliz"
• Un bucle cambiando la frecuencia del PWM
• El Duty Cycle lo mantenemos fijo

```
#-----------------------------------------------
# 05_MUSICA.PY: Emite música usando PWM en pin 12 (GPIO18©)
#-----------------------------------------------
# Entradas: notas de una canción PWM en notas{}
# Salidas:  emite el sonido de la canción en el altavoz
# Acción:   modula sonido cambiando frecuencia por PWM
#-----------------------------------------------
# -*- coding: utf-8 -*-     #esta instrucción permite incluir
                            #caracteres especiales
#!/usr/bin/env python       #le indica a Python© dónde está
```

```python
                             #ubicado el intérprete
import RPi.GPIO as GPIO      #importa librería para gestionar GPIO©
import time                  #importa librería de gestión de tiempo
notas= {'Do':523.25,'Re':587.33,'Mi':659.26,'Fa':698.46,
        'Sol':783.99,'La':880,'Si':987.77,'si':1017.14,'Di':1046.50}
cumple=['Do','Do','Re','Do','Fa','Mi',
        'Do','Do','Re','Do','Sol','Fa',
        'Do','Do','Di','La','Fa','Mi','Re',
        'si','si','La','Fa','Sol','Fa']
        #si es Si bemol, Di es Do en escala superior

pin=12                       #pin 12 (pin físico)

def setup():                 #FUNCIÓN: inicia el GPIO©
  global p                   #para que p se pueda usar fuera del
                             #setup()

  GPIO.setwarnings(False)    #para evitar mensajes innecesarios
  GPIO.setmode(GPIO.BOARD)   #números de pin según orden físico
  GPIO.setup(pin,GPIO.OUT)   #pone pin como pin de salida
  GPIO.output(pin,GPIO.LOW)  #pone pin low (GND) así se desconecta
  p=GPIO.PWM(pin,100)        #para arrancar el hardware del PWM
  p.start(80)                #con el Duty Cycle podemos cambiar el
                             #timbre del sonido

def bucle():                 #FUNCIÓN: bucle para repetir canción
  while True:
    i=0                      #i es un puntero que recorre la
                             #canción cumple[]

    for x in cumple:         #x recorre la posición de cada nota en
                             #la canción
      p.ChangeFrequency(10)  #para separar un poco las notas
      time.sleep(.05)
      p.ChangeFrequency(notas[x])#notas[x] captura la frecuencia de
                             #x en el diccionario notas {}
      i+=1                   #desplazo el puntero
      if i in [6,12,19,25]:  #es una nota larga, esto es, una
                             #blanca
        time.sleep(.8)
      else:                  #es una nota corta, esto es, una negra
        time.sleep(.4)
    time.sleep(.5)           #separación entre bucles

def parar():                 #FUNCIÓN: detiene el programa
  p.stop()                   #para el hardware del PWM
  GPIO.output(pin,GPIO.LOW)  #apago el sonido
  GPIO.cleanup()             #libera los recursos del GPIO©

if __name__ == '__main__':   #El programa se inicia desde aquí
  setup()                    #ejecuta la función setup()
  try:                       #ejecuta la siguiente instrucción
                             #salvo excepción
    bucle()                  #ejecuta bucle() hasta stop por
                             #teclado
  except KeyboardInterrupt:  #si se pulsa 'Ctrl+C' se ejecuta
    parar()                  #la función parar() que detiene el
                             #programa
```

Ejercicios propuestos:

- Escribir el código para otras canciones, por ejemplo: "we are de champions" o el himno nacional de tu país.

- Simular el sonido de un Código Morse. Para hacerlo más realista, ver en la Web la proporción de la duración de las líneas, los puntos, los espacios entre pulsaciones, entre letras, entre palabras, etc..., se trata de practicar, es la única manera de aprender.

- Hacer una lista tipo código['este es el texto','este es otro texto','etc'] que genere el Código Morse de un texto y que lo reproduzca con sonidos.

☉☉☉

*Ejercicio 6:
Ventilador y temperatura
en Raspberry©

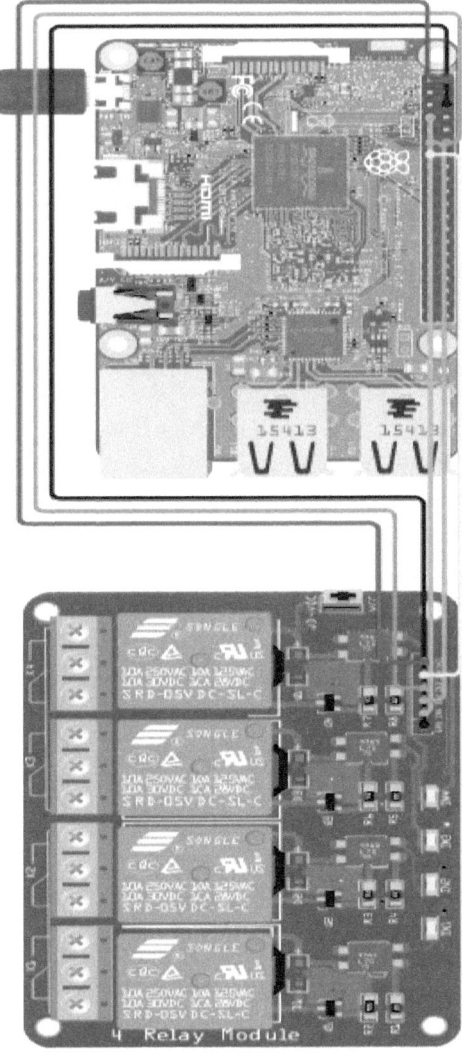

Aprovechando la posibilidad de modificar el Duty Cycle de una señal PWM, podemos construir un controlador de la velocidad del ventilador de la Raspberry© según la temperatura de su CPU.

Puesto que un ventilador de Raspberry© consume entre 150-200mA no es posible alimentarlo directamente desde un GPIO© de la Raspberry© pues éste solo nos da unos 16mA, por lo tanto necesitamos una fuente de alimentación externa y un adaptador entre el GPIO© y el ventilador.

Aquí tenemos varias opciones:

1. Un simple transistor conectado al GPIO18© que alimente el ventilador a una fuente externa de +5v o a los pines 2 ó 4 de la Raspberry©

2. Añadir un optoacoplador entre el GPIO18© y el transistor para que actúe de aislador eléctrico entre ambos circuitos.

3. Sustituir el transistor por un relé, de bajo consumo como un relé reed (ver otros ejercicios), conectando su entrada a la salida del opto acoplador y sus contactos de salida: común y normalmente abierto (C–NA) al ventilador y a la fuente.

Una solución más cómoda es usar un módulo de relés, (con 2, 4, 8, etc.) que ya incluyen los correspondientes opto acopladores, pudiendo usar los otros relés para gestionar otros dispositivos: luces, persianas, válvulas, resetear equipos, etc.

En este ejercicio se ha usado la primera opción donde tenemos lo siguiente:

La base del transistor **T** (del tipo **NPN**), por ejemplo un **S8050©** que soporta hasta 700mA, se conecta al GPIO18© a través de una resistencia **R** de 470Ω (amarillo–violeta–marrón), que protege la base **b** del

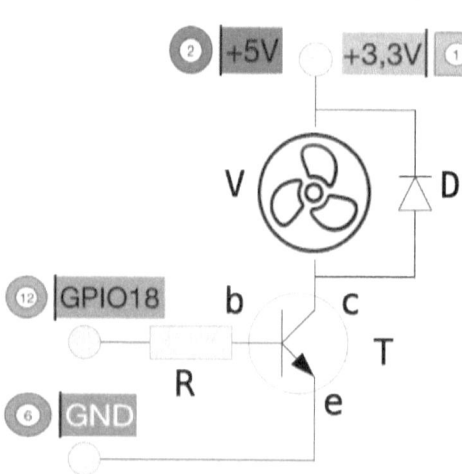

transistor y que envía la señal de este GPIO© a la base, haciendo que **T** actúe de interruptor y por lo tanto haciendo pasar la corriente de alimentación a través del ventilador **V**, por el colector **c** y hasta el emisor **e** conectado al pin 6 ó GND

Por lo tanto el transistor **T** alimenta al ventilador **V** con los +5v (pin 2 ó 4) de la Raspberry© que puede suministrar hasta 200mA, también se podría conectar a los +3,3v (pin 1) que suministra hasta 50mA.

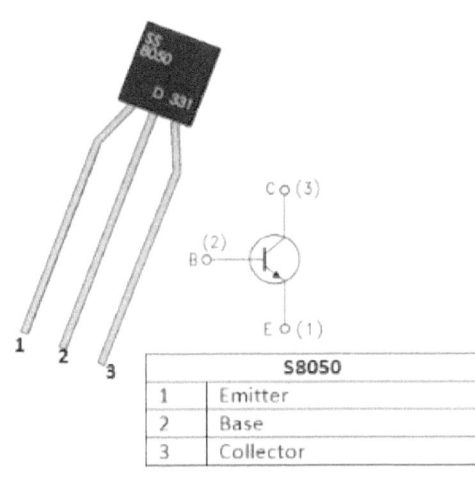

Estas opciones se elegirán en función del consumo del ventilador (los que vienen en los kit de Raspberry© se pueden alimentar a +5v ó a +3,3v indistintamente).

S8050	
1	Emitter
2	Base
3	Collector

IMPORTANTE: respetar la polaridad de los ventiladores pues, en general, internamente incluyen un motor DC sin escobillas y disponen de un controlador electrónico que necesita de una correcta polaridad.

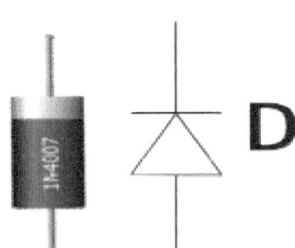

Para desviar las posibles corrientes parásitas provocadas por el giro del ventilador, se coloca en paralelo a éste un diodo **D**, por ejemplo un **1N4007©** que soporta hasta 1A de corriente (importante respetar su polaridad).

Por otra parte necesitamos un sensor de temperatura de la CPU de la Raspberry©, pero aquí estamos de suerte pues la propia Raspberry© dispone de uno accesible por software con la siguiente función:

```
tempFile=open("/sys/class/thermal/thermal_zone0/temp")
cpu_temp=tempFile.read()
tempFile.close()
cpu_temp=round(float(cpu_temp)/1000)
```

Así en la variable cpu_temp tenemos la temperatura interna de la CPU de la Raspberry©, en grados centígrados, que nos permite modificar el Duty Cycle del PWM del GPIO© que ataca al circuito que gestiona la velocidad del ventilador.

En el siguiente ejemplo se utilizan 3 niveles:

Temperatura ºC	%Duty Cycle	LED encendido(∗)
<40	50	verde
>=40<50	75	amarillo
>=50	100	rojo

(∗) En otro ejercicio veremos como se gestionan varios LED, tanto por on/off como por PWM

```
#-------------------------------------------------------------
# 06_CPU_FAN.PY: Modula velocidad en ventilador por temperatura CPU
#-------------------------------------------------------------
# Entradas: temperatura de la CPU
# Salidas:  modulación de velocidad de ventilador
# Acción:   cambia Duty Cycle según temperatura y tabla actuación
#-------------------------------------------------------------
# -*- coding: utf-8 -*-        #esta instrucción permite incluir
                               #caracteres especiales
#!/usr/bin/env python          #le indica a Python© dónde está
                               #ubicado el intérprete
import RPi.GPIO as GPIO        #importa librería para gestionar GPIO©
import time                    #importa librería de gestión de tiempo
pin=12                         #pin 12 (pin físico)
frecuencia=100                 #frecuencia de la señal PWM en Hercios
tramo=''                       #visualizar el tramo de temperatura

def setup():                   #FUNCIÓN: inicia el GPIO©
  global p                     #p se pueda usar fuera del setup()
  GPIO.setwarnings(False)      #para evitar mensajes innecesarios
  GPIO.setmode(GPIO.BOARD)     #números de pin según orden físico
  GPIO.setup(pin,GPIO.OUT)     #pone pin como pin de salida
  GPIO.output(pin,GPIO.HIGH)   #HIGH para que arranque ventilador
  p=GPIO.PWM(pin,frecuencia)   #frecuencia de la señal PWM
  p.start(100)                 #arranca con Duty Cycle=100%

def bucle():                   #FUNCIÓN: ajusta velocidad ventilador
  while True:                  #mira la temperatura de la CPU
    tempFile=open( "/sys/class/thermal/thermal_zone0/temp" )
    cpu_temp=tempFile.read()
    tempFile.close()
    cpu_temp=round(float(cpu_temp)/1000)
```

```python
    if cpu_temp<40:              #<40ºC          ventilador al 50%
      tramo='<40 verde'
      p.ChangeDutyCycle(50)
    elif cpu_temp<50:            #>=40ºC y <50% ventilador al 75%
      tramo='>=40<50 amarillo'
      p.ChangeDutyCycle(75)
    else:
      tramo='>=50 rojo'
      p.ChangeDutyCycle(100)     #>50%          ventilador al 100%
    time.sleep(.01)              #para no cargar la CPU escanea cada
                                 #0.01 segundos

    print cpu_temp,tramo

def parar():                     #FUNCIÓN: detiene el programa
  p.stop()                       #para el PWM
  GPIO.output(pin,GPIO.HIGH)     #por seguridad no apaga el ventilador
  GPIO.cleanup()                 #libera los recursos del GPIO©

if __name__ == '__main__':       #El programa se inicia desde aquí
  setup()                        #ejecuta la función setup()
  try:                           #ejecuta la siguiente instrucción
                                 #salvo excepción
    bucle()                      #ejecuta bucle() hasta stop por
                                 #teclado
  except KeyboardInterrupt:      #si se pulsa 'Ctrl+C' se ejecuta
    parar()                      #la función parar() que detiene el
                                 #programa
```

Ejercicios propuestos:

- Cambiar la tabla de las temperaturas desde 3 tramos a 4 tramos.

- Mostrar la temperatura de la CPU también en grados Fahrenheit, haciendo la correspondiente conversión.

- Ver los siguientes ejercicios y activar un LED del color que corresponda a la situación de la temperatura de la CPU concretada en la tabla.

⊖⊖⊖

*Ejercicio 7: Ejecutando programas desde la Web

En este ejercicio y también <u>con el mismo hardware</u> que los ejercicios anteriores, vamos a apagar o encender el LED desde una página Web pero accediendo desde la misma red en la que está la Raspberry© (ya veremos cómo se hace desde el exterior).

Lógicamente este ejercicio se puede aplicar a cualquier otro de los que vamos a ver en este libro, de esta manera tenemos un control remoto muy práctico.

Acceder desde Internet es más complejo y necesita disponer de una IP pública estática, esto es, una IP pública de nuestro Router principal que sea fija para saber dónde tenemos que acceder, una protección en el acceso a esta IP y una gestión de asignación de esta IP cuando se resetee el Router y esta IP cambie.

Por su complejidad, el detalle de la opción anterior no está incluida en este libro pero si está en mi libro "Domótica con Raspberry©, Google© y Python©" (versiones en Español o Inglés disponibles en Amazon©), que recomiendo para usuarios avanzados o con ganas de seguir aprendiendo.

Haremos lo siguiente:

1. Servidor Apache©: para acceder vía Web necesitamos instalar un Servidor Web, esto es, un programa residente en la Raspberry© que dirija las órdenes recibidas por Web a nuestro script Python©

Las últimas versiones de Raspbian© ya traen instalado el Servidor Web Apache©, pero si no fuera el caso, podemos hacer lo siguiente desde LXTerminal©:

```
sudo apt install apache2 -y
```

2. El servidor Apache@ dirige las ordenes al archivo: /var/www/html/index.html deberemos por lo tanto cambiar esta situación modificando el nombre de este archivo con:

```
cd /var/www/html
sudo mv index.html inicio.html
```

3. Apache© va a dirigir la ejecución a un programa del tipo [*].php y para ello tenemos que instalar el gestor de scripts PHP© con:

```
sudo apt-get install php libapache2-mod-php -y
```

4. Creamos un archivo [*].php por cada programa Python© que queramos ejecutar desde la Web, con:

```
cd /var/www/html
sudo nano p_led_on.php
```
y añadimos:

```
Archivo  Editar  Pestañas  Ayuda

  GNU nano 3.2                      p_led_on.php

<?php
echo ("Enciendo el LED...");
$result = exec("sudo python /home/pi/ejercicios/programas/p_led_on.py");
?>
```

El programa p_led_on.py debe ser un script Python© similar al ejercicio 01_LED.PY que ya hemos visto pero adaptándolo para que solo encienda el LED, dejo al lector que realice el ejercicio. Igualmente podríamos repetir el proceso para p_led_off.php y p_led_off.py

Para probar los [*].php hacemos, desde el directorio donde estén ubicados:

```
sudo php [*].php
```

5. Permisos: tenemos que dar permiso de ejecución total a los archivos [*].py que están en el directorio /home/pi/[d] y a todos los [*].php que deben estar en el directorio /var/www/html para ello hacemos lo siguiente:

```
sudo chmod 777 [*].php ó [*].py
```

[d] es el directorio donde están ubicados los [*].php, en este ejemplo: /ejercicios/programas/

6. También tenemos que dar los permisos necesarios para que el gestor PHP pueda ejecutar programas Python©, para ello:

```
cd /etc/
sudo nano sudoers                y añadir al final:
www-data ALL=(root) NOPASSWD:ALL
```

7. Para acceder vía Web entramos desde un ordenador o desde el móvil en un navegador como Safari©, Chrome©, etc. que estén conectados a la misma red interna que la Raspberry©, o desde la propia Raspberry© con Chromium©, tecleando su IP (la que hemos asignado como IP fija del dispositivo) y veremos los archivos ubicados en /var/www/html y allí pulsando sobre el [*].php que corresponda y se ejecutará el [*].py al que apunte y con él se apagará o encenderá el LED.

Index of /

Name	Last modified	Size	Description
inicio.html	2020-03-27 22:20	10K	
p_lcd_off.php	2020-03-28 10:16	109	
p_lcd_on.php	2020-03-28 09:58	111	
p_lcd_pwm.php	2020-03-28 10:23	158	

Apache/2.4.38 (Raspbian) Server at 192.168.1.51 Port 80

Con este sistema es incluso posible crear un icono en el móvil que simule una APP para realizar de manera cómoda y automática alguna de estas acciones.

Para ello solo tenemos que pulsar en el [*].php comentado y elegir la opción en iOS© o Android© "añadir a pantalla de inicio" desde Safari© y Chrome© respectivamente.

Nota: cuando cortamos un bucle infinito en Python© dentro de un script PHP nos puede aparecer un error en pantalla del tipo "sys.excepthook is missing" que podemos ignorar o para evitarlo de una manera sencilla, eliminar las sentencias print dentro del programa Python©

Ejercicios propuestos:

* Probar el acceso a los [*].php desde el navegador de un PC.

* Generar los [*].php de algunos ejercicios de este libro.

* Crear varios iconos de acceso a rutinas [*].php desde un móvil.

⊖⊖⊖

*Ejercicio 8:
Gestión de un LED
con un pulsador

En este ejercicio vamos a gestionar varias acciones de un LED con un pulsador simple.

Parece un ejercicio extraño ¿porqué vamos a necesitar encender y apagar un LED o un dispositivo usando una Raspberry©?, ¿porqué no usamos solo el pulsador y el dispositivo a encender o apagar?

Parece mucho más sencillo conectar directamente el pulsador al LED y al pulsarlo se apagará o encenderá el LED como si fuera una bombilla normal, pero... y si queremos que cuando se active el pulsador, el LED se encienda un tiempo y se apague otro o varíe su iluminación en función de si se mantiene pulsado más de x segundos el pulsador, o que parpadee varias veces... entonces deberíamos complicar mucho más el hardware.

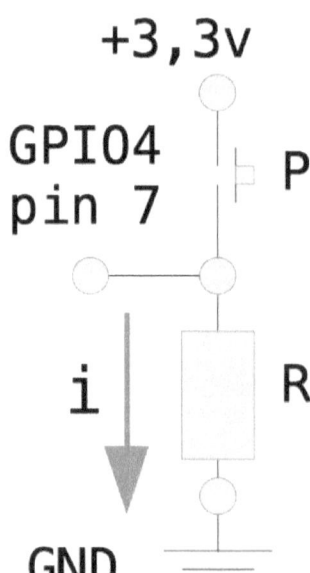

Usando la Raspberry© y unos circuitos muy simples con el LED (usando el hardware del ejercicio 1) y añadiendo un pulsador como se indica, las opciones de gestión son infinitas sin cambiar nada en el hardware, solo será necesario modificar el software.

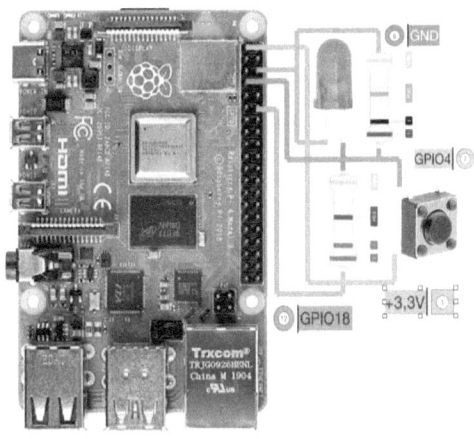

Existen muchas alternativas a la hora de conectar un pulsador al GPIO©, aquí se usa una que elimina las pulsaciones ficticias, para ello se dispone de un resistencia R de 10kΩ (marrón-negro-naranja), que conecta el GPIO4© (pin 7) a GND actuando de "pull-down".

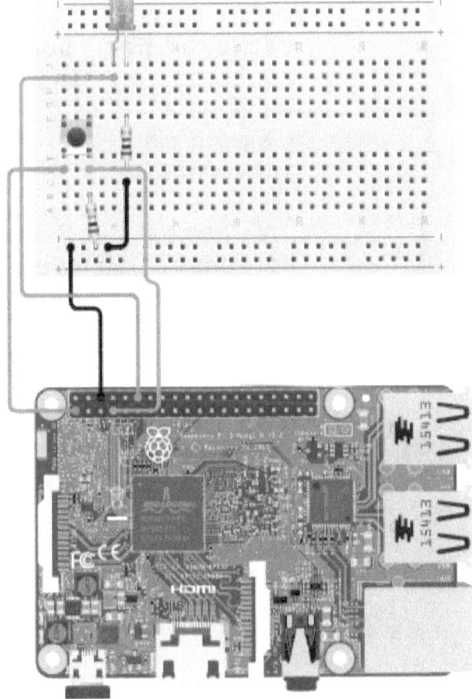

Cuando el pulsador **P** está abierto circula una intensidad mínima **i** por la resistencia **R** suministrada por el GPIO4© (pin 7) y de esta manera el nivel lógico del GPIO4© es LOW. Al pulsar **P** el GPIO4© se conecta a +3.3v y por lo tanto su nivel lógico pasa a HIGH.

Cuando instalemos el pulsador **P** en el circuito y en función del modelo, tengamos en cuenta que tiene 4 patillas e internamente están unidas de 2 en 2 (1-2 y 3-4), mirar con un polímetro cómo están conectadas antes de su instalación para evitar corto circuitos indeseados.

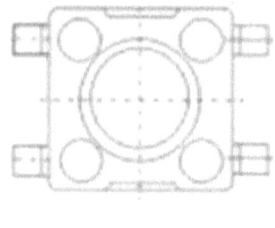

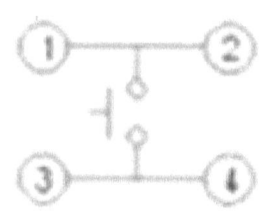

También podremos usar pulsadores más complejos que incluyen LED de visualización de su estado. Aquí, el LED D0 se ilumina al conectar el circuito, para indicar que hay alimentación y D1 cuando se presiona el pulsador S1. Las resistencias R1 y R0 controlan la intensidad máxima que circula por los LED.

Hay dos maneras de capturar el estado de un pulsador: la fácil y la difícil y como en casi todo en este mundo, la fácil es menos efectiva que la difícil.

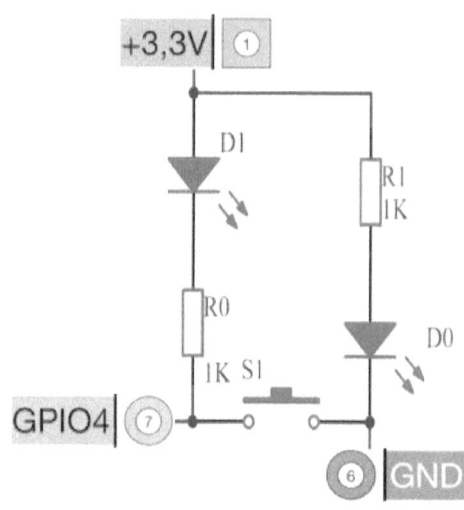

Llamaremos a la solución fácil **captura por sondeo** (polling en Inglés) y a la difícil **captura por interrupción**.

Veremos las dos opciones, aunque en este libro hablaremos más de la captura por interrupción. Para más detalles y ejemplos prácticos de uso de captura por interrupción en gestión de alarmas Domóticas, aconsejo mi libro "Domótica con Raspberry©, Google© y Python©" disponible en la Web de Amazon©.

Veamos de qué se trata cada caso:

1. **Captura por sondeo**: en esto modo el programa principal sondea en cada ciclo de ejecución la situación del pulsador, GPIO4© (pin 7) y actúa en consecuencia según se indique en el software, además el propio software principal tiene que

controlar los rebotes del pulsador, las pulsaciones ficticias, etc. por ejemplo esperando un tiempo, sondeando varias veces, etc. Mientras que el software está controlando el pulsador, no está realizando ninguna otra operación.

2. **Captura por interrupción:** en este modo el programa principal NO sondea en cada ciclo de ejecución el estado del pulsador pero por otra parte, por software, se indica previamente a la Raspberry© que cuando reciba un cambio de estado (cambio configurable) en GPIO4© (pin 7), esto es, cuando reciba una interrupción, se detenga momentáneamente la ejecución del ciclo principal, se vaya a ejecutar el software definido en dicha interrupción y al finalizar, se continua ejecutando el ciclo principal desde donde se produjo la interrupción.

Por Sondeo   Por Interrupción

Por otra parte, los rebotes y pulsaciones ficticias las controla el propio sistema de gestión de interrupciones, liberando al usuario de esta tarea.

Como se puede observar, esta última opción es más compleja pero es también mucho más efectiva, pues el programa principal no se detiene en cada ciclo para sondear cómo está el pulsador y solo cuando éste se pulsa, esto es, cuando se produce la interrupción, es cuando se trata el software definido para la acción del pulsador, asegurando que siempre se gestione adecuadamente.

Haremos una primera prueba, de modo que al presionar el pulsador (pulsación corta o larga) se encienda el LED, si está apagado, o se apague si está encendido.

Es importante que configuremos el GPIO4©, pin 7 (pulsador) como INPUT y el GPIO8©, pin 12 (LED) como OUTPUT.

En esta primera opción gestionamos la pulsación del botón **POR SONDEO**.

```
#------------------------------------------------------------
# 08_BOTON_LED_SONDEO.PY: Gestiona un LED (GPIO18©, pin 12) con un
# pulsador (GPIO4©, pin 7) GESTION POR SONDEO
#------------------------------------------------------------
# Entradas: pulsador ON (+3.3v), OFF (0v) lógica directa
# Salidas:  enciende o apaga el LED
# Acción:   si pin 7=HIGH, el LED se enciende, si LOW se apaga
#------------------------------------------------------------
# -*- coding: utf-8 -*-
#!/usr/bin/env python          #le indica a Python© dónde está
                               #ubicado el intérprete

import RPi.GPIO as GPIO        #importa librería para gestionar GPIO©
import time                    #importa librería de gestión de tiempo
pin_led=12                     #pin 12 (pin físico del LED)
pin_pul=7                      #pin  7 (pin físico del pulsador)
estado_led=False               #estado del LED: True=encendido,
                               #False=apagado

def setup():                   #FUNCIÓN: inicia el GPIO©
  GPIO.setwarnings(False)      #para evitar mensajes innecesarios
  GPIO.setmode(GPIO.BOARD)     #números de pin según orden físico
  GPIO.setup(pin_led,GPIO.OUT) #el pin del led es de salida
```

```
GPIO.setup(pin_pul,GPIO.IN, pull_up_down=GPIO.PUD_DOWN)
                            #el pin del pulsador es entrada
                            #con una resistencia a GND en modo
                            #"pull down"
GPIO.output(pin_led,GPIO.LOW) #inicia el pin del LED en LOW para
                            #apagarlo

def cambia_led(ev=None):      #FUNCIÓN: cambia el estado del LED
  global estado_led
  estado_led=not estado_led #si estado_led es True lo cambia a
                            #False y viceversa
  if estado_led:
    accion()                #FUNCIÓN: realiza acciones con el LED
  else:
    GPIO.output(pin_led,estado_led)
  if estado_led==1:         #visualiza el estado ON u OFF
    print 'LED on....'
  else:
    print 'LED off...'

def accion():                 #FUNCIÓN: aquí se pueden definir todas
                            #las acciones
  for j in range (0,4):     #que queramos que haga el LED
    GPIO.output(pin_led,True) #en este ejemplo parpadea 3 veces
    time.sleep(.1)
    GPIO.output(pin_led,False)
    time.sleep(.1)
  GPIO.output(pin_led,True)

def parar():                  #FUNCIÓN: detiene el programa
  GPIO.output(pin_led,GPIO.LOW) #apaga el LED
  GPIO.cleanup()            #libera los recursos del GPIO©

if __name__ == '__main__':  #el programa se inicia desde aquí
  setup()                   #ejecuta la función setup()
  try:                      #ejecuta la siguiente instrucción
                            #salvo excepción

#AQUI SE GESTIONA EL ESTADO DEL PULSADOR POR SONDEO

    while True:             #Simula el programa principal
      if GPIO.input(pin_pul)==1: #sondea el estado del pulsador
                            #1=pulsado
        cambia_led()        #actúa con el LED si hubo pulsación
      time.sleep(.1)        #simula el resto del programa
                            #principal

  except KeyboardInterrupt: #si se pulsa 'Ctrl+C' se ejecuta
    parar()                 #la función parar() que detiene el
                            #programa
```

En esta segunda opción gestionamos la pulsación del botón **POR INTERRUPCIÓN.**

Gregorio Chenlo Romero (gregochenlo.blogspot.com)

```
#---------------------------------------------------------------
# 08_BOTON_LED_INTERRUPCION.PY: Gestiona un LED (GPIO18©, pin 12)
# con un pulsador (GPIO4©, pin 7) GESTION POR INTERRUPCION
#---------------------------------------------------------------
# Entradas: pulsador ON (+3.3v), OFF (0v) lógica directa
# Salidas:  enciende o apaga el LED
# Acción:   si pin 7=HIGH, el LED se enciende, si LOW se apaga
#---------------------------------------------------------------
# -*- coding: utf-8 -*-
#!/usr/bin/env python          #le indica a Python© dónde está
                              #ubicado el intérprete

import RPi.GPIO as GPIO        #importa librería para gestionar GPIO©
import time                    #importa librería de gestión de tiempo
pin_led=12                     #pin 12 (pin físico del LED)
pin_pul=7                      #pin  7 (pin físico del pulsador)
estado_led=False               #estado del LED: True=encendido,
                              #False=apagado

def setup():                   #FUNCIÓN: inicia el GPIO©
  GPIO.setwarnings(False)      #para evitar mensajes innecesarios
  GPIO.setmode(GPIO.BOARD)     #números de pin según orden físico
  GPIO.setup(pin_led,GPIO.OUT) #el pin del led es de salida
  GPIO.setup(pin_pul,GPIO.IN, pull_up_down=GPIO.PUD_DOWN)
                              #el pin del pulsador es entrada
                              #con una resistencia a GND en modo
                              #"pull down"


  # Aquí se define la interrupción, si el pin_pul sube (rising) de
  # GND a HIGH se ejecuta la función cambia_led(). Añade bouncetime
  # para evitar lecturas incorrectas del pulsador
  GPIO.add_event_detect(pin_pul,GPIO.RISING,callback=cambia_led
                                         ,bouncetime=1000)


GPIO.output(pin_led,GPIO.LOW) #inicia el pin del LED en LOW para
                              #apagarlo

def cambia_led(ev=None):      #FUNCIÓN: cambia el estado del LED
  global estado_led
  estado_led=not estado_led   #si estado_led es True lo cambia a
                              #False y viceversa
  if estado_led:
    accion()                  #FUNCIÓN: realiza acciones con el LED
  else:
    GPIO.output(pin_led,estado_led)
  if estado_led==1:           #visualiza el estado ON u OFF
    print 'LED on....'
  else:
    print 'LED off...'

def accion():                 #FUNCIÓN: aquí se pueden definir todas
                              #las acciones
  for j in range (0,4):       #que queramos que haga el LED
```

```
      GPIO.output(pin_led,True) #en este ejemplo parpadea 2 veces al
                                #encenderse
      time.sleep(.1)
      GPIO.output(pin_led,False)
      time.sleep(.1)
    GPIO.output(pin_led,True)

def parar():                    #FUNCIÓN: detiene el programa
   GPIO.output(pin_led,GPIO.LOW) #apaga el LED
   GPIO.cleanup()               #libera los recursos del GPIO©

if __name__ == '__main__':      #el programa se inicia desde aquí
   setup()                      #ejecuta la función setup()
   try:                         #ejecuta la siguiente instrucción
                                #salvo excepción

#AQUI NO SE REALIZA NINGÚN SONDEO DEL PULSADOR

      while True:               #simula el programa principal
         time.sleep(.5)         #no se sondea el botón, se ejecuta por
                                #interrupción


   except KeyboardInterrupt:    #si se pulsa 'Ctrl+C' se ejecuta
      parar()                   #la función parar() que detiene el
                                #programa
```

Ejercicios propuestos:

- Combinar este ejercicio con otros ya vistos y hacer que una secuencia LED se inicie o se detenga con el pulsador.

- Generar un código que distinga una pulsación corta de una pulsación larga y active el LED un pulso o dos pulsos. Usar funciones time().

- Escribir un programa que haga parpadear el LED si pulsamos una vez el pulsador o lo haga cambiar de intensidad si lo pulsamos dos veces seguidas y detenga el programa si se pulsa tres veces.

⊖⊖⊖

*Ejercicio 9:
Varios LED con on/off

En este ejercicio vamos a realizar secuencias on/off con varios LED. Por limitación en la corriente total de todos los GPIO© a un máximo de 78mA, no es recomendable usar más de 5 LED, consumiendo cada uno 16mA como habíamos comentado.

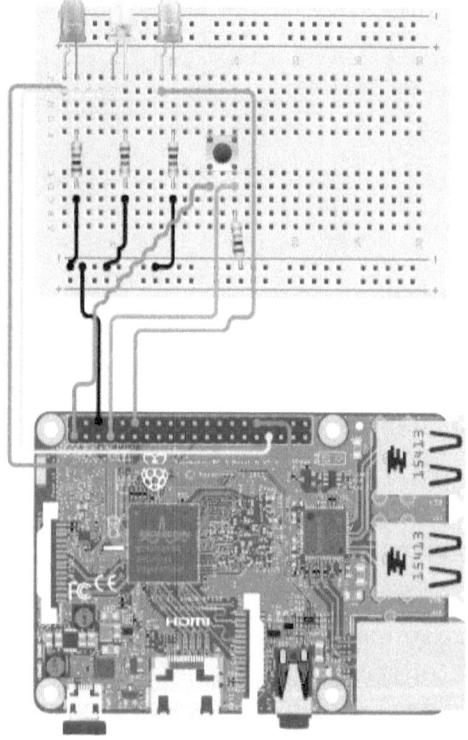

En este ejercicio se han usado tres LED a modo de semáforo: Rojo, Amarillo y Verde y un pulsador conectados del siguiente modo:

Lógicamente y como ya hemos comentado, cada LED debe ir acompañado de la correspondiente resistencia en serie para limitar la corriente suministrada por el GPIO©.

Aquí se plantea que al pulsar el botón se realice la siguiente secuencia con cada pulsación:

1. Enciende el LED Rojo,
2. Enciende el Amarillo y apaga el Rojo

116

3. Enciende el Verde y apaga el Amarillo
4. Apaga el Verde y pasa al estado 1

Elemento	GPIO©	PIN
LED_Rojo	12	32
LED_Amarillo	13	33
LED_Verde	18	12
Pulsador	4	7

Además la captura del uso del botón se hace por interrupción y no por sondeo.

En el script Python© se han definido los 4 estados anteriores y se ha asociado a cada uno de ellos una función, accion_x(), donde se pueden configurar los cambios que deben sufrir los LED, de esta manera se puede cambiar fácilmente el funcionamiento del sistema sin alterar la configuración general del programa.

```
# ----------------------------------------------------------
# 09_VARIOS_LED.PY: On/off 3 LED rojo pin 32, amarillo 33, verde 12
# según acciones con pulsador en pin 7 CAPTURADAS POR INTERRUPCIÓN
#-----------------------------------------------------------
# Entradas: pulsador
# Salidas:  on/off en LED
# Acción:   en cada pulsación enciende verde, amarillo, rojo y
#           apaga el LED anterior
#-----------------------------------------------------------
# -*- coding: utf-8 -*-         #esta instrucción permite incluir
                                #caracteres especiales
#!/usr/bin/env python           #le indica a Python© dónde está
                                #ubicado el intérprete

import RPi.GPIO as GPIO         #importa librería para gestionar GPIO©
import time                     #importa librería de gestión de tiempo
                                #pines físicos
pin_r=32                        #LED rojo
pin_a=33                        #LED amarillo
pin_v=12                        #LED verde
pin_pul=7                       #pulsador
pines=[pin_r,pin_a,pin_v]
estado=1
ver=['','Rojo','Amarillo','Verde','']

def setup():                    #FUNCIÓN: inicia el GPIO©
  GPIO.setwarnings(False)       #para evitar mensajes innecesarios
```

Gregorio Chenlo Romero (gregochenlo.blogspot.com)

```
  GPIO.setmode(GPIO.BOARD)      #números de pin según orden físico
  for x in pines:               #bucle de inicio de pines del GPIO©
    GPIO.setup (x,GPIO.OUT)      #pone x como pin de salida
    GPIO.output(x,GPIO.LOW)      #pone x LOW (GND) así se apaga
  GPIO.setup(pin_pul,GPIO.IN, pull_up_down=GPIO.PUD_DOWN)
                                 #el pin del pulsador es entrada
                                 #con una resistencia a GND en modo
                                 #"pull down"
```

#Aquí se define la interrupción, si el pin_pul sube (rising) de GND
#a HIGH se ejecuta la función cambia_led. Se añade bouncetime para
#evitar rebotes y lecturas incorrectas o ficticias del pulsador
```
  GPIO.add_event_detect(pin_pul,GPIO.RISING,callback=cambia_led
                                              ,bouncetime=500)

def cambia_led(ev=None):        #FUNCIÓN: cambia el estado del LED
  global estado
  if estado==4:                 #visualizo una línea en blanco
    print
  else:
    print 'LED: '+ver[estado] #visualizo estado

  if estado==1:                 #estado 1 realiza accion_1
    accion_1()
  elif estado==2:               #estado 2 realiza accion_2
    accion_2()
  elif estado==3:               #estado 3 realiza accion_3
    accion_3()
  elif estado==4:               #estado 4 realiza accion_4
    accion_4()
  estado+=1                     #inicia estado
  if estado>4:
    estado=1

def accion_1():                 #enciende rojo
  GPIO.output(pin_r,True)

def accion_2():                 #enciende amarillo, apaga rojo
  GPIO.output(pin_a,True)
  GPIO.output(pin_r,False)

def accion_3():                 #enciende verde, apaga amarillo
  GPIO.output(pin_v,True)
  GPIO.output(pin_a,False)

def accion_4():                 #apaga verde
  GPIO.output(pin_v,False)

def parar():                    #FUNCIÓN: detiene el programa
  for x in pines:               #bucle de cierre de pines GPIO©
    GPIO.output(x,GPIO.LOW)      #apaga el LED x
  GPIO.cleanup()                #libera los recursos del GPIO©

if __name__ == '__main__':      #El programa se inicia desde aquí
  setup()                       #ejecuta la función setup()
```

```
try:                        #ejecuta la siguiente instrucción
                            #salvo excepción
  while True:               #simula el programa principal
    time.sleep(.5)          #NO se sondea el botón, se ejecuta por
                            #interrupción
except KeyboardInterrupt:   #si se pulsa 'Ctrl+C' se ejecuta
  parar()                   #la función parar() que detiene el
                            #programa
```

Ejercicios propuestos:

- Cambiar las funciones acciones_x() para que el LED rojo parpadee 1 vez, el amarillo 2 veces y el verde 3 veces.

- Definir una pulsación larga del botón para resetear el ciclo.

- Solicitar por pantalla la variable "inicio" que defina el primer LED que inicia el ciclo.

Ayudarse de:

```
while True:
    inicio=raw_input('Inicio (r/a/v): ')
    if inicio in 'ravRAV':
        break
    else:
        print 'opción incorrecta'
```

☻☻☻

*Ejercicio 10:
Varios LED con PWM

Con el mismo hardware del ejercicio anterior podemos usar los GPIO© para generar señales PWM que modifiquen las luminosidades de los LED y no solo nos limitemos a apagarlos o encenderlos.

Aquí es importante usar los pines de la Raspberry© que disponen de gestión del PWM por hardware: los GPIO© (12, 13, 18 y 19) con pines físicos (32, 33, 12 y 35) respectivamente.

En este ejercicio se propone ir modificando en un bucle corto la luminosidad de los tres LED modificando el % de Duty Cycle de cada LED de manera anidada desde 0% a 50% en pasos de 5%.

```
#-------------------------------------------------
# 10_VARIOS_LED_PWM.PY: Modula LED rojo=32, amarillo=33 y verde=12
#-------------------------------------------------
# Entradas: frecuencia, inicio, fin y paso de incremento del PWM
# Salidas:  modula la luminosidad LED
# Acción:   cambia el Duty Cycle (Ciclo de Trabajo) del pin
#-------------------------------------------------
# -*- coding: utf-8 -*-        #esta instrucción permite incluir
                               #caracteres especiales
#!/usr/bin/env python          #le indica a Python© dónde está
                               #ubicado el intérprete

import RPi.GPIO as GPIO        #importa librería para gestionar GPIO©
import time                    #importa librería de gestión de tiempo
                               #pines físicos
pin_r=32                       #LED rojo
pin_a=33                       #LED amarillo
pin_v=12                       #LED verde
pines=[pin_r,pin_a,pin_v]      #lista con nombres de pines
frecuencia=100                 #frecuencia señal PWM en 100Hz

def setup():                   #FUNCIÓN: inicia el GPIO©
  global r,a,v                 #para que r,a,v se puedan usar fuera
```

```
                              #del setup()
  GPIO.setwarnings(False)     #para evitar mensajes innecesarios
  GPIO.setmode(GPIO.BOARD)    #números de pin según orden físico

  for x in pines:             #bucle de inicio de pines
    GPIO.setup(x,GPIO.OUT)    #pone pin como pin de salida
    GPIO.output(x,GPIO.LOW)   #pone pin low (GND) así se apaga
  r=GPIO.PWM(pin_r,frecuencia)   #PWM en LED rojo
  a=GPIO.PWM(pin_a,frecuencia)   #PWM en LED amarillo
  v=GPIO.PWM(pin_v,frecuencia)   #PWM en LED verde
  r.start(0)                  #arranca con Duty Cycle=0
  a.start(0)                  #lo que apaga los LED
  v.start(0)

def bucle():                  #FUNCIÓN: bucle aumenta Duty Cycle
  while True:                 #de 0% a 50% en pasos de 5%
    for x in range (0,50,5):  #aumenta LED rojo
      r.ChangeDutyCycle(x)
      for y in range (0,50,5):  #aumenta LED amarillo
        a.ChangeDutyCycle(y)
        for z in range(0,50,5): #aumenta LED verde
          v.ChangeDutyCycle(z)
          print x,y,z

def parar():                  #FUNCIÓN: detiene el programa
  r.stop()                    #para la generación del PWM
  a.stop()
  v.stop()

  for x in pines:             #bucle de cierre de pines
    GPIO.output(x,GPIO.LOW)   #apaga el LED x
  GPIO.cleanup()              #libera los recursos del GPIO©

if __name__ == '__main__':    #El programa se inicia desde aquí
  setup()                     #ejecuta la función setup()
  try:                        #ejecuta la siguiente instrucción
                              #salvo excepción
    bucle()                   #ejecuta bucle() hasta stop por
                              #teclado
  except KeyboardInterrupt:   #si se pulsa 'Ctrl+C' se ejecuta
    parar()                   #la función parar() que detiene el
                              #programa
```

Ejercicios propuestos:

- Modificar la secuencia PWM de los LED para que hagan secuencias aumenta/decrementa cada LED en orden rojo, amarillo, verde.

- Solicitar por pantalla la variable "inicio" que defina el primer LED que inicia el ciclo.

Ayudarse de:

```
while True:
    inicio=raw_input('Inicio (r/a/v): ')
    if inicio in 'ravRAV':
        break
    else:
        print 'opción incorrecta'
```

- Implantar la gestión PWM en el ejercicio LED con pulsador y usar el pulsador para iniciar una secuencia PWM en cada LED y para iniciar y parar una secuencia.

☉☉☉

*Ejercicio 11:
Diodo Láser

IMPORTANTE: NO MIRAR EL LASER DIRECTAMENTE

En este ejercicio usaremos un diodo Láser de baja potencia (5mW), esto es, un diodo que emite luz coherente, de una frecuencia concreta por lo tanto de un color concreto, creada por la emisión de la radiación estimulada electrónicamente.

Se trata de un Láser de baja potencia pero aún así **NO debe enfocarse a los ojos** pues puede producir daños irreversibles. El autor de este libro declina cualquier responsabilidad derivada de los posibles daños producidos por este elemento óptico y electrónico.

La coherencia de la luz del Láser permite que ésta se enfoque en un pequeño punto y dirigirlo convenientemente como si fuera un puntero.

Otros Láser de mayor potencia se usan para otros propósitos industriales, aquí lo usaremos solo con motivos formativos para emitir pulsos en función de algún algoritmo implementado en un programa.

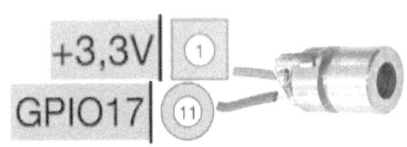

El circuito es muy simple, pues solo necesitamos conectarlo a un GPIO© que lo alimenta directamente creando los pulsos necesarios.

El ejemplo de programa genera aproximadamente el código Morse de la señal internacional de socorro SOS, esto es: ...---...

Para hacerlo realista, el script tiene en cuenta los tiempos relativos de un punto, una raya, separación entre signos, separación entre letras, etc.

```python
#-------------------------------------------------------------
# 11_LASER.PY: Parpadea un diodo LÁSER LED en pin 11
#-------------------------------------------------------------
# Entradas: secuencia de parpadeo código Morse SOS
# Salidas:  parpadea un LÁSER
# Acción:   GPIO17© LOW on, HIGH off (lógica inversa) según Morse
#-------------------------------------------------------------
# -*- coding: utf-8 -*-              #para caracteres especiales
#!/usr/bin/env python               #ubicación intérprete Python©
import RPi.GPIO as GPIO             #importa librería gestionar GPIO©
import time                         #importa librería de gestión tiempo
laser=11                            #LÁSER en pin 11
punto=.2                            #simula el punto Morse    (0)
linea=punto*3                       #simula la línea Morse    (1)
espacio_pulso=punto                 #espacio entre pulsos     (2)
espacio_letra=punto*3               #espacio entre letras     (3)
espacio_palabra=linea*3             #espacio entre palabras   (4)
texto=[0,2,0,2,0,3,1,2,1,2,1,3,0,2,0,2,0,4] #código Morse de
                                    #SOS ...---...

def setup():                        #FUNCIÓN: inicia el GPIO
  GPIO.setwarnings(False)
  GPIO.setmode(GPIO.BOARD)          #números de pin según orden físico
  GPIO.setup  (laser,GPIO.OUT)      #pone pin como pin de salida
  GPIO.output (laser,GPIO.HIGH)     #pone el pin HIGH (+3.3v) así apaga

def loop():                         #bucle principal
  for x in texto:                   #recorre el texto a presentar
    if x==0:                        #es un punto?
      GPIO.output (laser,GPIO.LOW)
      time.sleep(punto)
      GPIO.output (laser,GPIO.HIGH)
    if x==1:                        #es una línea?
      GPIO.output (laser,GPIO.LOW)
      time.sleep(linea)
      GPIO.output (laser,GPIO.HIGH)
    if x==2:                        #es un espacio entre pulsos?
      time.sleep(espacio_pulso)
    if x==3:                        #es un espacio entre letras?
      time.sleep(espacio_letra)
    if x==4:                        #es un espacio entre palabras?
      time.sleep(espacio_palabra)

def parar():
  print 'Programa terminado'
  GPIO.output(laser,GPIO.HIGH)      #apaga el LASER
  GPIO.cleanup()                    #libera los recursos del GPIO

if __name__ == '__main__':          #El programa se inicia desde aquí
  setup()                           #ejecuta la función setup()
```

```
print 'Transmitiendo código'
try:                          #ejecuta la siguiente instrucción
                              #salvo excepción
  while True:
    loop()
except KeyboardInterrupt:     #Si se pulsa 'Ctrl+C' se ejecuta
  parar()                     #parar() que detiene el programa
```

Ejercicios propuestos:

- Escoger un texto, codificarlo en Morse y emitirlo por el Láser.

- Añadir un botón y emitir en Morse puntos o rayas en función de la duración de la pulsación (corta o larga). La duración del pulso debe estar ajustada a la duración correcta del punto o de la raya, no a la duración exacta de la pulsación.

⊖⊜⊖

*Ejercicio 12:
LED RGB con un pulsador

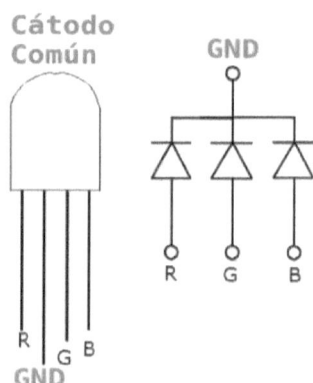

Una variante interesante y divertida del ejercicio de los LED es sustituir los 3 LED: rojo, amarillo y verde por un solo LED, del tipo **RGB**, que incluye en un solo encapsulado tres LED muy próximos, con los colores básicos: rojo, verde y azul, de modo que con una combinación de dichos colores, el ojo humano lo va a interpretar como un color único y diferente.

Para conseguir este efecto deberemos encender los 3 colores pero en una intensidad diferente, de modo que la suma de las luminosidades de esos tres colores básicos genere, teóricamente, cualquiera del resto de colores (hasta $100^3=1$ millón de colores).

Existen dos tipos de LED RGB:

- los de **cátodo común** (el usado en este ejercicio), donde los 3 cátodos de los 3 LED se conectan a GND
- los de **ánodo común** donde los 3 ánodos de los 3 LED se conectan a la alimentación.

En este ejercicio se ha usado un LED RGB de cátodo común de KingBright© o similar y también se comenta como usar otro LED RGB de ánodo común.

Ver que la patilla más larga del LED RGB es la del cátodo común o ánodo común según el tipo del LED RGB usado. Además el LED rojo (patilla R) suele necesitar menos voltaje que los otros dos para conseguir la misma luminosidad, por ello es conveniente o incrementar la resistencia que lo alimenta del GPIO© o modificar la señal PWM rebajando su Duty Cycle.

Más adelante se hacen los cálculos de cómo ajustar esta situación si se quiere disponer de un sistema equilibrado para generar los colores deseados.

Para practicar con este dispositivo nos sirve el circuito del ejercicio anterior de los 3 LED tal cual pero si queremos "afinar" en la mezcla de colores se debe ajustar muy bien las luminosidades de cada color del LED RGB, por lo tanto debemos tener en cuenta tres factores:

- **Luminosidad de cada LED**: aunque la potencia consumida por un LED del RGB sea la misma, su potencia luminosa no lo es. Valores típicos, para una corriente de 20mA son: R=1.200mcd (mini candelas), G=1.700mcd y B=800mcd, ajustando a 16mA de máxima corriente gestionada por un GPIO©, para igualar la luminosidad deberíamos usar: R=11mA, G=8mA y B=16mA (realizar el cálculo aplicando la Ley de Ohm)

- **Caída de tensión en cada LED**: aunque la corriente que circule por un LED del RGB sea la misma, su caída de tensión no lo es. Valores típicos son: R=2v, G=B=3.2v, por lo tanto las resistencias necesarias son:

$$R = \frac{V - V_c}{i}$$ donde V es la tensión que los alimenta, V_c la caída en el LED e i la corriente que debe circular por dicho diodo LED.

Para disponer de mayor luminosidad usamos V=+5v y por lo tanto, debemos usar un LED RGB con **ánodo común**, quedando como sigue en la siguiente tabla.

Por lo tanto, resumiendo:

LED	Luminosidad (mcd)	i(mA)	$V_c(v)$	$R(\Omega)$
R	1.200	11	2	220
G	1.700	8	3.2	220
B	800	16	3.2	100

- **Señal PWM:** el ajuste final de la luminosidad de cada LED lo podemos realizar ajustando un diferencial del Duty Cycle de cada LED.

IMPORTANTE: si el LED RGB es de cátodo común o ánodo común afecta al rango de valores del Duty Cycle, pudiendo ir de 0 a 100 o de 100 a 0 respectivamente (analizar porqué).

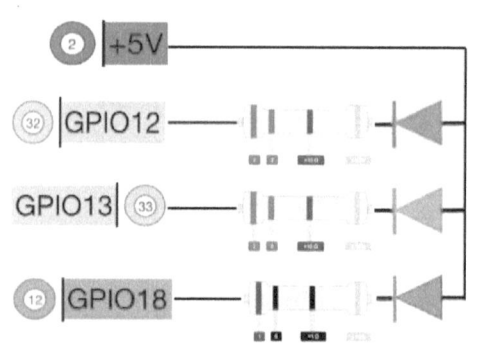

Se adjunta un ejemplo de uso del LED RGB que usa una lista con colores predefinidos y los va presentando a medida que se pulsa el botón. Para ello usamos el software de uso del botón con 3 LED ya visto.

La lista de colores predefinidos se puede construir conociendo los valores de la mezcla RGB necesaria, por ejemplo ver el siguiente sitio Web:

www.w3schools.com/colors/colors_rgb.asp

Cada color se almacena en dicha lista que incluye: [nombre, valor R, valor G, valor B] y que se va presentando a medida que se pulsa el botón.

```
#------------------------------------------------------------
# 12_LED_RGB.PY: Modula un LED RGB con los pines rojo=32, verde=33
# y azul=12 y con pulsador=7
#------------------------------------------------------------
# Entradas: valores RGB de cada color
# Salidas:  modula la luminosidad LED según valores
# Acción:   cambia Duty Cycle (Ciclo de Trabajo) de los pines RGB
#------------------------------------------------------------
# -*- coding: utf-8 -*-            #esta instrucción permite incluir
                                   #caracteres especiales

#!/usr/bin/env python             #le indica a Python© dónde está
                                   #ubicado el intérprete
import RPi.GPIO as GPIO           #importa librería para gestionar GPIO©
import time                       #importa librería de gestión de tiempo
                                   #pines físicos
pin_R=32                          #LED color R
pin_G=33                          #LED color G
pin_B=12                          #LED color B
pin_pul=7                         #pulsador
pines=[pin_R,pin_G,pin_B]         #lista con nombres de pines
frecuencia=500                    #frecuencia de la señal PWM en 500Hz

#lista de colores en formato nombre,R,G,B (0 a 255)
#que hay que convertir a Duty Cycle de (0 a 100)
colores=[['rojo',255,0,0],        ['verde',0,255,0],
         ['azul',0,0,255],        ['amarillo',255,255,0],
         ['fuscia',255,0,255],    ['turquesa',0,255,255],
         ['mostaza',167,167,45],['cielo',77,209,253],
         ['naranja',250,160,30]]
pos=0                             #posición dentro de la lista de
                                   #colores[nombre,R,G,B]

def setup():                      #FUNCIÓN: inicia el GPIO©
  global r,g,b                    #para que r,g,b se puedan usar fuera
                                   #del setup()
  GPIO.setwarnings(False)         #para evitar mensajes innecesarios
  GPIO.setmode(GPIO.BOARD)        #números de pin según orden físico
  for x in pines:                 #bucle de inicio de pines
    GPIO.setup(x,GPIO.OUT)        #pone pin como pin de salida
    GPIO.output(x,GPIO.LOW)       #pone pin low (GND) así se apaga
    GPIO.setup(pin_pul,GPIO.IN, pull_up_down=GPIO.PUD_DOWN)
                       #El pin del pulsador es entrada con una
                       #resistencia a GND en modo "pull down

#Aquí se define la interrupción, si el pin_pul sube (rising) de GND
#a HIGH se ejecuta la función cambia_led(). Se añade bouncetime
#para evitar lecturas incorrectas del pulsador
  GPIO.add_event_detect(pin_pul,GPIO.RISING,callback=cambia_color
                                          ,bouncetime=500)

  r=GPIO.PWM(pin_R,frecuencia)    #PWM en LED R
  g=GPIO.PWM(pin_G,frecuencia)    #PWM en LED G
  b=GPIO.PWM(pin_B,frecuencia)    #PWM en LED B
  r.start(0)                      #arranca con Duty Cycle=0
  g.start(0)                      #lo que apaga los LED del RGB
  b.start(0)
```

129

```python
def cambia_color(ev=None):       #actua al pulsar botón
  global pos                     #posición del color en lista colores[]
  nombre=colores[pos][0]         #nombre del color
  R=int (colores[pos][1]/2.55)   #valor de R pasado de (0,255)
                                 #a (0,100)
  G=int (colores[pos][2]/2.55)   #valor de G pasado de (0,255)
                                 #a (0,100)
  B=int (colores[pos][3]/2.55)   #valor de B pasado de (0,255)
                                 #a (0,100)
  print nombre+' ['+str(R)+','+str(G)+','+str(B)+']'
  r.ChangeDutyCycle(R)           #pone Duty Cycle del pin_R al valor R
  g.ChangeDutyCycle(G)           #pone Duty Cycle del pin_G al valor G
  b.ChangeDutyCycle(B)           #pone Duty Cycle del pin_B al valor B
  if pos==len(colores)-1:        #si llega al final de la lista
    pos=0                        #reinicia el puntero
    print                        #deja una línea en blanco
  else:
    pos+=1                       #aumenta en 1 la posición del
                                 #puntero en colores[]

def parar():                     #FUNCIÓN: detiene el programa
  r.stop()                       #para la generación del PWM
  g.stop()
  b.stop()
  for x in pines:                #bucle de cierre de pines
    GPIO.output(x,GPIO.LOW)      #apago el LED
  GPIO.cleanup()                 #libera los recursos del GPIO©

if __name__ == '__main__':       #El programa se inicia desde aquí
  setup()                        #ejecuta la función setup()
  try:                           #ejecuta la siguiente instrucción
                                 #salvo excepción
    print 'Pulsa una tecla...'
    while True:                  #simula un programa principal
      time.sleep(.5)
  except KeyboardInterrupt:      #Si se pulsa 'Ctrl+C' se ejecuta
    parar()                      #la función parar() que detiene el
                                 #programa
```

Ejercicios propuestos:

• Escribir un programa que cambie el color del LED RGB, de manera continua, combinando los 3 LED con señales PWM del 0% al 50% de Duty Cycle en incrementos del 10%

• En el ejercicio anterior añadir que al pulsar el botón se reinicie el ciclo PWM de R, de G y de B con pulsaciones sucesivas.

• En el ejercicio del generador de notas musicales hacer que se ilumine un LED del RGB diferente, o una combinación de ellos con PWM, en función de la nota.

⊖⊙⊖

*Ejercicio 13:
Sensor de inclinación

Otra manera de controlar un LED es usando algún tipo de sensor adicional. En este ejercicio veremos cómo usar un sensor de inclinación o "tilt-switch", por ejemplo el SW-200D©. Se trata de un sensor mecánico no muy preciso ni muy rápido pero fácil de usar, barato y que detecta cierto ángulo de inclinación.

Consta de un pequeño cilindro con una pequeña esfera en su interior que cuando sufre una inclinación hace rodar la esfera y ésta activa un contacto mecánico, pudiendo, por ejemplo, detectar el giro o el volcado de algún objeto, movimiento, golpe, etc.

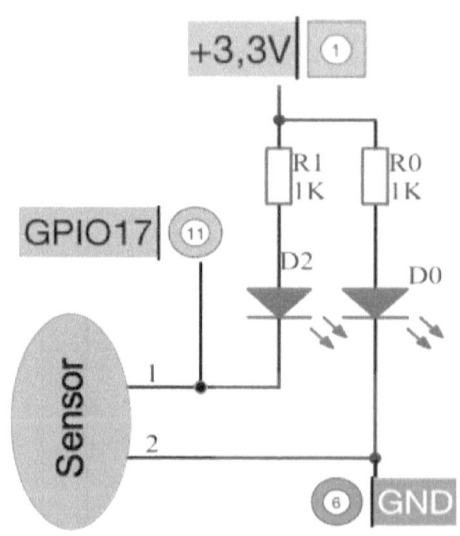

El sensor de inclinación o sensor tilt-switch, en la mayoría de las ocasiones, suele venir acompañado de un circuito de control muy simple como el adjunto.

En este circuito, R0 y R1 controlan la

corriente que atraviesa los LED D0 (indicador de alimentación) y LED D2 (indicador de activación).

Cuando se inclina el sensor tilt-switch su interruptor incorporado pone el GPIO17© a GND y por lo tanto D2 se ilumina.

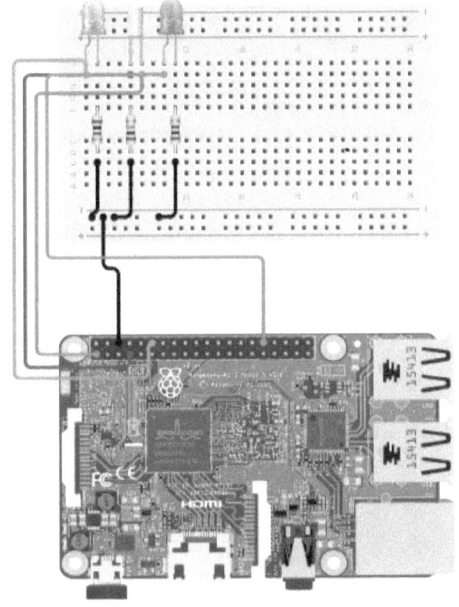

Existen circuitos con sensor tilt-switch más precisos al incorporar circuitos integrados que actúan de comparadores y asignan estados más fiables al switch.

Esta activación es la que captaremos con la Raspberry© y por software activaremos un LED rojo o verde en función de un algoritmo.

Lógicamente se podría actuar con un relé, un amplificador o cualquier otro tipo de actuador. Como decíamos este sensor no es muy preciso, más adelante veremos un acelerómetro de tres ejes muy preciso, aunque más difícil de gestionar.

```
#-------------------------------------------------------
# 13_SENSOR_INCLINACION.PY: on/off LED Dual según inclinación
#-------------------------------------------------------
# Entradas: inclinación del interruptor gestionada por interrupción
# Salidas:  color LED DUAL Rojo o Verde
# Acción:   on/off LED rojo/verde según inclinación
#-------------------------------------------------------
# -*- coding: utf-8 -*-          #para caracteres especiales
#!/usr/bin/env python            #ubicación intérprete Python©
import RPi.GPIO as GPIO          #importa librería gestionar GPIO©
import time                      #importa librería de gestión tiempo
pin_tilt= 11                     #entrada de interruptor inclinación
pin_rojo= 12                     #salida para LED Dual verde
pin_verde=13                     #salida para LED Dual rojo
```

```python
def setup():                           #FUNCIÓN: inicia el GPIO
  GPIO.setwarnings(False)              #para evitar mensajes innecesarios
  GPIO.setmode(GPIO.BOARD)             #GPIO© según orden físico
  GPIO.setup(pin_verde,GPIO.OUT)       #LED verde es salida
  GPIO.setup(pin_rojo, GPIO.OUT)       #LED rojo  es salida
  GPIO.output(pin_rojo,GPIO.LOW)       #apaga LED rojo
  GPIO.output(pin_verde,GPIO.LOW)      #apaga LED verde
  GPIO.setup(pin_tilt, GPIO.IN, pull_up_down=GPIO.PUD_UP) #tilt es
                                       #entrada con pull_up a +3.3v

#Aquí se define la gestión por interrupción cuando pin_tilt sube o
#baja (BOTH), se ejecuta la función detectado()
  GPIO.add_event_detect(pin_tilt,GPIO.BOTH,callback=detectado
                                              ,bouncetime=200)

def detectado(Ev=None):                #esta función se ejecuta cuando se
                                       #detecta cambio en pin_tilt
  x=GPIO.input(pin_tilt)               #hubo interrupción pin_tilt está:
  if x == 1:                           #a 1 enciende rojo, apaga verde
    GPIO.output(pin_rojo,GPIO.HIGH)
    GPIO.output(pin_verde,GPIO.LOW)
    print 'Detectado, enciendo rojo'
  if x == 0:                           #a 0 enciende verde, apaga rojo
    GPIO.output(pin_rojo,GPIO.LOW)
    GPIO.output(pin_verde,GPIO.HIGH)
    print 'Detectado, enciendo verde'

def loop():                            #bucle principal
  while True:
    time.sleep(.001)                   #no eliminar, reduce consumo CPU

def parar():                           #detiene el programa
  GPIO.output(pin_rojo, GPIO.LOW)      #apaga LED rojo
  GPIO.output(pin_verde,GPIO.LOW)      #apaga LED verde
  GPIO.cleanup()                       #libera recursos del GPIO©

if __name__ == '__main__':             #El programa comienza aquí
  print '\n'*80                        #borra pantalla
  print 'Control de un tilt-switch'
  setup()                              #inicializa GPIO©

  try:
    loop()                             #inicia bucle principal de programa
  except KeyboardInterrupt:            #hasta que se pulsa CTRL+C
    parar()
```

Ejercicios propuestos:

- Gestionar el tilt-switch por escaneo en vez de realizar la gestión por interrupción.

- Añadir un botón que active o inhiba, por software, la señal procedente del tilt-switch.

- Activar o desactivar un relé con el sensor de inclinación. Añadir un LED a la salida del relé para que simule una carga. Acordarse de la resistencia y de la polaridad del LED.

⊖⊕⊖

*Ejercicio 14:
Sensor de vibración o impacto

Una variante del interruptor de inclinación es el de vibración, de resorte o de impacto. Cuando se produce una vibración o impacto, el resorte hace contacto con un elemento interno del interruptor activando su salida.

En este ejercicio veremos un sensor de vibración similar al SW-18010P© o equivalente, que también precisa de un sencillo circuito adicional de control

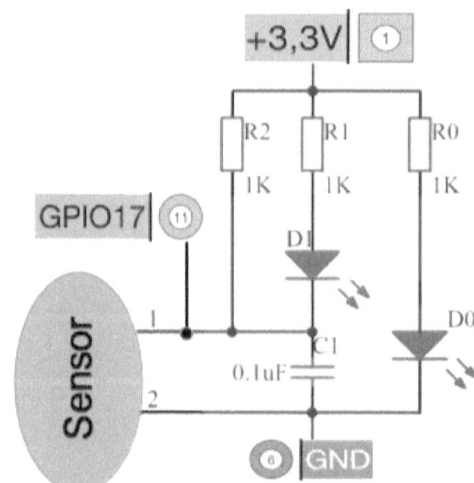

como el de la figura adjunta.

En él, el diodo LED D0 se ilumina al aportarle alimentación al circuito y el LED D1 se ilumina cuando el interruptor de vibración detecta un movimiento o un impacto pues pone el GPIO17© a GND (LOW).

Las resistencias R0 y R1 limitan la corriente que circula por los LED D0 y D1 respectivamente, la resistencia R2 actua de pull-up de la entrada del GPIO17© para estabilizar su nivel cuando el sensor no está activado y el condensador C1 filtra las señales de alta frecuencia generadas por el interruptor de vibración, evitando falsas activaciones (que también podemos reforzar su supresión por software). Cuando GPIO17© esté a LOW estará detectando la vibración (lógica inversa).

Para completar el ejercicio, añadimos un LED Dual de modo que al detectarse la vibración o impacto, se enciende el LED rojo, en la siguiente vibración se enciende el LED verde y se apaga el rojo y así sucesivamente como si fuera un circuito tipo "flip-flop" o biestable (circuito de dos estados).

```python
#-------------------------------------------------------------
# 14_SENSOR_VIBRACION.PY: Detecta vibración, cambia estado LED Dual
#-------------------------------------------------------------
# Entradas: activación del sensor de vibración
# Salidas:  cambia estado de un LED dual de rojo a verde
# Acción:   si pin 11=LOW rojo o verde sucesivamente
#-------------------------------------------------------------
# -*- coding: utf-8 -*-
#!/usr/bin/env python            #ubicación intérprete Python©
import RPi.GPIO as GPIO          #importa librería gestionar GPIO©
import time                      #importa librería gestión de tiempo
v_pin=11                         #pin 11 sensor vibración
r_pin=12                         #pin 12 LED rojo
g_pin=13                         #pin 13 LED verde
pines=(r_pin,g_pin)             #lista de pines
estado=False                     #estado del flip-flop (bandera)
                                 #activado/desactivado

def setup():                     #FUNCIÓN: inicia el GPIO©
  GPIO.setwarnings(False)        #evita mensajes innecesarios
  GPIO.setmode(GPIO.BOARD)       #números de GPIO© posición física
  GPIO.setup(pines,GPIO.OUT)     #los LED son salida
  GPIO.output(pines,0)           #los apaga
  GPIO.setup(v_pin,GPIO.IN, pull_up_down=GPIO.PUD_UP)    #v_pin es
                                 #entrada con pull-up a +3.3v

def LED(x):                      #enciende el LED y presenta estado
  if x:                          #si x es True
    GPIO.output(r_pin,1)         #enciende LED rojo
    GPIO.output(g_pin,0)         #apaga    LED verde
    print 'Rojo...'
  else:                          #si x es False
    GPIO.output(r_pin,0)         #apaga    LED rojo
    GPIO.output(g_pin,1)         #enciende LED verde
    print 'Verde...'

def loop():                      #se detecta la vibración por
                                 #escaneo, no por interrupción
```

137

```
  global estado                         #estado del flag True/False
  while True:                           #bucle infinito de escaneo
    if GPIO.input(v_pin)==False:#hay vibración(lógica inversa)
      estado= not estado                #cambia estado al estado contrario
      LED(estado)                       #enciende el LED correspondiente
    time.sleep(.0001)                   #espera para no cargar al micro

def parar():                            #para al pulsar CTRL+C
  GPIO.output(pines,0)                  #apaga los LED
  GPIO.cleanup()                        #libera el GPIO©
  print 'Programa finalizado'

if __name__ == '__main__':              #Programa comienza aquí
  print '\n'*80                         #borra pantalla
  print 'Mover el sensor de vibración'
  setup()                               #ejecuta la función setup()
  try:                                  #ejecuta la siguiente instrucción
                                        #salvo excepción
    loop()                              #realiza el bucle de escaneo
  except KeyboardInterrupt:             #si se pulsa 'Ctrl+C' se ejecuta
    parar()                             #la función parar() que detiene el
                                        #programa
```

Ejercicios propuestos:

• Cambiar el LED Dual por dos LED normales que cambien su luminosidad alternativamente, por PWM, en función de la detección de impactos.

• Añadir un relé que se active cuando el sensor de vibración detecte un impacto. Incluir en el relé alguna carga como un buzzer.

• Hacer que el sensor de impacto active o desactive la música que suena en el altavoz del ejercicio de música con PWM.

⊖⊖⊖

*Ejercicio 15:
Codificador giratorio

En este ejercicio veremos qué es un codificador giratorio, cómo programarlo y cómo integrarlo en alguno de los ejercicios anteriores.

Un codificador giratorio no es más que un sensor que codifica la posición angular de un mando giratorio de un dispositivo, por ejemplo: el control de volumen o búsqueda de emisora de una radio de un coche, el control del aire acondicionado, el selector del micro ondas o de una lavadora moderna, el mando de la Thermomix©, el scroll del ratón, etc. De esta manera estos sensores miden ángulo, velocidad angular, longitud, posición, aceleración, etc.

Al usarlo, un circuito integrado en su interior envía una serie de pulsos electrónicos para incrementar, decrementar una variable, cambiar de página, subir/bajar una ventana con el ratón del ordenador, regular sonidos, cambiar temperaturas, etc.

Por lo tanto un codificador giratorio es un dispositivo sensor muy útil y muy interesante para integrar en alguno de nuestros ejercicios o nuestros proyectos.

Existen, fundamentalmente, dos tipos de codificadores giratorios:

• **Absolutos:** En ellos el codificador indica la posición actual del selector, por lo tanto se comportan como transductores de ángulos.

• **Relativos o incrementales:** En ellos el codificador indica el movimiento del selector.

La mayoría de los codificadores giratorios tienen 5 pines y físicamente realizan 3 funciones básicas: giro a la izquierda, giro a la derecha y on/off presionando e selector.

Existen muchos modelos en el mercado, aquí hemos usado el modelo Keyes© KY-007© o similar, con los siguientes pines:

Pin	Señal	Función
1	GND	Tierra
2	+3,3V	Alimentación
3	SW	Terminal normalmente abierto (NO) del interruptor del pulsador, conecta a GND
4	DT	0 (LOW) implica que el mando gira
5	CLK	1 sentido horario, 0 sentido anti-horario

Aquí probaremos la función de interruptor (pin SW conectado al pin 13 de la Raspberry©) y la función "derecha, izquierda" (pines DT y CLK conectados a pin 11 y pin 7 respectivamente).

Estados Decodificador Giratorio		DT	
		H	L
CLK	H	–	⟳
	L	–	⟲

En estado de reposo el decodificador está con DT=H. Si se produce cualquier giro, DT pasa a estado L y si CLK=H el giro es horario y si CLK=L el giro es antihorario.

Por otra parte si SW=L se ha presionado el pulsador y si SW=H, el pulsador está en reposo.

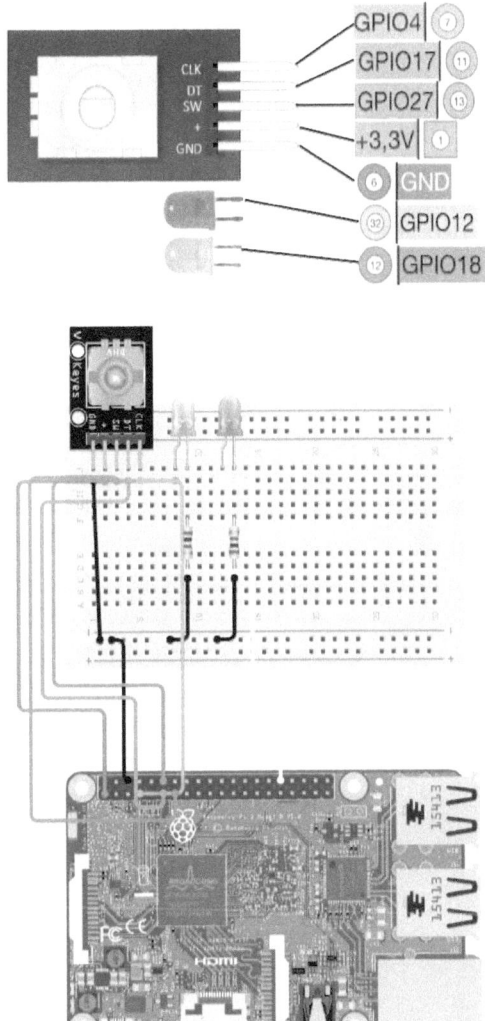

En este ejercicio el funcionamiento general es el siguiente:

Al presionar el pulsador del decodificador rotativo, se enciende el LED verde y estando este LED encendido, si se gira en sentido horario el decodificador rotativo va aumentando la luminosidad del LED rojo y si se gira en sentido anti horario el decodificador rotativo, va disminuyendo la luminosidad del LED, (todo ello dentro de los límites de Duty Cycle del 0% al 100%). Si en cualquier momento se presiona nuevamente el pulsador del codificador rotativo, se apagan ambos LED y el sistema se posiciona en el estado inicial.

```
#---------------------------------------------------------------
# 15_CODIFICADOR_GIRATORIO.PY: gestión codificador giratorio Keyes©
#---------------------------------------------------------------
# Entradas: giro del mando rotatorio o presión en el pulsador
# Salidas:  indicaciones en pantalla y LED rojo y verde
# Acción:   giro horario sube, giro contra horario baja, pulsador
#           apaga LED. Pulsador por interrupción, giro por sondeo.
#---------------------------------------------------------------
```

```python
# -*- coding: utf-8 -*-
#!/usr/bin/env python          #le indica a Python© dónde está
                              #ubicado el intérprete
import RPi.GPIO as GPIO        #importa librería para gestionar GPIO©
import time                    #importa librería de gestión de tiempo
pin_DT =11                     #pin 11 (GPIO17©) DT  (mantener H)
pin_CLK=7                      #pin  7 (GPIO04©) ClK (comprobar: H/L)
pin_SW= 13                     #pin 13 (GPIO27©) SW  (pulsador de
                              #puesta a cero)
led_r=  32                     #pin 32 (GPIO12©) LED Rojo
led_v=  12                     #pin 12 (GPIO18©) LED Verde
leds=[led_r,led_v]             #lista de LED
contador=0                     #posición del decodificador rotatorio
flag=0                         #indicador de cambio
ultimo_estado_CLK=0            #último estado de CLK
actual_estado_CLK=0            #actual estado de CLK
estado_verde=False
paso=5                         #incremento/decremento del Duty Cycle

def setup():                   #FUNCIÓN: inicia el GPIO©
  GPIO.setwarnings(False)      #para evitar mensajes innecesarios
  GPIO.setmode(GPIO.BOARD)     #Números de pin según orden físico
  GPIO.setup(pin_DT, GPIO.IN)  #DT y CLK son entradas
  GPIO.setup(pin_CLK,GPIO.IN)
  GPIO.setup(pin_SW, GPIO.IN,pull_up_down=GPIO.PUD_UP) #botón de
                              #presión con pull-up de 10k interno

#Aquí se define la interrupción, si presiona el pulsador (FALLING)
#de abierto a GND, se ejecuta la función clear(). Añadir bouncetime
#si hubiera rebotes del pulsador

  GPIO.add_event_detect(pin_SW,GPIO.FALLING,callback=clear
                                            ,bouncetime=500)
  for x in leds:
    GPIO.setup(x, GPIO.OUT)    #x es salida
    GPIO.output(x,GPIO.LOW)    #apaga x

  global r
  r=GPIO.PWM(led_r,1000)       #control LED rojo por PMW a 1kHz
  r.start(0)                   #Duty Cycle 0, LED rojo apagado

def giratorio():               #FUNCIÓN: escanea al situación del
                              #decodificador
  global flag,contador,ultimo_estado_CLK,actual_estado_CLK
                              #variables globales
  ultimo_estado_CLK = GPIO.input(pin_CLK) #sondeo como está CLK
  while not GPIO.input(pin_DT): #sondea estado de DT
    actual_estado_CLK=GPIO.input(pin_CLK) #sondeo CLK para ver
                              #hacia dónde gira
    flag=1                     #e indico que algo ha cambiado

  if flag==1 and estado_verde: #si verde=ON y si algo ha cambiado
                              #miro qué es
    flag=0                     #inicio el aviso de cambio
    if ultimo_estado_CLK==0 and actual_estado_CLK==1: #giro
                              #horario, incremento contador
```

```
        contador=contador+paso
        if contador>=100:        #acota el Duty Cycle entre 0% y 100%
          contador=100
        if contador<0:
          contador=0
        r.ChangeDutyCycle(contador)    #sube Duty Cycle del LED rojo
        print 'contador = %d' % contador

    if ultimo_estado_CLK==1 and actual_estado_CLK==0: #giro anti
                              #horario, decremento contador
        contador=contador-paso
        if contador<0:           #acota el Duty Cycle entre 0 y 100%
          contador=0
        if contador>=100:
          contador=100
        r.ChangeDutyCycle(contador)     #baja el Duty Cycle del LED
                              #rojo
        print 'contador = %d' % contador

def clear(ev=None):            #FUNCIÓN: se ha presionado el botón
  global contador,estado_verde
  print '\n'*80                 #borra pantalla escribiendo 80 líneas
                               #en blanco
  r.start(0)                    #apaga LED rojo
  estado_verde=not estado_verde #cambia estado del LED verde
  GPIO.output(led_v,estado_verde)
  print 'Sistema iniciado'
  print 'Girar mando o pulsar boton...'
  contador=0                    #pone contador a cero
  print 'Contador = %d' % contador

def loop():
  print '\n'*80                 #borra pantalla con 80 líneas en
                               #blanco
  print 'Girar mando o pulsar boton...'
  global contador
  while True:                   #sondea el estado del codificador
    giratorio()
    time.sleep(.01)             #reduce el consumo de la CPU a un 3%

def parar():                   #FUNCIÓN: detiene el programa
  r.start(0)                    #apaga LED rojo
  GPIO.output(led_v,False)
  GPIO.cleanup()                #libera los recursos del GPIO©
  print 'Programa terminado por el usuario...'

if __name__ == '__main__':     #El programa se inicia desde aquí
  setup()                       #ejecuta la función setup()
  try:                          #ejecuta la siguiente instrucción
                               #salvo excepción
    loop()                      #ejecuta el bucle principal del
                               #programa
  except KeyboardInterrupt:    #si se pulsa 'Ctrl+C' se ejecuta
    parar()                     #la función parar() que detiene el
                               #programa
```

Ejercicios propuestos:

- Añadir un LED amarillo conectado a un GPIO© que gestione PWM de modo que una presión del pulsador cambie entre la gestión de la luminosidad del LED rojo o del LED amarillo.

- Usar el giro del decodificador para modificar los colores del LED RGB entre unos colores definidos en una lista o de manera continua.

- Cambiar del sondeo del movimiento del descodificador, tanto del mando giratorio como del pulsador a gestión por interrupción.

⊖⊙⊖

*Ejercicio 16:
Frecuencímetro con NE555©

En este ejercicio vamos a construir un frecuencímetro, esto es, un medidor de frecuencia, con un circuito NE555©. Será un frecuencímetro de prueba y no muy preciso pues para  mejorarlo habría que contar con componentes calibrados, con muy poca tolerancia y compensados en temperatura, conectados a una fuente de alimentación de precisión, etc. pero de todas maneras el ejercicio es válido para practicar con estos elementos.

Vamos a usar el circuito integrado NE555© que es un timer o generador de pulsos (de 0 a +5v), de muy bajo coste, fácil de conseguir, que se puede utilizar en múltiples ejercicios y que se puede configurar básicamente en tres modos muy interesantes:

Mono estable: cuando la entrada del circuito se activa, su salida cambia durante un tiempo pero vuelve al estado inicial, esto es, el sistema solo tiene un estado.

Biestable: cuando la entrada del circuito se activa, su salida cambia y no vuelve al estado inicial hasta que la entrada vuelve a activarse, por lo tanto el circuito tiene dos estados.

Astable: cuando la entrada del circuito se activa, su salida cambia periódicamente entre el estado inicial y el final, por lo tanto genera una onda cuadrada que varía entre los dos estados.

Esta es la opción que vamos a usar en este ejercicio.

Necesitamos los siguientes componentes (se pueden usar otros con otros valores obteniendo otra frecuencia de salida):

1	NE555©
2	condensadores de 100nF
2	resistencias de 10kΩ
1	resistencia de 1kΩ

Los pines del NE555© son los siguientes:

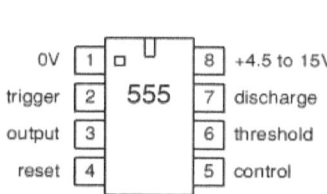

[1] GND ó 0v
[2] trigger: d i s p a r o   o comparador inferior.
[3] salida: 0 o +5v
[4] reset: activa circuito a +5v
[5] control: cambia niveles de disparo o comparación.
[6] threshold: comparador superior
[7] discharge: necesario para descargar el condensador
[8] alimentación: entre +4.5v y +15v

Y el circuito que usaremos es el siguiente:

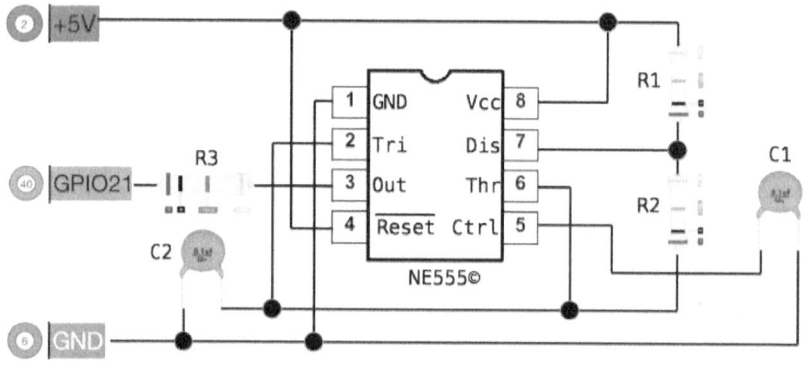

Si lo probamos con la aplicación iCircuit©, observamos como se genera en la salida una onda similar a una onda "cuadrada" de la frecuencia calculada con:

$$f = \frac{1}{\ln(2)*C2*(R1+2*R2)} \quad \text{donde:}$$

ln(2)=0,69315 (Logaritmo Neperiano)
C2=100nF= 10^{-7} F
R1=R2= 10KΩ , por lo tanto:

$$f = \frac{1}{0,693*10^{-7}*(10^4+2*10^4)} \equiv 481Hz$$

Ahora mediremos esta frecuencia con la Raspberry© y veremos que nos dará una cifra "similar".

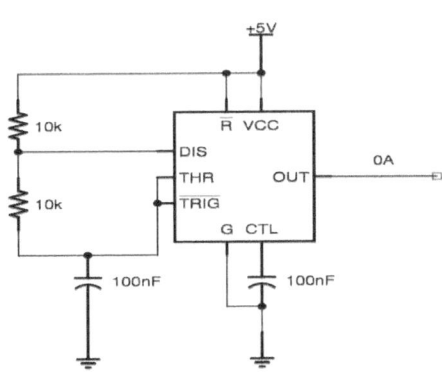

Para ello contamos, a través, del GPIO21© (pin 40) los pulsos generados por el NE555© usando el método de interrupción.

Cuando contemos 1.000 pulsos medimos el tiempo que ha transcurrido y la frecuencia **f** es el inverso de dicho tiempo.

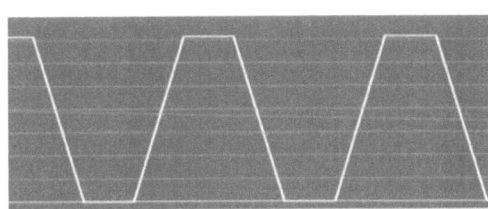

```
#-----------------------------------------------------------
# 16_FRECUENCIMETRO.PY: Mide la frecuencia de un NE555© astable
#-----------------------------------------------------------
# Entradas: salida astable de un NE555© a 480Hz
# Salidas:  cálculo aproximado de frecuencia del NE555©
# Acción:   mide tiempo duración 1.000 ciclos y calcula frecuencia
#-----------------------------------------------------------
# -*- coding: utf-8 -*-
#!/usr/bin/env python          #le indica a Python© dónde está
                               #ubicado el intérprete
```

```python
import RPi.GPIO as GPIO      #importa librería para gestionar GPIO©
import time                  #importa librería de gestión de tiempo
pin=40                       #pin 40 conectado al OUT del NE555©
cuenta=0                     #cuenta ciclos

def contar(ev=None):         #FUNCIÓN: cuenta pulsos interrupción
  global cuenta              #para usar en resto de programa
  cuenta+=1                  #un pulso más por interrupción

def setup():                 #FUNCIÓN: inicia el GPIO©
  GPIO.setwarnings(False)    #para evitar mensajes innecesarios
  GPIO.setmode(GPIO.BOARD)   #números de pin según orden físico
                             #pin es entrada y con pull up a +5v
  GPIO.setup(pin,GPIO.IN, pull_up_down=GPIO.PUD_UP)

#Aquí se define la interrupción, si pin sube de LOW a HIGH, ejecuta
#la función contar()
  GPIO.add_event_detect(pin,GPIO.RISING,callback=contar)

def loop():                  #FUNCIÓN:visualiza la frecuencia
  global fin,principio,cuenta #para usar fuera de esta función
  if cuenta>1000:            #espera hasta 1.000 ciclos
    fin=time.time()          #si es el caso, para el cronómetro
    print 'Tiempo de 1.000 ciclos: '+"{0:.2f}"
          .format(fin-principio)+' segundos' #tiempo con 2 decimales
    print 'Frecuencia:           '+"{0:.1f}"
    .format(1000/(fin-principio))+' Hz' #la frecuencia es la inversa
                             #del tiempo
    cuenta=0                 #pone el contador nuevamente a cero
    principio=time.time()    #e inicia nuevamente el cronómetro

def parar():                 #FUNCIÓN: detiene el programa
  GPIO.cleanup()             #libera los recursos del GPIO©

if __name__ == '__main__':   #El programa se inicia desde aquí
  setup()                    #ejecuta la función setup()
  principio=time.time()      #arranca el cronómetro por primera vez
  print '\n'*80              #borra la pantalla
  print 'Calculo la frecuencia' #título del proceso
  print                      #linea en blanco
  try:
    while True:              #Calcula constantemente
      loop()                 #FUNCIÓN: calcula frecuencia
  except KeyboardInterrupt:  #si se pulsa 'Ctrl+C' se ejecuta
    parar()                  #la función parar() que detiene el
                             #programa
```

Ejercicios propuestos:

- Poner en serie con R1 un potenciómetro P de 50kΩ (resistencia variable) y medir la frecuencia generada con varias posiciones de P. Ver que podemos variarla entre 180Hz y 480Hz

- Controlar el inicio/paro de la generación de pulsos del NE555© con su pin $\bar{R}$, poniéndolo a LOW con un GPIO©. OJO: proteger dicho GPIO© con una resistencia si fuera necesario.

- Ver en la Web cómo configurar el NE555© en modo monoestable e iniciar un pulso desde un GPIO© de la Raspberry©. Añadir LED a la salida.

- Idem configurando el NE555© como biestable.

- Usando solo el circuito anterior y sin uso de la Raspberry©, gestionar el brillo de un LED modificando el Duty Cycle del NE555©

⊖⊙⊖

*Ejercicio 17:
8 LED con 74hc595©

Habíamos comentado que la Raspberry© tiene una limitación en la corriente máxima que puede gestionar cada GPIO© (16mA) y la corriente total de todos los GPIO© (78mA). Para mejorar esta situación existen muchas opciones y una interesante es utilizar un shift register como driver para generar más corriente conectándolo a +5v.

El 74hc595© es un shift register (registro de desplazamiento) que almacena hasta 8 bit en paralelo y con salidas three-state (salidas de alta impedancia).

Con este elemento se puede convertir una entrada serie de un solo pin en una salida de 8 bits y mantener fija esta salida mientras se cargan nuevos datos en la entrada serie, además también se pueden colocar varios 74hc595© en cascada para gestionar más salidas.

Por todo lo anterior, el 74hc595© nos sirve para gestionar 8 LED, un display de 7 segmentos (lo veremos más adelante) o incluso otros dispositivos de baja potencia. Sus pines son:

Pin			Pin
1	Q1	VCC	16
2	Q2	Q0	15
3	Q3	DS	14
4	Q4	$\overline{OE}$	13
5	Q5	ST_CP	12
6	Q6	SH_CP	11
7	Q7	$\overline{MR}$	10
8	GND	Q7'	9

- **Q_0-Q_7** : 8 bits de salida para controlar 8 LED o un display de 7 segmentos (8 con el punto decimal)

- **Q_7'** : salida serie para conectar a la entrada DS de otro 74hc595© en serie o cascada.

- **$\overline{MR}$** : (master reset) pin de reset que se activa a GND, en nuestro ejercicio podría estar controlado por un circuito de Reset muy sencillo y que veremos.

- **SH_CP**: (shift clock pulse) pulso de movimiento de datos dentro del shift-register. En la subida de esta señal, los datos se mueven 1 bit, por ejemplo Q_1 se mueve hacia Q_2 y así sucesivamente. En la bajada de esta señal los datos permanecen sin cambios.

- **ST_CP**: (storage clock pulse) pulso de memorización de datos. En la subida de esta señal se memorizan los datos en el registro.

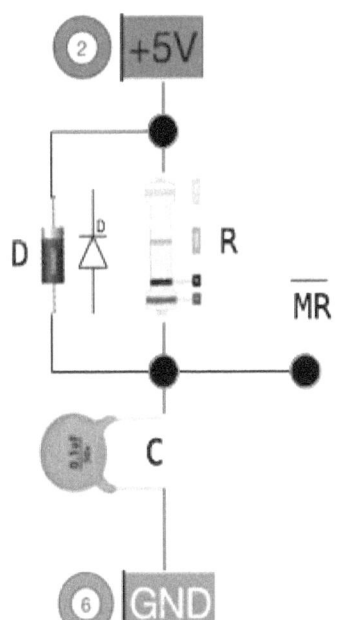

- **OE:** (output enable) permite la visualización de los datos del registro en la salida, se activa con GND

- **DS:** (data serial) entrada de datos en serie.

- **VCC:** alimentación a +5v

- **GND:** tierra

El circuito de Reset automático (opcional) está compuesto por el conjunto:

- resistencia **R** 10kΩ
- condensador **C** de 100nF
- diodo **D** del tipo 1N4148©

Cuando se conecta el circuito a la alimentación, se carga **C** a través de **R** y por lo tanto $\overline{MR}$ está un corto tiempo a **GND** reseteando al 74hc595©.

Cuando **C** está cargado del todo, deja de circular corriente por él y por tanto es como si $\overline{MR}$ estuviera a +5V y así el Reset finaliza. **D** actúa de descargador de **C** para que el proceso pueda funcionar adecuadamente en la próxima conexión a alimentación.

IMPORTANTE: fijarse bien en la polaridad del diodo **D**

El circuito de Reset evita que el 74hc595© arranque en estado "ignoto" cuando se alimenta y por lo tanto se iluminen los LED de manera aleatoria.

Por otra parte, conectamos las entradas DS, ST_CP y SH_CP a los GPIO© 36, 38 y 40 respectivamente, de esta manera el circuito completo es el siguiente:

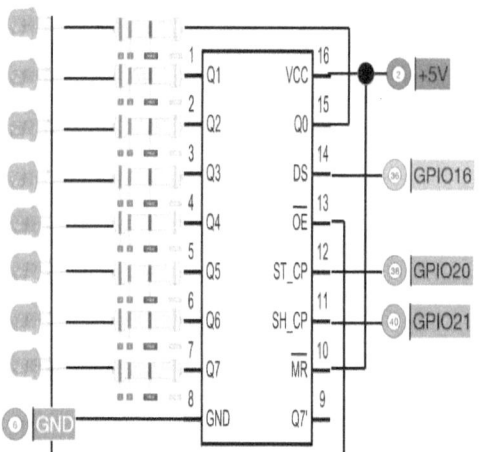

De esta manera GPIO16© indica el bit a almacenar, GPIO21© envía subidas de nivel para mover dicho bit dentro del registro y GPIO20© los almacena.

Los pines $\overline{OE}$ y $\overline{MR}$ permanecen fijos de manera que la salida del 74hc595© está siempre activa y el circuito no se resetea.

Con este circuito, en función de los bit que enviemos al shift-register, a través del pin DS, podemos realizar la secuencia que queramos en los LED.

El siguiente programa ilumina un solo LED y lo desplaza de derecha a izquierda pero se puede hacer cualquier tipo de combinación.

Electrónica divertida con Raspberry©

```python
#-------------------------------------------------------------------
# 17_8LED_74hc595.PY: gestión 8 LED con un shift-register
#-------------------------------------------------------------------
# Entradas: algoritmo de presentación de información
# Salidas:  D0...D7 con LED on/off
# Acción:   on/off LED según un algoritmo
#-------------------------------------------------------------------
# -*- coding: utf-8 -*-
#!/usr/bin/env python
import RPi.GPIO as GPIO
import time

#74ls595
DS   =36                    #datos
ST_CP=38                    #pulso para guardar (storage)
SH_CP=40                    #pulso para desplazar (shift)
pines=[DS,ST_CP,SH_CP]
#Ejemplos de movimiento de los LED
L1=['01','02','04','08','10','20','40','80']    #desplaza/rebota
L2=['01','03','07','0f','1f','3f','7f','ff']    #llena/vacía
L3=['81','42','24','18','18','24','42','81']    #rebote centro
L4=['88','44','22','11','11','22','44','88']    #rebote doble
algoritmo=L4                #movimiento seleccionado

def inicio():               #FUNCIÓN: presenta mensaje inicio
    print 'Programa iniciado...'
    print 'Pulsar CTR+C para parar'

def setup():
    GPIO.setwarnings(False)     #para evitar mensajes innecesarios
    GPIO.setmode(GPIO.BOARD)    #números de pin según orden físico
    for x in pines:             #pines a iniciar como salidas y LOW
        GPIO.setup (x,GPIO.OUT)    #los pines son salida de Raspberry©
        GPIO.output(x,GPIO.LOW)    #apago todos los pines

def presenta(dato):             #presenta dato en los LED
    dato=int('0x'+dato,16)      #formatea dato a hexadecimal
    for bit in range(0, 8):     #carga dato haciendo shift
        GPIO.output(DS, 0x80 & (dato<<bit)) #carga shift-register dato
        GPIO.output(SH_CP, GPIO.HIGH)#con un pulso en SH_CP
        time.sleep(0.00005)
        GPIO.output(SH_CP, GPIO.LOW)
    GPIO.output(ST_CP, GPIO.HIGH) #guarda datos
    time.sleep(0.00005)         #con un pulso en ST_CP
    GPIO.output(ST_CP, GPIO.LOW)

def loop():                     #bucle de programa hasta CTRL+C
    tiempo=0.1                  #velocidad de presentación
    while True:
        for i in range(0,len(algoritmo)): #avanza presentación
            presenta(algoritmo[i])
            time.sleep(tiempo)

        for i in range(len(algoritmo)-1, -1, -1):#retrocede
            presenta(algoritmo[i])
            time.sleep(tiempo)
```

```
def parpadea():                    #presentación inicial
  algoritmo=L1                     #algoritmo seleccionado
  t=.1                             #tiempo de presentación
  for i in range(0,len(algoritmo)): #recorre algoritmo
    presenta(algoritmo[i])
    time.sleep(t)

def parar():                       #FUNCIÓN ejecuta al parar
  GPIO.cleanup()                   #libera GPIO©

if __name__=='__main__':           #Programa arranca aquí
  setup()                          #FUNCIÓN: inicia GPIO©
  inicio()                         #FUNCIÓN: presenta mensaje inicio
  parpadea()                       #FUNCIÓN: secuencia de inicio
  try:
    loop()                         #FUNCIÓN: repite bucle hasta stop
  except KeyboardInterrupt:        #con el teclado con CTRl+C
    parpadea()
    parar()                        #en tal caso llama a función
                                   #parar()
```

Ejercicios propuestos:

- Añadir un botón al circuito para iniciar y parar la presentación en los LED.

- Definir nuevas secuencias en los algoritmos de on/off de los LED.

- Añadir un decodificador rotatorio y dos LED adicionales. Con el giro definir orden de secuencia y encender cada LED según dirección de la secuencia.

☉☉☉

*Ejercicio 18:
Display 7 segmentos

Una variante avanzada del ejercicio anterior consiste en sustituir los LED por un display de 7 segmentos (8 si contamos el punto decimal) para visualizar varios caracteres enviados desde la Raspberry©, para ello usaremos dos componentes principales:

El "shift-register" 74hc595© que actuará de interfaz entre el Raspberry© y el display de 7 segmentos igual que hemos visto con los 8 LED individuales.

Un display de 7 segmentos, por ejemplo el SMA42056© para visualizar fácilmente los caracteres enviados por la Raspberry© y codificados adecuadamente por el shift-register.

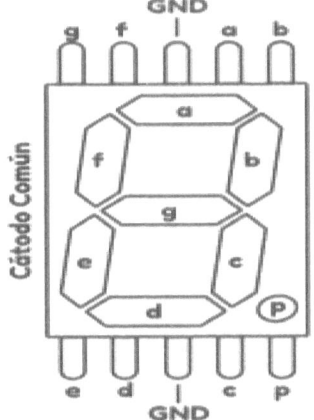

El display de 7 segmentos es en realidad un encapsulado que contiene 8 LED para configurar los números de 0 a 9, algunas letras (por ejemplo las usadas en número hexadecimales) y el punto decimal.

155

Cada LED es un segmento del carácter a representar y se enumera con letras de la a **a** la **g** y el punto decimal.

Existen dos modelos de display de 7 segmentos: el de **cátodo común** (usado en este ejercicio) donde todos los LED tienen su cátodo unido y que se deberá conectar a GND a través de una resistencia de 220Ω y el de **ánodo común,** donde todos los LED tienen su ánodo común unido e igualmente se deberá conectar a +5V con resistencia de 220Ω

Para activar un segmento en un display de 7 segmentos con cátodo común deberemos aplicarle una señal HIGH, esto es, un 1 lógico (limitando la corriente con la resistencia indicada) y para apagarlo le aplicaremos un LOW ó 0 lógico.

Los GPIO© los conectamos igual que en el ejercicio de los 8 LED y de esta manera el circuito quedaría como sigue:

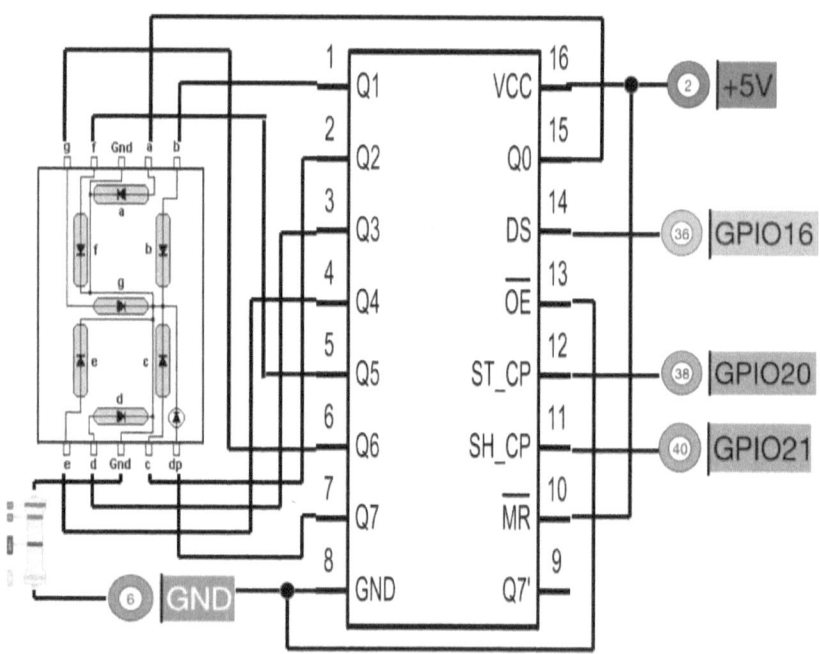

Los caracteres los componemos con un 1 en el LED que se deba encender y con un 0 en el que queramos apagar y para una mayor claridad en el manejo de estos segmentos (**a-g**) y de los bit de salida (Q_0-Q_7) los asociamos del siguiente modo:

a	b	c	d	e	f	g	punto
Q0	Q1	Q2	Q3	Q4	Q5	Q6	Q7

Así para construir los bytes (8bit) de cada carácter (aquí también se representan los códigos hexadecimales) tendríamos la tabla siguiente:

	punto	g	f	e	d	c	b	a	
car	Q7	Q6	Q5	Q4	Q3	Q2	Q1	Q0	HEX
0	0	0	1	1	1	1	1	1	3F
1	0	1	1	0	0	0	0	0	06
2	0	1	0	1	1	0	1	1	5B
3	0	1	0	0	1	1	1	1	4F
4	0	1	1	0	0	1	1	0	66
5	0	1	1	0	1	1	0	1	6D
6	0	1	1	1	1	1	0	1	7D
7	0	0	0	0	0	1	1	1	07
8	0	1	1	1	1	1	1	1	7F
9	0	1	1	0	1	1	1	1	6F
A	0	1	1	1	0	1	1	1	77
b	0	1	1	1	1	1	0	0	7C
C	0	0	1	1	1	0	0	1	39
d	0	1	0	1	1	1	1	0	5E
E	0	1	1	1	1	0	0	1	79
F	0	1	1	1	0	0	0	1	71
Punto	1	0	0	0	0	0	0	0	80

Donde tenemos en Q_0-Q_7 la representación binaria, a la izquierda la representación del carácter a visualizar y a la derecha su correspondiente en hexadecimal que, por comodidad, es la que vamos a usar en el programa.

En el programa ejemplo visualizamos, de manera secuencial, los caracteres incluidos en una lista llamada codigos[]

```
#---------------------------------------------------------------
# 18_DISPLAY_7_SEGMENTOS.PY: Gestiona un display de 7 segmentos
#---------------------------------------------------------------
# Entradas: lista codigos[] con códigos a representar
# Salidas:  GPIO© que ataca DS, ST_CP y SH_CP del 74HC595© donde:
#           DS=data, ST_CP=storage register y SH_CP=shift register
# Acción:   visualiza los caracteres de lista codigos[]
#---------------------------------------------------------------
# -*- coding: utf-8 -*-
#!/usr/bin/env python
import RPi.GPIO as GPIO
import time
DS   =36                    #Datos
ST_CP=38                    #Pulso para guardar (storage)
SH_CP=40                    #pulso para desplazar (shift)
pines=[DS,ST_CP,SH_CP]

#Aquí se introducen los códigos de los segmentos para:
0,...,9,A,b,C,d,E,F y punto
codigos=[0x3f,0x06,0x5b,0x4f,0x66,0x6d,0x7d,0x07,0x7f,0x6f,0x77,0x7c
,0x39,0x5e,0x79,0x71,0x80]

def mensaje_inicio():              #borra pantalla y presenta
  print 80*'\n'                    #título del programa
  print 'Contador en marcha...'
  print 'Pulsar CTR+C para finalizar'

def setup():                       #FUNCIÓN: inicia el GPIO©
  GPIO.setwarnings(False)          #para evitar mensajes innecesarios
  GPIO.setmode(GPIO.BOARD)         #números de pin según orden físico
  for x in pines:
    GPIO.setup (x,GPIO.OUT)        #los pines son salida
    GPIO.output(x,GPIO.LOW)        #apago los pines

def presenta(dato):                #presenta un dato
  for bit in range(0, 8):          #carga cada bit de dato por DS
    GPIO.output(DS,0x80 & (dato << bit)) #carga en MSB, lo desplaza
    GPIO.output(SH_CP, GPIO.HIGH)  #y lo introduce en el registro
    time.sleep(0.001)              #H-L de 1mseg en SH_CP
    GPIO.output(SH_CP, GPIO.LOW)
  GPIO.output(ST_CP, GPIO.HIGH)    #guarda los 8 bit con un pulso
  time.sleep(0.001)                #H-L de 1mseg en ST_CP
```

```
  GPIO.output(ST_CP, GPIO.LOW)

def loop():                          #Bucle de visualización
  while True:                        #se repite hasta parar con CTRL+C
    for i in codigos:                #i recorre la lista de códigos
      presenta(i)                    #presenta el código i
      time.sleep(.5)                 #pausa entre códigos

def parar():                         #FUNCIÓN: detiene el programa
  GPIO.cleanup()                     #libera los recursos del GPIO©

if __name__ == '__main__':           #Programa arranca aquí
  mensaje_inicio()                   #FUNCIÓN: presenta mensaje inicio
  setup()                            #FUNCIÓN: inicia GPIO©
  try:
    loop()                           #FUNCIÓN: repite bucle hasta stop
  except KeyboardInterrupt:          #con el teclado con CTRL+C
    parar()                          #en tal caso llama función parar()
```

Ejercicios propuestos:

- Cambiar la lista codigos[] para que se visualice la frase: "Hola. Yo no salgo a la calle". Construir previamente la tabla de creación de los caracteres necesarios.

- Añadir el codificador rotatorio y que haga avanzar o retroceder la visualización de la frase al rotar el mando.

- Hacer que el pulsador del codificador rotatorio reinicie la secuencia desde dónde visualiza el giro del codificador rotatorio. Usar el modo interrupción para tratar la señal del pulsador.

☺☺☺

*Ejercicio 19:
Dos display 7 segmentos en cascada

En este ejercicio usaremos dos display de 7 segmentos, conectados en cascada y el decodificador giratorio para visualizar una secuencia numérica del 00 al 99. Al girar el decodificador rotatorio, la secuencia avanzará o retrocederá y al presionar el pulsador se volverá a reiniciar el proceso. Además añadiremos 2 LED, de modo que cuando avance la secuencia se iluminará el LED verde y si retrocede se iluminará el LED rojo.

Finalmente, para evitar parpadeos en los display, se conecta la señal del $\overline{OE}$ (output enable) de ambos 74hc595© con un GPIO© controlado por software.

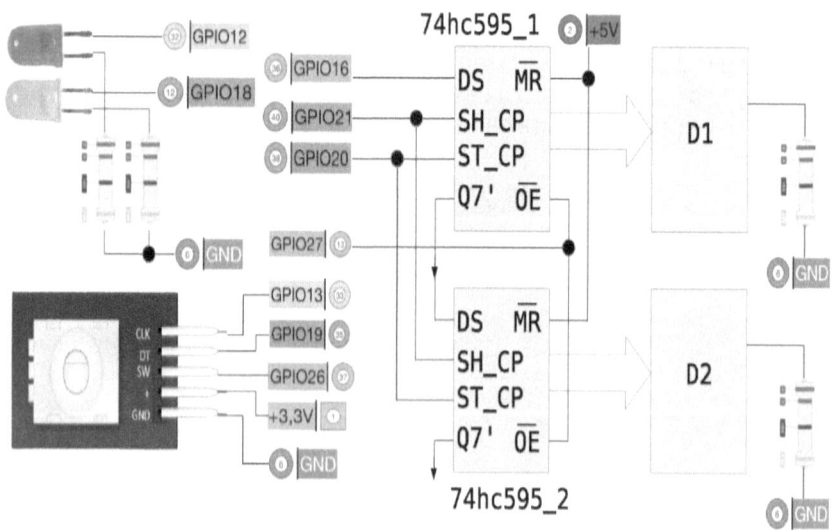

Para la decodificación del display de 7 segmentos usaremos un 74hc595© por cada uno de ellos, uniendo la salida Q7' del primero con la entrada de datos DS del segundo.

Este proceso se puede repetir con más de 2 display, de ahí el nombre de conexión en cascada.

El diagrama general que vamos a utilizar es similar a la figura representada anteriormente y el detalle de la conexión de los dos display a los dos shift-register (74hc595©) es el de la figura siguiente:

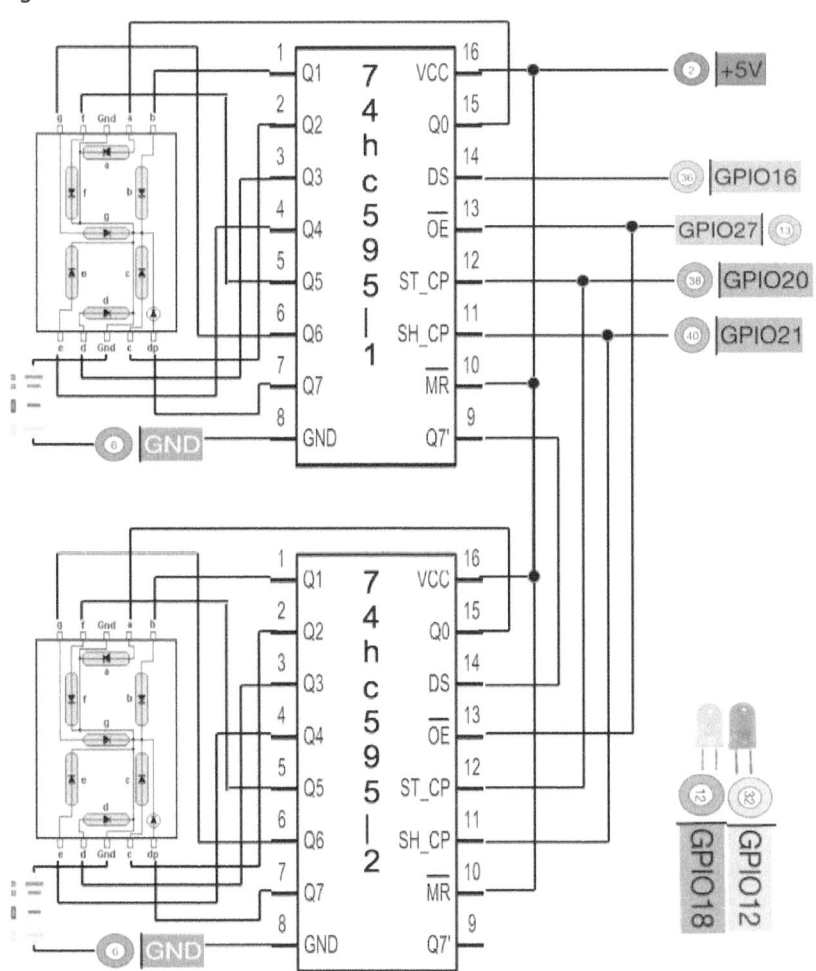

El resumen de los GPIO© que necesitamos para gestionar los dos 74hc595© y el LED Dual lo podemos ver en la siguiente tabla:

GPIO© (pin)	Dispositivo	Función
32	LED rojo	On/off
12	LED verde	On/off
33	rotatorio	Pulso CLK dirección de giro
35	rotatorio	Pulso DT giro si/no
37	rotatorio	Pulsador SW on/off
36	74hc595©	Pulso DS de datos
40	74hc595©	Pulso SH_CP de desplazamiento
38	74hc595©	Pulso ST_CP de almacenamiento
13	74hc595©	OE on/off visualización 74hc595©
1	+3,3v	Alimentación rotatorio
2	+5v	Alimentación 74hc595©
6	GND	Tierra

```
#------------------------------------------------------------
# 19_2_DISPLAY7_CASCADA.PY: Gestiona 2 display de 7 segmentos
#------------------------------------------------------------
# Entradas: lista codigos[] a representar y decodificador rotatorio
# Salidas:  GPIO© ataca DS, ST_CP y SH_CP de los 74HC595© donde:
#           DS=data, ST_CP=storage pulse y SH_CP=shift pulse
#           el Q7' es la entrada para el DS del 2ndo 74HC595©
# Acción:   visualiza dígitos 0-99 girando decodificador rotatorio
#------------------------------------------------------------
# -*- coding: utf-8 -*-
#!/usr/bin/env python
import RPi.GPIO as GPIO
import time

#74ls595
DS   =36                    #datos
ST_CP=38                    #pulso para guardar (storage)
SH_CP=40                    #pulso para desplazar (shift)
OE   =13                    #output enable 0=ver, 1=no ver
#codificador rotatorio
pin_DT =35                  #pin 35  DT  (mantener H)
pin_CLK=33                  #pin 33  ClK (comprobar si H o L)
pin_SW= 37                  #pin 37  SW  (pulsador puesta cero)
```

```python
#led
led_r=32
led_v=12
pines=[DS,ST_CP,SH_CP,OE,led_r,led_v]        #pines a iniciar

#Códigos de los dígitos del 0 al 9
codigos=['3f','06','5b','4f','66','6d','7d','07','7f','6f','80','00'
]
#           0    1    2    3    4    5    6    7    8    9    .  nada
unidad=decena=0                   #para presentación decimal
avance=0                          #avanza o retrocede en codigos[]

def mensaje_inicio():             #mensaje de presentación de inicio
  print 80*'\n'                   #borra la pantalla
  print 'CONTADOR EN MARCHA'
  print '-pulsar botón para puesta a cero,'
  print '-girar derecha para aumentar'
  print '-girar izquierda para disminuir'
  print '-o pulsar CTR+C para finalizar'

def parpadea():                   #parpadean los puntos varias veces
  GPIO.output(led_v,GPIO.LOW)     #apago LED verde
  GPIO.output(led_r,GPIO.LOW)     #apago LED rojo
  for x in range(0,3):
    presenta(int(codigos[10],16)) #enciende el punto de decenas
    presenta(int(codigos[10],16)) #enciende el punto de unidades
    time.sleep(.1)
    presenta(int(codigos[11],16)) #apaga el punto de decenas
    presenta(int(codigos[11],16)) #apaga el punto de unidades
    time.sleep(.1)

def setup():                      #FUNCIÓN: inicia el GPIO©
  GPIO.setwarnings(False)         #para evitar mensajes innecesarios
  GPIO.setmode(GPIO.BOARD)        #números de pin según orden físico
  for x in pines:                 #pines del 74hc595©
    GPIO.setup (x,GPIO.OUT)       #los pines son salida de Raspberry©
    GPIO.output(x,GPIO.LOW)       #apago los pines

  GPIO.setup(pin_DT, GPIO.IN)     #los pines de codificador rotatorio
  GPIO.setup(pin_CLK,GPIO.IN)     #DT, CLK son entradas de Raspberry©
  GPIO.setup(pin_SW, GPIO.IN,pull_up_down=GPIO.PUD_UP) #botón de
                                  #presión con pull-up de 10k interno

#Aquí se define la interrupción, si presiona el pulsador (FALLING)
#de abierto a GND, se ejecuta la función clear(). Añadir bouncetime
#si hubiera rebotes del pulsador
  GPIO.add_event_detect(pin_SW,GPIO.FALLING,callback=clear)

#Aquí se define la interrupción, al girar el mando (FALLING), se
#ejecuta la función giratorio(). Añadir bouncetime si hubiera
#rebotes del pulsador
  GPIO.add_event_detect(pin_DT,GPIO.FALLING,callback=giratorio
                                            ,bouncetime=300)

def giratorio(ev=None):           #FUNCIÓN:trata interrupción de giro
  global avance                   #es la salida de esta función
```

163

```
  if not GPIO.input(pin_DT):      #si DT=0 se ha girado el mando
    if GPIO.input(pin_CLK):       #si CLK=1 se ha girado en sentido
                                  #anti horario
      avance=-1                   #entonces debo retroceder
    else:                         #si CLK=0 se ha girado en sentido
                                  #horario
      avance=1                    #entonces debo avanzar

def presenta(dato):               #presenta un dato
  GPIO.output(OE,GPIO.HIGH)       #para no ver datos

  for bit in range(0, 8):         #carga cada bit de dato por DS
    GPIO.output(DS,0x80 & (dato << bit)) #carga en el MSB, desplaza
    GPIO.output(SH_CP, GPIO.HIGH)  #y lo introduce en el registro
    time.sleep(0.001)             #H-L de 1mseg en SH_CP
    GPIO.output(SH_CP, GPIO.LOW)
  GPIO.output(ST_CP, GPIO.HIGH)   #guarda los 8 bit con un pulso
  time.sleep(0.001)               #H-L de 1mseg en ST_CP
  GPIO.output(ST_CP, GPIO.LOW)
  GPIO.output(OE,GPIO.LOW)        #para ver datos

def clear(ev=None):               #FUNCIÓN: se ha presionado el botón
  global avance,decena,unidad
  mensaje_inicio()                #visualiza mensaje inicial
  decena=unidad=0                 #inicia variables a cero

def loop():                       #bucle de visualización
  global unidad,decena,avance     #variables globales

  while True:                     #se repite hasta parar con CTRL+C
    time.sleep(.3)                #NO ELIMINAR:libera microprocesador
    if avance<>0:
      if avance==1:
        GPIO.output(led_v,GPIO.HIGH) #enciende LED verde
        GPIO.output(led_r,GPIO.LOW)  #apaga    LED rojo
      if avance==-1:
        GPIO.output(led_r,GPIO.HIGH) #enciende LED rojo
        GPIO.output(led_v,GPIO.LOW)  #apaga    LED verde
      unidad+=avance              #avanza o retrocede una unidad
      if unidad>9:                #comprueba márgenes de unidades
        unidad=0
        decena+=avance
        if decena>9:             #comprueba márgenes de decenas
          decena=0
      if decena<0:
        decena=9
      if unidad<0:               #comprueba márgenes de unidades
        unidad=9
        decena+=avance
        if decena<0:             #comprueba márgenes de decenas
          decena=9
        if decena>9:
          decena=0
      presenta(int(codigos[decena],16)) #visualiza la decena
      presenta(int(codigos[unidad],16)) #visualiza la unidad
```

```
def parar():                     #FUNCIÓN: detiene el programa
  parpadea()
  GPIO.cleanup()                 #libera los recursos del GPIO©

if __name__ == '__main__':       #Programa arranca aquí
  mensaje_inicio()               #FUNCIÓN: presenta mensaje inicio
  setup()                        #FUNCIÓN: inicia GPIO©
  parpadea()
  try:
    loop()                       #FUNCIÓN: repite bucle hasta stop
  except KeyboardInterrupt:      #con el teclado con CTRl+C
    parar()                      #en tal caso llama a función
                                 #parar()
```

Ejercicios propuestos:

• Visualizar un texto predefinido en la lista codigos[] y avanzar o retroceder en él con el mando giratorio.

• Visualizar secuencialmente una cadena numérica y señalizar en verde o rojo los números primos o no primos.

• Cambiar la rutina del pulsador para que incremente la velocidad de visualización, tanto hacia adelante como hacia atrás.

*Ejercicio 20:
Matriz de puntos con 74hc595©

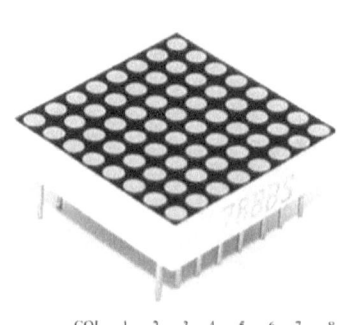

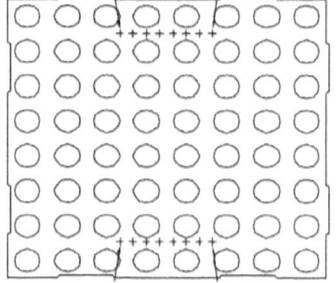

Continuando con ejercicios con LED y display de 7 segmentos, el siguiente trata de manejar una matriz de 64 puntos de LED como la 788BS©.

Se trata de un dispositivo con 64 LED, organizados en 8x8, de bajo consumo, larga duración, bajo coste, alto brillo, amplio ángulo de visión y fácil de conseguir.

Puesto que la matriz está organizada en 8 filas (row R1 a R8) y en 8 columnas (col C1 a C8), estando conectado cada LED, en modo cátodo común, en cada intersección, podemos usar 2 74hc595© para gestionarlos.

De esta manera si Ri=HIGH y Ci=LOW (con i=1...8) el LED de la intersección se enciende, en el resto de los casos permanecerá apagado (o no hay corriente, LOW y LOW o ésta está invertida LOW y HIGH respectivamente). Por ejemplo, si R1=H y C1=L se enciende el LED de la intersección.

La asignación de pines de la matriz de LED es la siguiente (por procesos de fabricación, la asignación no es nada fácil de entender por lo que haremos una tabla), donde los números son los pines de la matriz, c_i las columnas y r_i las filas.

Así, por ejemplo, c5 es la columna de LED número 5 y está en el pin 6 y r2 es la fila de LED número 2 y está en el pin 14.

74hc595©	Salida 74hc595©	Pin 74hc595©	Fila o Columna	Pin Matriz 8x8
Primario	Q0	15	f1	9
Primario	Q1	1	f2	14
Primario	Q2	2	f3	8
Primario	Q3	3	f4	12
Primario	Q4	4	f5	1
Primario	Q5	5	f6	7
Primario	Q6	6	f7	2
Primario	Q7	7	f8	5
Secundario	Q0	15	c1	13
Secundario	Q1	1	c2	3
Secundario	Q2	2	c3	4
Secundario	Q3	3	c4	10
Secundario	Q4	4	c5	6
Secundario	Q5	5	c6	11
Secundario	Q6	6	c7	15
Secundario	Q7	7	c8	16

Para este ejercicio, aprovechamos el circuito del ejercicio con 2x7 segmentos, sustituyendo éstos por la matriz de 8x8, manteniendo el resto de circuito igual, donde la conexión entre los pines de datos de los 74hc595©, las filas y columnas y los pines de la matriz de LED 8x8 son las de la tabla anterior.

El circuito es idéntico al de los display de 7 segmentos, unicamente cambiando los display por la matriz de LED 8x8.

Se mantienen los 2 LED adicionales para visualizar el estado y el decodificador giratorio para actuar con el circuito.

Opcionalmente, si no se desea que se inicie la matriz con algunos LED encendidos aleatoriamente, se puede instalar, conectado a los pin $\overline{MR}$ de ambas matrices, el circuito de Reset automático visto en circuitos anteriores.

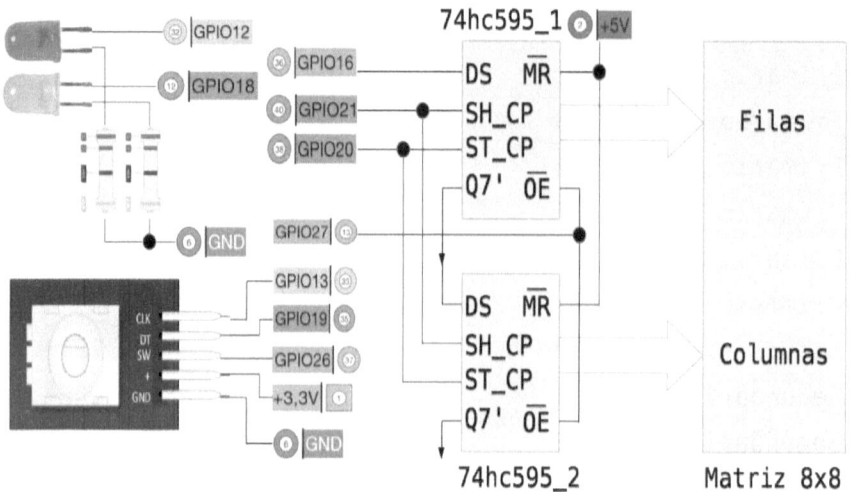

En los shift-register (74hc595©) se carga primero la dirección de la primera columna y en ella la información de los LED que hay que encender (información de fila), esta información entra primero en el 74hc595© principal y en cascada pasa al 74hc595© secundario, el proceso se repite para todas las columnas y se refresca rápidamente produciendo el efecto visual de que todos los puntos necesarios de la matriz 8x8 están iluminados (proceso llamado multiplexación en el tiempo).

Los códigos hexadecimales de las filas son:

fila=[0x01,0x02,0x04,0x08,0x10,0x20,0x40,0x80]

```
8 4 2 1 8 4 2 1
                  ff
    0 0 0         e3
  0       0       db
    0 0 0         e3
  0       0       db
  0       0       db
    0 0 0         e3
                  ff
```

Los códigos hexadecimales de las columnas dependen de lo que se quiera visualizar, por ejemplo, si se quiere visualizar una B, la representamos como en la figura adjunta (en el anexo del libro hay más ejemplos).

En una cuadrícula 8x8 representamos el carácter a visualizar (debe estar girado sobre el eje vertical o cambiar el orden de los pines de datos del 74hc595©_2), marcamos con 0 los puntos a visualizar y dejamos en blanco (ó a 1) los que estarán apagados.

En cada fila traducimos a hexadecimal dos grupos de 4 bits, llega con sumar los pesos indicados en la columna y sabiendo que (10=a, 11=b, 12=c, 13=d, 14=e y 15=f)

Por ejemplo, la cuarta fila de la B es 1110-0011, que aplicando los pesos tenemos:

1x8+1x4+1x2+1x0=8+4+2+0=14=e, y por otra parte

0x0+0x4+1x2+1x1=0+0+2+1=3

Por lo tanto la cuarta fila de la B es el hexadecimal e3. Si repetimos el proceso para todas las filas, tenemos que la B es:

columna=[0xff,0xe3,0xdb,0xe3,0xdb,0xdb,0xe3,0xff]

fila   =[0x01,0x02,0x04,0x08,0x10,0x20,0x40,0x80]

Para una A la fila sera:

A=[0xff,0xe7,0xdb,0xdb,0xc3,0xdb,0xdb,0xff]

Para un símbolo de un ♥, será:

heart=[0xff,0xdb,0x81,0x81,0x81,0xc3,0xe7,0xff]

Para cada carácter deberemos contar con 8 bytes hexadecimales de columna y otros 8 bytes de la fila para enviarlos, ítem a ítem a los shift-register, esto es: enviamos columna[0]fila[0],...,columna[7]fila[7] y para que toda la información se vea correctamente en la matriz LED 8x8 debemos refrescar esta información lo suficientemente rápido para que al ojo le parezca que todos los LED afectados están encendidos simultáneamente.

Una vez arrancado el programa, al girar el mando avanzaremos o retrocederemos en el texto, letra a letra y si presionamos el pulsador la secuencia se vuelve a iniciar. Además cada letra o número va apareciendo desde arriba y desapareciendo hacia abajo.

```python
#----------------------------------------------------------
# 20_MATRIX.PY: Gestiona matriz de LED de 8x8 con multiplexado
#----------------------------------------------------------
# Entradas: lista letras[] a representar y decodificador rotatorio
# Salidas:  presentación cíclica en matriz LED con desplazamiento
# Acción:   visualiza letras[] al girar el decodificador rotatorio
#           inicia visualización a presionar pulsador
#----------------------------------------------------------
# -*- coding: utf-8 -*-
#!/usr/bin/env python
import RPi.GPIO as GPIO
import time

#74ls595
DS   =36                        #datos
ST_CP=38                        #pulso para guardar (storage)
SH_CP=40                        #pulso para desplazar (shift)
OE   =13                        #output enable 0=ver, 1=no ver
#codificador rotatorio
pin_DT =35                      #pin 35  DT  (mantener H)
pin_CLK=33                      #pin 33  ClK (comprobar si H o L)
pin_SW= 37                      #pin 37  SW  (pulsador puesta cero)
#led
led_r=32                        #LED rojo
led_v=12                        #LED verde
pines=[DS,ST_CP,SH_CP,OE,led_r,led_v] #pines a iniciar

#escanea por filas de superior a inferior
fila=['01','02','04','08','10','20','40','80']
#letras
H= ['ff','db','db','c3','db','db','db','ff']
O= ['ff','c3','db','db','db','db','c3','ff']
```

```python
L= ['ff','fb','fb','fb','fb','fb','c3','ff']
A= ['ff','e7','db','c3','db','db','db','ff']
B= ['ff','e3','db','e3','db','db','e3','ff']
Y= ['ff','bb','d7','ef','ef','ef','ef','ff']
E= ['ff','c3','fb','e3','fb','fb','c3','ff']
n0=['ff','e7','db','db','db','db','e7','ff']
n1=['ff','ef','e7','ef','ef','ef','ef','ff']
n2=['ff','e7','db','ef','f7','fb','c3','ff']
n3=['ff','e7','db','cf','ef','db','e7','ff']
n4=['ff','db','db','c7','df','df','df','ff']
n5=['ff','c3','fb','e3','df','db','e7','ff']
n6=['ff','df','ef','e7','db','db','e7','ff']
n7=['ff','c3','df','ef','f7','fb','fb','ff']
n8=['ff','e7','db','e7','db','db','e7','ff']
n9=['ff','e7','db','c3','df','ef','f3','ff']
#ejemplos de mensajes
hola=[H,O,L,A]                    #listas con caracteres a presentar
adios= [B,Y,E]
numeros=[n0,n1,n2,n3,n4,n5,n6,n7,n8,n9]
letras=numeros                    #palabras a visualizar
puntero=avance=0                  #posición en letras[] avance si/no
flag=False                        #hubo rotación si/no

def setup():                      #FUNCIÓN: inicia el GPIO©
  GPIO.setwarnings(False)         #para evitar mensajes innecesarios
  GPIO.setmode(GPIO.BOARD)        #números de pin según orden físico
  for x in pines:                 #pines a iniciar como salidas y LOW
    GPIO.setup (x,GPIO.OUT)       #los pines son salida Raspberry©
    GPIO.output(x,GPIO.LOW)       #apago todos los pines

  GPIO.setup(pin_DT, GPIO.IN)     #los pines de codificador rotatorio
  GPIO.setup(pin_CLK,GPIO.IN)     #DT, CLK entradas para Raspberry©
  GPIO.setup(pin_SW, GPIO.IN,pull_up_down=GPIO.PUD_UP) #botón de
                                  #presión con pull-up de 10k interno

#Aquí se define la interrupción, si presiona el pulsador (FALLING)
#de abierto a GND, se ejecuta clear(). Añadir bouncetime si hubiera
#rebotes del pulsador

  GPIO.add_event_detect(pin_SW,GPIO.FALLING,callback=clear)

#Aquí se define la interrupción, al girar el mando (FALLING), se
#ejecuta la función giratorio(). Añadir bouncetime si hubiera
#rebotes del pulsador

  GPIO.add_event_detect(pin_DT,GPIO.FALLING,callback=giratorio
                                            ,bouncetime=300)

def mensaje_inicio():             #mensaje de presentación de inicio
  for z in hola:                  #presenta la palabra "HOLA'
    for t in range(0,50):         #tiempo visualización
      for i in range(0,8):        #presenta letra
        presenta(fila[i],z[i])
  print 80*'\n'                   #borra la pantalla y presenta texto
  print 'MATRIZ LED 8x8 INICIADA'
  print '-pulsar botón para puesta a cero,'
```

171

```
    print '-girar derecha para aumentar'
    print '-girar izquierda para disminuir'
    print '-o pulsar CTR+C para finalizar'

def parpadea():                        #parpadean LED y punto varias veces
    for x in range(0,3):               #veces a parpadear
        presenta('01','fe')            #enciende punto
        GPIO.output(led_r,GPIO.HIGH)   #enciende LED rojo
        GPIO.output(led_v,GPIO.HIGH)   #enciende LED verde
        time.sleep(.5)                 #tiempo de parpadeo
        presenta('01','ff')            #apaga punto
        GPIO.output(led_r,GPIO.LOW)    #apaga LED rojo
        GPIO.output(led_v,GPIO.LOW)    #apaga LED verde
        time.sleep(.5)

def giratorio(ev=None):                #FUNCIÓN: trata interrupción giro
    global avance,flag                 #salidas de esta función
    if not GPIO.input(pin_DT):         #Si DT=0 se ha girado el mando
        if GPIO.input(pin_CLK):        #si CLK=1 se ha girado en sentido
                                       #anti horario
            avance=-1                  #entonces debe retroceder
        else:                          #si CLK=0 se ha girado en sentido
                                       #horario
            avance=1                   #entonces debe avanzar
        flag=True                      #hubo rotación

def loop():                            #FUNCIÓN: bucle principal, LED y
                                       #presentación
    global puntero,avance,flag         #posición en letras[] y estado
                                       #giratorio
    while True:                        #repite hasta que pare con CTRL+C
        time.sleep(.001)               #NO ELIMINAR: descarga micro
        if avance<>0:                  #se ha girado el mando rotatorio
            if avance==1:              #avanza
                GPIO.output(led_v,GPIO.HIGH) #enciende LED verde
                GPIO.output(led_r,GPIO.LOW)  #apaga    LED rojo
            if avance==-1:             #retrocede
                GPIO.output(led_r,GPIO.HIGH) #enciende LED rojo
                GPIO.output(led_v,GPIO.LOW)  #apaga    LED verde
            if puntero==len(letras):   #comprueba márgenes de puntero
                puntero=0              #coloca al principio
            if puntero<0:              #comprueba márgenes de puntero
                puntero=len(letras)-1 #coloca al final
            ver_letra()                #presenta carácter
            puntero+=avance            #avanza o retrocede en letras[]
            flag=False                 #borra interrupción

def ver_letra():                       #salen/entran hacia/desde arriba
    T=5                                #tiempo de presentación T/10 seg
    global flag
    for z in range(8,0,-1):            #cambia orden, cambia dirección
        nueva_fila=[]                  #carga el nuevo orden de entrada
        for j in range(0,z):           #añade ceros a la izquierda
            nueva_fila.append('00')
        for j in range(z,8):           #desplaza filas a derecha
            nueva_fila.append(fila[j-z])
```

```python
    for t in range(0,T):          #visualiza en tiempo T
      for i in range(0,8):        #presenta letra
        f=nueva_fila[i]
        c=letras[puntero][i]
        presenta(f,c)

  for z in range(8,0,-1):         #cambia orden, cambia dirección
    nueva_fila=[]                 #carga el nuevo orden de salida
    for j in range(0,z):          #desplaza filas a izquierda
      nueva_fila.append(fila[j-z])
    for j in range(z,8):          #añade ceros a la derecha
      nueva_fila.append('00')
    for t in range(0,T):          #visualiza en tiempo T
      for i in range(0,8):        #presenta letra
        f=nueva_fila[i]
        c=letras[puntero][i]
        presenta(f,c)
        if flag:                  #si se ha girado el rotatorio
          flag=False              #deja de presentar
          break

def presenta(F,D):                #presenta dato D en fila F
  F=int('0x'+F,16)                #formatea Fila en hexadecimal
  D=int('0x'+D,16)                #formatea Dato en hexadecimal
  for bit in range(0, 8):         #carga el Dato D haciendo shift
    GPIO.output(DS, 0x80 & (D<<bit)) #carga shift-register con D
    GPIO.output(SH_CP, GPIO.HIGH) #con un pulso en SH_CP
    time.sleep(0.00005)
    GPIO.output(SH_CP, GPIO.LOW)
  for bit in range(0, 8):         #carga la Fila F haciendo shift
    GPIO.output(DS, 0x80 & (F<<bit))#carga shift-register con F
    GPIO.output(SH_CP, GPIO.HIGH) #con un pulso en SH_CP
    time.sleep(0.00005)
    GPIO.output(SH_CP, GPIO.LOW)
  GPIO.output(OE, GPIO.HIGH)      #impide ver, evita parpadeos
  GPIO.output(ST_CP, GPIO.HIGH)   #guarda datos
  time.sleep(0.00005)             #con pulso en ST_CP
  GPIO.output(ST_CP, GPIO.LOW)
  GPIO.output(OE,    GPIO.LOW)    #permite ver

def clear(ev=None):               #FUNCIÓN: botón presionado
  global flag,puntero
  GPIO.output(led_v,GPIO.LOW)     #apaga LED verde
  GPIO.output(led_r,GPIO.LOW)     #apaga LED rojo
  puntero=0                       #inicia posición en letras[]
  flag=True
  mensaje_inicio()                #visualiza mensaje inicial

def parar():                      #FUNCIÓN: detiene el programa
  for z in adios:                 #presenta la palabra "BYE'
    for t in range(0,50):         #visualizo 50=medio segundo
      for i in range(0,8):        #presenta letra
        presenta(fila[i],z[i])
  GPIO.cleanup()                  #libera GPIO©

if __name__ == '__main__':        #Programa arranca aquí
```

```
setup()                          #FUNCIÓN: inicia GPIO©
mensaje_inicio()                 #FUNCIÓN: presenta mensaje inicio
parpadea()                       #FUNCIÓN: secuencia de inicio
try:
  loop()                         #FUNCIÓN: repite bucle hasta stop
except KeyboardInterrupt:        #con el teclado con CTRl+C
  parar()                        #en tal caso llama a función
                                 #parar()
```

Al final del libro se adjuntan los códigos hexadecimales del abecedario completo en mayúsculas y de los números del 0 al 9 para poder componer textos básicos.

Ejercicios propuestos:

• Introducir en una lista los códigos de la frase "EN UN LUGAR DE LA MANCHA" y comprobar que se visualiza correctamente y se puede desplazar dentro de ella en ambas direcciones.

• Idem ejercicio que el anterior pero en letras minúsculas, hay que definir previamente los códigos de cada letra.

• Escribir una rutina para que un carácter, una vez presentado, se desplace horizontalmente hasta desaparecer.

☉☉☉

*Ejercicio 21:
Display LCD

Evolucionando un poco más, en este ejercicio vamos a conectar un display LCD a la Raspberry© que nos permitirá visualizar mucha más información, desplazarla fácilmente y aplicar comandos: borrar pantalla, ir al principio, posicionar un cursor, apagar display, apagar cursor, etc.

Hay muchos display de este tipo en el mercado, uno sencillo de manejar, barato y fácil de conseguir es el LCD1602© que cuenta con 2 líneas de 16 caracteres, con un bus de datos de 8 bits (configurable en dos grupos de 4 bits para ahorrar pines de la Raspberry©) y con solo 2 líneas de control.

Existe también una versión de este display con conexión I^{2}C©, por lo tanto se conecta a la Raspberry© solo con dos pines (SDA y SCL) que veremos en otro ejercicio.

Se puede regular su contraste con un potenciómetro de 10kΩ y activar un backlight conectándolo a +3.3v o a +5v con una resistencia de 220Ω

175

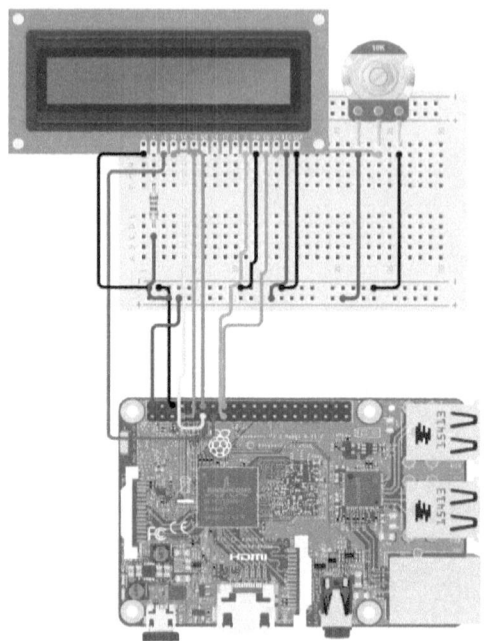

Con esta opción podremos visualizar, por ejemplo, hora, temperatura de la CPU de la Raspberry©, temperatura ambiente aportada por un sensor, otros sensores, estado de alguna variable, introducir datos de umbrales de sensores, estado de alarmas, contadores, posición de un decodificador, etc.

En próximos ejercicios usaremos este display para visualizar la salida de todo tipo de sensores.

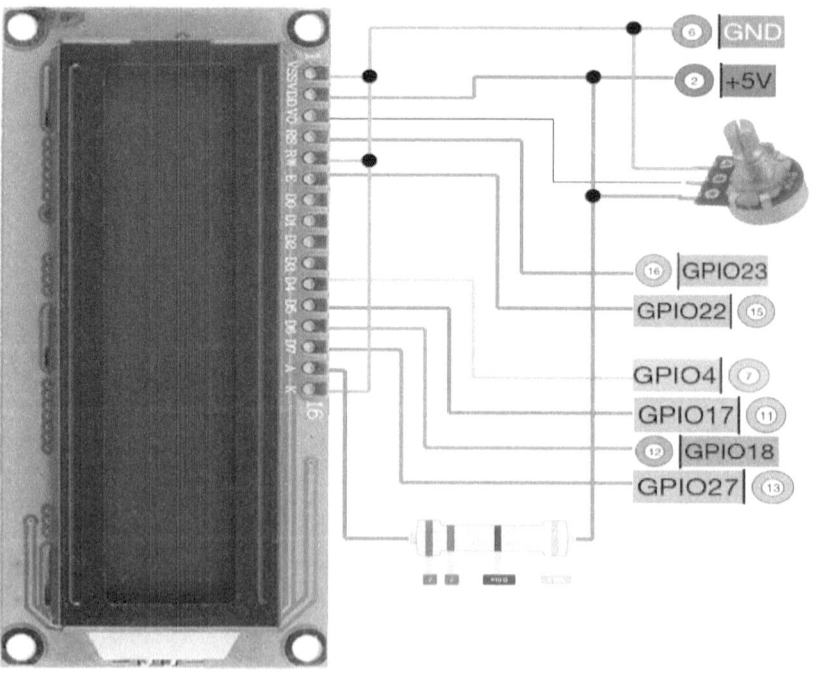

En el siguiente script usamos el LCD1602© para visualizar el título del ejercicio en una línea y en la otra línea la hora del sistema y la temperatura de la CPU en ºC.

```
#----------------------------------------------------------
# 21_LCD1602_FACIL.PY: visualiza hora y temperatura CPU en LCD1602
#----------------------------------------------------------
# Entradas: hora actual y temperatura de la CPU en ºC
# Salidas:  2 líneas de LCD1602
# Acción:   ver hora actual y temperatura de CPU hasta CTRL+C
#----------------------------------------------------------
#!/usr/bin/python             #ubicación del intérprete Python©
# -*- coding: utf-8 -*-       #gestor de caracteres especiales
import RPi.GPIO as GPIO       #gestor del GPIO©
import time                   #gestor de variables tiempo
from datetime import datetime #gestor de hora y fecha
RS=16                         #register select (datos/comandos)
E =15                         #enable (LOW ejecuta instrucción)
D4= 7                         #4 bits de datos D4...D7
D5=11                         #D0...D3 no se usan en este caso
D6=12                         #se carga el carácter en dos
D7=13                         #bloques de 4 bits
pines=[RS,E,D4,D5,D6,D7]      #relación de pines a configurar
ANCHO=16                      #caracteres por línea
CHR=True                      #para cargar caracteres
CMD=False                     #para cargar comandos
LINEA_1=0x80                  #dirección RAM para 1ra línea
LINEA_2=0xC0                  #dirección RAM para 2da línea
PULSO=0.0005                  #duración de pulso
DELAY=0.0005                  #duración de espera

def setup():                  #FUNCIÓN: inicia el sistema
  GPIO.setwarnings(False)     #evita mensajes innecesarios
  GPIO.setmode(GPIO.BOARD)    #pines según dirección física
  for x in pines:             #los pines son salida
    GPIO.setup(x,GPIO.OUT)

                              #inicia display (datos,modo)
                              #modo: CMD=comando CHR=carácter
  lcd_byte(0x33,CMD)          #110011 Inicia LINEA_1
  lcd_byte(0x32,CMD)          #110010 Inicia LINEA_2
  lcd_byte(0x06,CMD)          #000110 Dirección del Cursor
  lcd_byte(0x0C,CMD)          #001100 Display On, Cursor Off,
                              #Blink Off
  lcd_byte(0x28,CMD)          #101000 Longitud datos, número de
                              #líneas, tamaño fuente
  lcd_byte(0x01,CMD)          #000001 Borra display
  #lcd_byte(0x08,CMD)         #001000 Display Off, Cursor Off,
                              #Blink off

  time.sleep(DELAY)

def lcd_byte(dato,modo):      #FUNCIÓN: carga datos tipo
                              #carácter o comando
  GPIO.output(RS, modo)       #RS (register select) para
                              #carácter comando
```

```python
#1 carácter o byte son 8 bit en posiciones:
#0x80,0x40,0x20,0x10,0x08,0x04,0x02,0x01    para bus 8 bit tenemos:
# D7   D6   D5   D4   D3   D2   D1   D0     pero como solo tenemos
#un bus de 4 bits, entonces deberemos actuar en 2 pasos:
#1 carácter o byte son 2 pasos de 4 bit en posiciones:
#0x80,0x40,0x20,0x10 (bits altos) cargan en D7,D6,D5,D4 en paso 1 y
#0x08,0x04,0x02,0x01 (bits bajos) cargan en D7,D6,D5,D4 en paso 2

#Bits altos                       #Cada dato 8 bit, cargan 2 pasos
  GPIO.output(D4, False)          #D4-D7 se ponen a cero
  GPIO.output(D5, False)
  GPIO.output(D6, False)
  GPIO.output(D7, False)
  if dato&0x10==0x10:             #se cargan los 4 bits más altos
    GPIO.output(D4, True)         #posiciones: 0x10,0x20,0x40,0x80
  if dato&0x20==0x20:
    GPIO.output(D5, True)
  if dato&0x40==0x40:
    GPIO.output(D6, True)
  if dato&0x80==0x80:
    GPIO.output(D7, True)
  activa_enable()                 #pulso enable (1->0) carga datos
#Bits bajos
  GPIO.output(D4, False)          #D4-D7 se ponen a cero
  GPIO.output(D5, False)
  GPIO.output(D6, False)
  GPIO.output(D7, False)
  if dato&0x01==0x01:             #se cargan los 4 bits más bajos
    GPIO.output(D4, True)         #posiciones: 0x01,0x02,0x04,0x08
  if dato&0x02==0x02:
    GPIO.output(D5, True)
  if dato&0x04==0x04:
    GPIO.output(D6, True)
  if dato&0x08==0x08:
    GPIO.output(D7, True)
  activa_enable()

def activa_enable():              #carga datos al hacer enable 1->0
  time.sleep(DELAY)
  GPIO.output(E, True)            #sube PULSO
  time.sleep(PULSO)
  GPIO.output(E, False)          #baja PULSO
  time.sleep(DELAY)

def envia_lcd(mensaje,linea):     #FUNCIÓN: envia mensaje línea LCD
  lcd_byte(linea,CMD)
  for i in range(len(mensaje)):   #envía cada carácter del mensaje
    lcd_byte(ord(mensaje[i]),CHR)

def loop():                       #FUNCIÓN:bucle principal programa
  envia_lcd("(c) Raspberry Pi",LINEA_1)
  while True:
    now=datetime.now()           #hora actual ajustada a HH:MM:SS
    hora=str(now.time())[:8]
                                 #temperatura CPU en ºC
    tempFile=open("/sys/class/thermal/thermal_zone0/temp")
```

```
    cpu_temp=tempFile.read()
    tempFile.close()
    cpu_temp=str(round(float(cpu_temp)/1000))
    texto=hora+'      '+cpu_temp[:2]+'C' #hora-temperatura
    envia_lcd(texto,LINEA_2)
    time.sleep(.5)

def desplaza_i(x):                      #desplaza texto x a izquierda
    for j in range(0,len(x)):
      envia_lcd(x[j:j+16],LINEA_2)
      time.sleep(.1)
    time.sleep(1)

def desplaza_d(x):                      #desplaza texto x a la derecha
    for j in range(0,len(x)):
      envia_lcd(' '*j+x[:len(x)-j],LINEA_2)
      time.sleep(.1)
    time.sleep(1)

if __name__ == '__main__':              #comienza ejecución de programa
  print '\n'*80                         #borra pantalla
  print 'Probando LCD1602...'           #texto comienzo de programa
  try:
    setup()                             #FUNCIÓN: inicia sistema
    loop()                              #FUNCIÓN: bucle ver textos
  except KeyboardInterrupt:             #si CTRL+C se para el programa
    print 'Fin'                         #visualiza Fin en pantalla
    lcd_byte(0x01,CMD)                  #comando que borra display
    desplaza_d('Fin          ')
    lcd_byte(0x08,CMD)                  #comando que apaga display
    GPIO.cleanup()                      #libera el GPIO©
```

Ejercicios propuestos:

- Añadir el codificador rotatorio y usarlo para avanzar/retroceder 2 próximas líneas.

- Añadir un transistor a un GPIO©, conectarlo adecuadamente al backlight del display y encenderlo o apagarlo por software, (ver el ejercicio de control del ventilador) conectándolo a un GPIO©, usar las resistencias que correspondan.

- Añadir un 74hc595© para usar los 8bit de datos del LCD1602© y evitar tener que hacer 2 cargas en grupos de 4 bits.

⊖⊖⊖

*Ejercicio 22:
Display LCD con I²C©

Avanzando un poco más con el display LCD, vamos a añadirle un elemento muy interesante que permite, por una parte, ahorrarnos pines de la Raspberry© para controlar el LCD1602© pudiéndolos dedicar a otras cosas y por otra parte un software de control mucho más sencillo.

Este elemento dispone de un circuito integrado PCF8574© que consta de un conversor I²C© a bus de datos paralelo (D4_D7, RS, RW y E del LCD1602©) que además nos permite controlar el backlight por software y el contraste por hardware (el potenciómetro azul).

Recordemos que el bus I²C© consta de solo dos cables (SDA y SCL accesibles en los pines 3 y 5 de la Raspberry© respectivamente) que permite compartir en paralelo diversos dispositivos en el mismo bus (más adelante añadiremos un conversor analógico a digital PCF8591©) y transmitir y recibir información entre dispositivos y Raspberry© a alta velocidad.

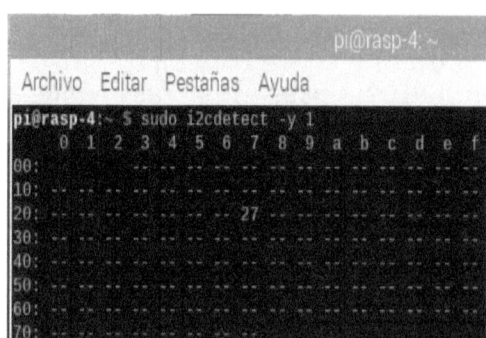

Todos los dispositivos I²C© tienen asignada por su fabricante una dirección hexadecimal (para el PCF8591© es la 0x27) y para conocerla hacemos desde LXTerminal© de Raspbian©:

```
sudo i2cdetect -y 1
```

Ajustar el contraste del LCD1602© en el potenciómetro de su parte trasera (circuito adaptador PCF8574©) y si queremos que funcione el backlight (además de activarlo por software) debe estar insertado el jumper negro del extremo del circuito del PCF8574©.

Finalmente tendremos que usar las librerías Python© que gestionan las siguientes funciones y que están incluidas en el script LCD.PY

clear()	borra pantalla
openlight()	enciende backlight
closelight()	apaga backlight
write(C,F,texto)	escribe en Columna, Fila, texto

```
#-------------------------------------------------------
# LCD.PY: Librería gestión LCD I2C© en 0x27
#-------------------------------------------------------
# Entradas:  específicas de cada función
# Salidas:   texto en pantalla u on/off backlight
#-------------------------------------------------------
# -*- coding: utf-8 -*-          #permite caracteres especiales
#!/usr/bin/env python            #ubicación intérprete Python©
# FUNCIONES con dirección=0x27
# init(dirección,1/0)           1/0=backlight on/off
# clear()                       borra pantalla
# openlight()                   enciende backlight
# closelight()                  apaga backlight
# write(C,F,texto)              escribe en Columna, Fila, texto
import time                      #gestión de tiempos
import smbus                     #gestión del bus I2C©
BUS=smbus.SMBus(1)               #usar (0) para Raspberry antiguas

def write_4bits(direccion,dato): #escribe palabra de 4 bits
  global BACK                    #backlight 0/1
  inter=dato
  if BACK==1:                    #mantiene estado backlight
    inter |=0x08
  else:
    inter &=0xF7
  BUS.write_byte(direccion,inter)
```

```python
def send_command(comando):          #envía comando
                                    #Envía  bits: 7-4 primero
    dato=comando&0xF0               #selecciona los MSB
    dato |=0x04                     #RS=0, RW=0, EN=1
    write_4bits(LCD_DIR,dato)
    time.sleep(0.002)
    dato &=0xFB                     #cambia EN=0
    write_4bits(LCD_DIR,dato)

                                    #Envía bits: 3-0 después
    dato=(comando &0x0F)<<4         #desplaza LSB a MSB
    dato |=0x04                     #RS=0, RW=0, EN=1
    write_4bits(LCD_DIR,dato)
    time.sleep(0.002)
    dato &=0xFB                     #cambia EN=0
    write_4bits(LCD_DIR,dato)

def send_data(caracter):           #envía carácter
                                    #Envía bits: 7-4 primero
    dato=caracter &0xF0            #selecciona los MSB
    dato |=0x05                     #RS=1, RW=0, EN=1
    write_4bits(LCD_DIR,dato)
    time.sleep(0.002)
    dato &=0xFB                     #cambia EN=0
    write_4bits(LCD_DIR,dato)

                                    #Envía bits: 3-0 después
    dato=(caracter &0x0F)<<4        #desplaza LSB a MSB
    dato |=0x05                     #RS=1, RW=0, EN=1
    write_4bits(LCD_DIR,dato)
    time.sleep(0.002)
    dato &=0xFB                     #cambia EN=0
    write_4bits(LCD_DIR,dato)

def init(direccion,back_light):    #dirección, backlight=0,1
    global LCD_DIR,BACK
    LCD_DIR=direccion
    BACK   =back_light
    try:
        send_command(0x33)         #primero inicia a modo 8 líneas
        time.sleep(0.005)
        send_command(0x32)         #después inicia a modo 4 líneas
        time.sleep(0.005)
        send_command(0x28)         #2 líneas de 5x7
        time.sleep(0.005)
        send_command(0x0C)         #display sin cursor
        time.sleep(0.005)
        send_command(0x01)         #borra pantalla
        BUS.write_byte(LCD_DIR,BACK)
    except:
        return False
    else:
        return True

def clear():
    send_command(0x01)             #borra pantalla
    time.sleep(.5)                 #tiempo borrado
```

Electrónica divertida con Raspberry©

```python
def openlight():              #enciende el backlight
  BUS.write_byte(0x27,0x08)
  BUS.close()

def closelight():             #apaga el backlight
  init(0x27,0)


def write(C,F,texto):         #escribe texto en C=columna,
                              #F=fila
  if C<0:                     #C entre 0 y 15
    C=0
  if C>15:
    C=15
  if F<0:                     #F entre 0 y 1
    F=0
  if F>1:
    F=1
  ubicar=0x80+0x40*F+C        #desplaza el cursor a [C,F]
  send_command(ubicar)
  for x in texto:            #escribe letra a letra de texto
    send_data(ord(x))

def parar():                  #para con CTRL+C
  print 'Programa finalizado'
  clear()                     #borra texto
  write(0,0,'Adios...')
  time.sleep(2)
  closelight()                #apaga backlight

if __name__ == '__main__':    #Programa inicia aquí
  try:
    init(0x27,1)              #inicia LCD con backlight=ON
    write(5,0,'Hola...')      #escribe Hola en C=5, F=0
    while True:
      time.sleep(.1)
  except KeyboardInterrupt:   #para con CTRL+C
    parar()
```

Ahora podemos reescribir el script del ejercicio anterior y visualizar en este display actualizado la hora en curso y la temperatura de la CPU de la Raspberry©

```python
#-----------------------------------------------------------
# 22_LCD1602_I2C.PY: ver hora temperatura CPU en LCD1602© con I²C©
#-----------------------------------------------------------
# Entradas: hora actual y temperatura de la CPU en ºC
# Salidas:  2 líneas de LCD1602 gestionadas por I²C©
# Acción:   ver hora actual y temperatura de CPU hasta CTRL+C
#-----------------------------------------------------------
# -*- coding: utf-8 -*-          #para caracteres especiales
#!/usr/bin/env python            #ubicación intérprete Python©
```

```
import LCD                              #librería gestión LCD1602© I²C©
import time                            #gestor variables tiempo
from datetime import datetime          #gestor de hora y fecha

def setup():
  LCD.init(0x27,1)                     #inicia I²C© y backlight
  LCD.clear()                          #borra pantalla
def loop():                            #bucle principal del programa
  now=datetime.now()                   #hora actual ajustada HH:MM:SS
  hora=str(now.time())[:8]             #temperatura CPU en ºC
  tempFile=open("/sys/class/thermal/thermal_zone0/temp")
  cpu_temp=tempFile.read()
  tempFile.close()
  cpu_temp=str(round(float(cpu_temp)/1000))
  texto=hora+'      '+cpu_temp[:2]+'C' #hora-temperatura
  LCD.write(0,1,texto)                 #escribe temperatura en pos 0,1
  time.sleep(.2)                       #descarga microprocesador

def parar():                           #para al pulsar CTRL+C
  LCD.clear()                          #borra pantalla LCD
  LCD.write(0,0,'Fin....')
  time.sleep(2)
  LCD.closelight()                     #apaga backlight

if __name__ == "__main__":             #Programa inicia aquí
  print '\n'*80                        #borra pantalla no LCD
  print 'Probando LCD1602...'
  try:
    setup()                            #inicia display LCD
    LCD.write(0,0,"(c) Raspberry Pi")
    while True:
      loop()                           #bucle principal del programa
  except KeyboardInterrupt:            #se para con CTRL+C
    parar()
```

Como se puede apreciar el script es mucho más sencillo pues se sustenta en el uso de la librería LCD.py que se encarga de todas las comunicaciones con el LCD1602© a través del puerto I²C©

Ejercicios propuestos:

• Cambiar la visualización de la temperatura de la CPU por un bucle que presente en el LCD los números impares del 1 al 49 y viceversa.

• Añadir un pulsador y hacer que la secuencia anterior avance o retroceda con una pulsación larga o corta.

• Añadir un decodificador giratorio para avanzar o retroceder en una secuencia de nombres de colores incluidos en una lista Python© y presentarlos en el LCD.

⊖⊖⊖

*Ejercicio 23:
Conversor A/D PCF8591©

Este ejercicio es muy interesante y **MUY IMPORTANTE** para poder acceder y entender otros muchos ejercicios con sensores analógicos.

 Se trata de un dispositivo incluido en un circuito integrado que hace las funciones de conversor Analógico Digital y viceversa. Este dispositivo se conecta a la Raspberry© a través del puerto serie I^{2}C© que ya hemos visto en otros ejercicios.

Si no se disponen de conocimientos básicos de señales digitales, analógicas y conversores A/D, se recomienda leer información preliminar en la Web.

Un dispositivo de este tipo convierte señales analógicas, procedentes de hasta 4 fuentes diferentes (por ejemplo sensores) en las correspondiente señales digitales que pueden ser interpretadas y procesadas por la Raspberry©.

Igualmente puede convertir señales digitales generadas por la Raspberry© en una salida analógica. **IMPORTANTE:** las entradas analógicas no pueden superar los +3.3v

El PCF8591© es un conversor A/D de 8 bits, por lo tanto puede convertir una señal analógica en una digital de $2^8 = 256$ niveles (0 a 255) que es suficiente precisión para la mayoría de los sensores incluidos en los ejercicios de este libro.

En este primer ejercicio con el PCF8591© probaremos ambos procesos: convertir una señal analógica, procedente de un potenciómetro conectado entre +3.3v y GND (moviéndolo generamos la señal analógica) en una señal digital y convertir esta señal digital, nuevamente en analógica para controlar (dentro de unos límites) la luminosidad de un LED.

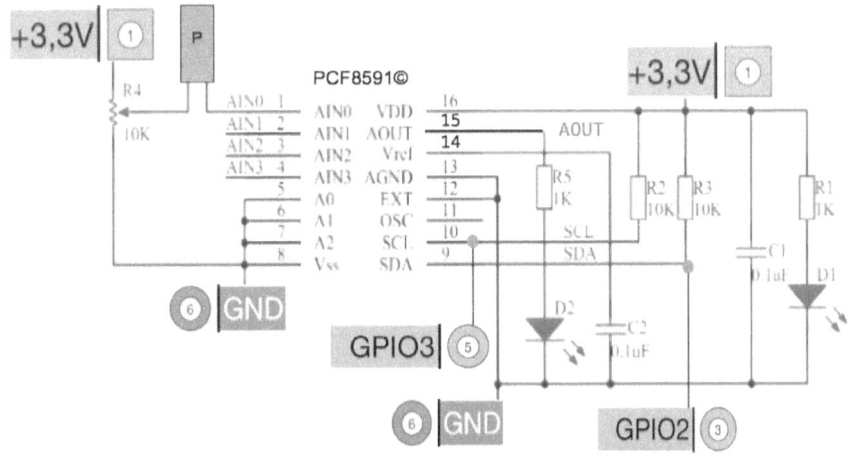

El conversor A/D PCF8591© necesita un sencillo circuito de control como el adjunto en la figura anterior. La entrada analógica AIN0 toma la señal del punto medio del potenciómetro R4 (P es un puente que para este ejercicio debe estar conectado) por lo tanto, moviendo el potenciómetro podremos variar la tensión entrante a AIN0 entre 0 y +3.3v que el conversor A/D la traduce a niveles digitales entre 0 y 255 respectivamente.

A través de los pines 3 y 5 de la Raspberry©: SDA (datos) y SCL (reloj) del bus $I^2C©$, se programa y activa el conversor A/D PCF8591© para que la señal analógica, que entra por AIN0, se convierta a una señal digital, con valores numéricos entre 0 y 255 y ésta nuevamente a una señal analógica saliente por AOUT, con valores analógicos entre 0 y +3.3v aproximadamente, que ilumina más o menos el LED D2.

Esta doble conversión no tiene mucho "sentido electrónico", solo es usada en este ejercicio como recurso formativo para practicar de una manera sencilla, con un solo chip y con un solo circuito las dos direcciones de la conversión del PCF8591©: analógica a digital y digital a analógica.

Las resistencias R2 y R3 son pull-up del bus I²C©, R1 y R5 limitan la corriente de los LED D2 y D1, C1 actúa de filtro para estabilizar mejor los +3,3v y D1 se ilumina para indicar que hay tensión en el circuito.

El siguiente script crea unas funciones que podremos usar más adelante para importar en otros script y usarlos para gestionar fácilmente el PCF8591©

Estas funciones incluyen:

• **setup(dirección),** donde se asigna la dirección del conversor en el bus I²C©

• **read(canal),** que lee un canal analógico de entrada (AIN0 a AIN3) para convertir a digital.

• **write(valor),** que escribe un valor (entre 0 y 255) en el canal de salida analógico AOUT

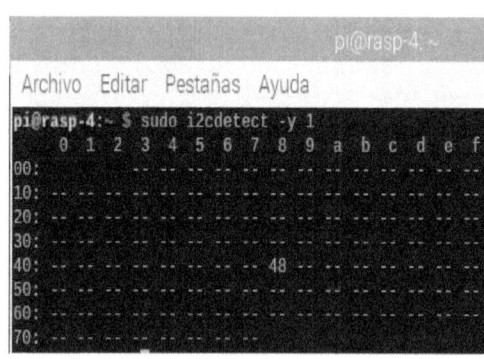

Lo primero que necesitamos es conocer la dirección que tiene el conversor PCF8591© en el bus I²C©, para ello y desde una ventana de LXTerminal© de Raspbian© ejecutamos el siguiente comando:

```
sudo i2cdetect -y 1
```

Podemos ver que tenemos asignada la dirección hexadecimal 0x48 que usaremos para acceder al conversor PCF8591© a través del puerto I²C©

```python
#----------------------------------------------------------------
# 23_CONVERSOR_PCF8591.PY: Lee entrada AIN0 y escribe en AOUT
#----------------------------------------------------------------
# Entradas: potenciómetro en AIN0 (+3.3v a 0v)
# Salidas:  AOUT aplicada a LED Dual rojo
# Acción:   AIN0 se convierte A/D y después D/A por AOUT
#----------------------------------------------------------------
# -*- coding: utf-8 -*-
#!/usr/bin/env python
# Se puede importar este script dentro de otro con:
# salvar este script como CONVERSOR_PCF8591.PY
# import CONVERSOR_PCF8591 as ADC y usar sus funciones como:
# ADC.setup(direccion)          #ver dirección con:
# sudo i2cdetect -y 1           (en LXTerminal)
# ADC.read (canal)              #canal de 0 a 3 I²C
# ADC.write(valor)              #valor de 0 a 255
#----------------------------------------------------------------
import smbus                    #gestor del bus I²C©
import time                     #gestor de tiempo

# para versiones antiguas de Raspberry© usar smbus.SMBus(0)"
bus=smbus.SMBus(1)
direccion=0x48                  #dirección del PCF8591© en el bus
dir_canal=[0x40,0x41,0x42,0x43] #dirección de canales AIN0_3

def setup(x):                   #asigna la dirección del bus
  global direccion
  direccion=x

def read(canal):                #lee canal
  try:
    bus.write_byte(direccion,dir_canal[canal])
    bus.read_byte(direccion)    #inicia conversión
  except Exception, e:
    print "Address: %s" % direccion
    print e
  return bus.read_byte(direccion)

def read(canal):                #lee canal (0 a 3)
  try:
    canal=int('0x4'+str(canal),16) #canal=0x40,0x41,0x42,0x43
    bus.write_byte(direccion,canal)
  except Exception, e:
    print "Error en: %s" % direccion #error en dispositivo con
                                      #dirección
    print e
  return bus.read_byte(direccion)#devuelve lectura del canal

def write(valor):
  try:
    bus.write_byte_data(direccion,0x40,int(valor)) #dirección,
                                      #canal, valor
  except Exception, e:
    print "Error en: %s" % direccion
    print e
```

```
def parar():                         #función tras pulsar CTRL+C
  print 'Programa finalizado'

if __name__ == "__main__":           #Programa inicia desde aquí
  print '\n'*80                      #borra pantalla
  print 'Conversor A/D de señal potenciómetro'
  setup(direccion)
  try:
    while True:                      #bucle principal
      lee=read(0)                    #lee AIN0
      print 'AIN0 = ',lee            #visualiza valor en digital
      lee=lee*(255-125)/255+125      #LED solo luce de 125 a 255
      write(lee)                     #valor digital pasa a analógico
                                     #en AOUT
      time.sleep(0.5)                #espera a próxima lectura
  except KeyboardInterrupt:          #pulsando CTRL+C para el programa
    parar()
```

Ejercicios propuestos:

• Cambiar el código para que el LED Dual rojo se encienda en una primera mitad del rango del potenciómetro y el LED verde se encienda en la segunda mitad del rango.

• Añadir, además del LED Dual, un relé y activarlo cuando el valor del potenciómetro supere 50 y se desactive cuando supere 100 Añadir una carga al relé, por ejemplo, un motor con una pila.

• Visualizar el valor digital convertido de la posición del potenciómetro en un display LCD. Al usar el LCD1602©, comprobar que se pueden usar dos dispositivos I^{2}C© conectados al mismo bus sin ningún problema.

⊖⊖⊖

*Ejercicio 24:
Sensor de aceleración

En este ejercicio veremos como usar un sensor de aceleración que permite medir la aceleración estática de la gravedad, por ejemplo en un medidor de inclinación y también la aceleración dinámica producida por un movimiento o choque.

Usaremos el sensor ADXL345© que es un sensor de pequeño tamaño, bajo consumo, con un acelerómetro de 3

ejes, con 13bit de resolución, capacidad de medida de hasta ±16g (la aceleración normal de la gravedad terrestre es de 1g) una estupenda sensibilidad (4mg/LSB=4 mili g por bit menos significativo), 1.0º de sensibilidad mínima de inclinación, etc.

Este sensor aporta una salida digital de 16-bit formateada a complemento 2, esto es, para un número N el complemento a 2 será: $C_2^N = 2^n - 16$ que se utiliza para realizar operaciones matemáticas en binario. Esta señal es accesible tanto por bus SPI© (3 ó 4 hilos) como el bus I^{2}C© (2 hilos) que ya hemos visto.

En este ejercicio usaremos el bus I^{2}C© que solo utiliza dos señales: SDA y SCL. Para poder usar este interfaz, deberemos antes activarlo en Raspbian© con:

<menú> <preferencias> <configuración de raspberry> <interfaces>, activar I^{2}C© y reiniciar la Raspberry©

Haremos las siguientes conexiones y con el siguiente programa podremos visualizar el movimiento del sensor de aceleración en los tres ejes X, Y, Z.

Este programa lo podremos integrar en otros, como si se tratara de una función individual para, por ejemplo, usar el acelerómetro como inclinómetro, como sensor de movimiento, presentación de datos en un display, etc.

Podemos ver que la dirección asignada al ADXL345© en el bus I^{2}C© es la 0x53, para ello usamos el siguiente comando desde LXTerminal©:

```
sudo i2cdetect -y 1
```

```
#-------------------------------------------------------
# 24_ACELERATOR_ADXL345.PY: gestiona acelerómetro ADXL345©
#-------------------------------------------------------
# Entradas: posición física en ejes X, Y, Z del chip ADXL345©
# Salidas:  aceleración de ejes X, Y, Z en mg (G/1000)
# Acción:   lee ejes X, Y, Z y presenta en pantalla cíclicamente
#-------------------------------------------------------
#!/usr/bin/python                    #ubicación intérprete Python©
# -*- coding: utf-8 -*-              #gestor caracteres especiales

import smbus                         #gestor del bus I²C©
from time import sleep              #gestor de tiempo
bus=smbus.SMBus(1)                   #(1) en Raspberry© recientes,
                                     #(0) en las antiguas

# Parámetros del ADXL345
gravedad=         9.80665           #gravedad terrestre
calibra_X=        4                 #ajuste calibrado eje_X
calibra_Y=        -1000             #ajuste calibrado eje_Y
calibra_Z=        100               #ajuste calibrado eje_Z
ejes=             0x32              #registro de datos de ejes
escala=           4                 #ajuste de escala
```

192

```python
class acelerator:                         #clase gestiona chip ADXL345
  dire=None                               #dirección del bus I²C©

  def __init__(self,dire=0x53):           #dirección en I²C© es 0x53
    self.direccion=dire

  def getAxes(self,gravedad=False):       #obtiene información de ejes
    bytes=bus.read_i2c_block_data(self.direccion,ejes,6)
    X=bytes[0] | (bytes[1] << 8)          #eje X
    if(X & (1 << 16 - 1)):
      X=X - (1<<16)
    Y=bytes[2] | (bytes[3] << 8)          #eje Y
    if(Y & (1 << 16 - 1)):
      Y=Y - (1<<16)
    Z=bytes[4] | (bytes[5] << 8)          #eje Z
    if(Z & (1 << 16 - 1)):
      Z=Z - (1<<16)
    X=round(X*escala*gravedad+calibra_X,4)
    Y=round(Y*escala*gravedad+calibra_Y,4)
    Z=round(Z*escala*gravedad+calibra_Z,4)
    return {"x":X,"y":Y,"z":Z}

def loop():                               #bucle principal del programa
  while True:
    eje=chip.getAxes(True)                #lee información de ejes
    print "   X=%.0fmg" % (eje['x'] )+' ', #y los visualiza
    print "   Y=%.0fmg" % (eje['y'] )+' ',
    print "   Z=%.0fmg" % (eje['z'] )
    sleep(1)

if __name__ == "__main__":                #Aquí comienza el programa
  chip=acelerator()                       #activa la clase acelerator()
  eje= chip.getAxes(True)
  print "ADXL345 en dirección: 0x%x:" % (chip.direccion)
  try:
    loop()
  except KeyboardInterrupt:               #se para con CTRL+C
    print 'Programa finalizado'
    exit
```

Ejercicios propuestos:

• Presentar datos de hora:minuto:segundo actual y aceleración en eje X en el display LCD1602©

• Añadir al circuito un pulsador de puesta a cero del acelerómetro ADXL345© de modo que al pulsarlo usa la posición actual como base de cálculo.

• Añadir un LED rojo que se encienda cuando la inclinación en el eje Z del ADXL345© supere los 10º

*Ejercicio 25:
Sensor de movimiento MPU-6050©

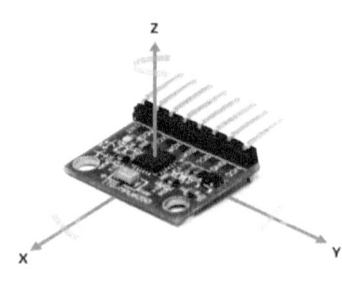

En este ejercicio vamos a ver una opción mejorada del ADXL345© (acelerómetro de 3 ejes), se trata del MPU-6050© que contiene un detector de movimiento de 6 ejes: un giroscopio de 3 ejes, un acelerómetro de 3 ejes y un procesador digital de movimiento.

Las salidas del acelerómetro se puede ajustar hasta ±1.000 y el giroscopio hasta ±2.000º/s

Este acelerómetro y giroscopio, dispone de comunicaciones I^{2}C© , se auto calibra sin necesidad de componentes adicionales y es un producto de bajo consumo, dimensiones muy reducidas y bajo coste, lo que lo hace ideal para integrarlo en dispositivos smartphone o smartwatch.

Usando: sudo i2cdetect -y 1

Veremos que su dirección I2C© es 0x68 y para acceder a sus datos podemos construir nosotros el script Python© o usar alguna de las librerías ya existentes, por ejemplo la mpu6050-raspberry© que se instala del siguiente modo:

```
sudo apt install python3-smbus
pip install mpu6050-raspberrypi
```

Ahora en nuestro script, importando la librería mpu6050© vamos a visualizar la temperatura, la

aceleración (en g) y el giro (en º/s) en los tres ejes x, y , z

```
#--------------------------------------------------------------
# 25_SENSOR_MOVIMIENTO.PY: mide en bucle temperatura, aceleración y
# giro y lo presenta en LCD
#--------------------------------------------------------------
# Entradas: sensor MPU6050© a través de bus I²C© (0x68)
# Salidas:  aceleración en g y giro en º/s en LCD
# Acción:   bucle lectura del sensor y presentación en LCD
#--------------------------------------------------------------
# -*- coding: utf-8 -*-
#!/usr/bin/python                        #intérprete Python©
import time                             #gestión de tiempo
from mpu6050 import mpu6050             #librería MPU6050©
import LCD                              #librería gestión LCD1602©
varia=.5                                #variación dato y dato-1
t_a=0                                   #temperatura anterior
a_x_a=a_y_a=a_z_a=0                     #aceleraciones anteriores
g_x_a=g_y_a=g_z_a=0                     #giros anteriores

def setup():                            #inicio de parámetros
  global sensor
  sensor=mpu6050(0x68)                  #dirección I2C© MPU6050©
  LCD.init(0x27,1)                      #inicia dirección I2C© del
                                        #LCD y activa backlight
  LCD.clear()                           #borra pantalla del LCD

def loop():                             #bucle principal
  global t_a,a_x_a,a_y_a,a_z_a,g_x_a,g_y_a,g_z_a #variable global
  while True:
    t_n=sensor.get_temp()              #temperatura nueva?
    if abs(t_a-t_n)>varia:             #variación mínima
      print 'Temperatura: '+'{0:0.2f}'.format(t_n)
    t_a=t_n                            #actualiza dato anterior
    #Aceleración a_[eje]_[anterior/nueva]
    a_x_n=sensor.get_accel_data()['x'] #aceleración x
    if abs(a_x_a-a_x_n)>varia:
      print 'Acelera X: '+'{0:0.1f}'.format(a_x_n)
      LCD.write(3,0,'{0:0.1f}'.format(a_x_n))
    a_x_a=a_x_n
    a_y_n=sensor.get_accel_data()['y'] #aceleración y
    if abs(a_y_a-a_y_n)>varia:
      print 'Acelera Y: '+'{0:0.1f}'.format(a_y_n)
      LCD.write(7,0,'{0:0.1f}'.format(a_y_n))
    a_y_a=a_y_n
    a_z_n=sensor.get_accel_data()['z'] #aceleración z
    if abs(a_z_a-a_z_n)>varia:
      print 'Acelera Z'+'{0:0.1f}'.format(a_z_n)
      LCD.write(12,0,'{0:0.1f}'.format(a_z_n))
    a_z_a=a_z_n
      #Giro g_[eje]_[anterior/nueva]
    g_x_n=sensor.get_accel_data()['x'] #giro en x
    if abs(g_x_a-g_x_n)>varia:
```

```
      print 'Gira X:'+'{0:0.1f}'.format(g_x_n)
      LCD.write(3,1,'{0:0.1f}'.format(g_x_n))
    g_x_a=g_x_n
    g_y_n=sensor.get_accel_data()['y']   #giro en y
    if abs(g_y_a-g_y_n)>varia:
      print 'Gira Y: '+'{0:0.1f}'.format(g_y_n)
      LCD.write(7,1,'{0:0.1f}'.format(g_y_n))
    g_y_a=g_y_n
    g_z_n=sensor.get_accel_data()['z']   #giro en z
    if abs(g_z_a-g_z_n)>varia:
      print 'Gira Z: '+'{0:0.1f}'.format(g_z_n)
      LCD.write(12,1,'{0:0.1f}'.format(g_z_n))
    g_z_a=g_z_n
    time.sleep(.5)

def parar():                            #para con CTRL+C
  LCD.clear()                           #borra pantalla LCD
  LCD.write(0,0,'Fin....')
  print 'Programa finalizado'
  time.sleep(1)
  LCD.closelight()                      #apaga backlight

if __name__=='__main__':                #Programa comienza aquí
  setup()                               #inicia dispositivos
  print '\n'*80                         #borra pantalla
  print 'Lee sensor MPU6050©'
  LCD.write(0,0,'A:')                   #ver título aceleración
  LCD.write(0,1,'G:')                   #ver título giro
  try:
    loop()                              #bucle del programa
  except KeyboardInterrupt:             #para con CTRL+C
    parar()
```

Ejercicios propuestos:

• Usar el detector de movimiento como inclinómetro, añadir un buzzer activo y hacer sonar un beep cuando se detecta un giro en X superior a 1º/s

• Añadir además un LED Dual y activar el LED verde cuando el giroscopio está en reposo y activar el LED rojo cuando de detecta un giro en Y superior a 1º/s

• Añadir un pulsador de Reset de manera que ponga a cero las posiciones x, y, z del acelerómetro cuando éste se dispone en una posición determinada de modo que los nuevos datos se calculan a partir de dicha posición de manera incremental.

*Ejercicio 26:
Control de un motor DC

Este ejercicio es un ejemplo de cómo, con un solo chip, sencillo, barato, fácil de instalar y gestionar se puede controlar el sentido de giro y velocidad (r.p.m.) de un pequeño motor de corriente continua (DC)

El chip usado es el L293D© que incluye dos controladores para dos motores independientes (cada lado del chip para cada motor). El chip dispone de dos pines especiales: Vcc1 que alimenta al chip (+5v) y Vcc2 que alimenta al motor.

En este ejercicio se usa un motor de DC de baja potencia y por lo tanto Vcc1=Vcc2=+5v, pero si se usa un motor de DC de mayor potencia, es necesario conectar Vcc2 a una fuente de alimentación externa, por ejemplo, la MB-102© ya comentada en este libro.

Estados L293D©		1A(2)	2A(7)
		H	L
1A(2)	H	–	↻
2A(7)	L	↺	–

El control de giro se realiza con dos señales: 1A, 2A en los pines 2 y 7 respectivamente y el motor se puede parar y arrancar con el pin 1,2E en pin 1.

En este ejercicio se ha usado una configuración sencilla con un solo motor, la fuente de alimentación de +5v de la propia Raspberry©, sin usar opto acopladores y sin incluir ningún supresor de parásitos eléctricos generados por el motor.

197

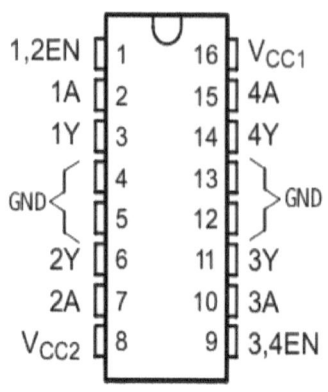

Si el motor es de cierta potencia y va a utilizarse repetidamente y próximo a otros circuitos electrónicos (como la propia Raspberry©) son necesarios los siguientes elementos:

• **Opto acoplador** en cada conexión de Raspberry© al controlador L293D©, esto es, los GPIO© que controlan el giro y el on/off del motor.

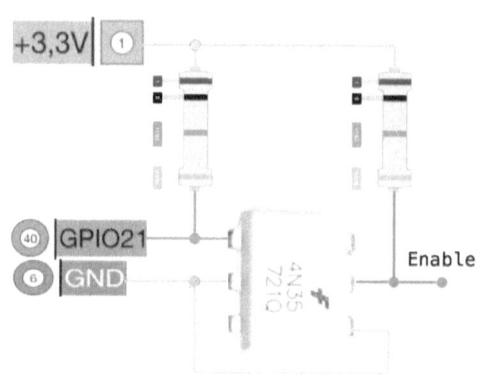

El circuito necesario es muy sencillo. Se puede usar un opto acoplador tipo 4N35© que incluye un opto o el TLP620-4© que incluye 4 opto acopladores.

Al usar este circuito, la entrada GPIO© y la salida Enable (1,2EN) tienen lógica invertida una respecto al otra. Esto lo tenemos que tener en cuenta en el software de control del pin Enable.

• **Circuito supresor** de parásitos eléctricos (generados por el giro de las partes eléctricas móviles del motor o por las corrientes inducidas) y que debemos usar con motores que interfieran en nuestros circuitos electrónicos.

Este circuito supresor consta de 4 diodos, por ejemplo 1N4142©, formando un puente que derivan estas corrientes indeseadas a tierra.

Un esquema general para 2 motores podría ser el siguiente:

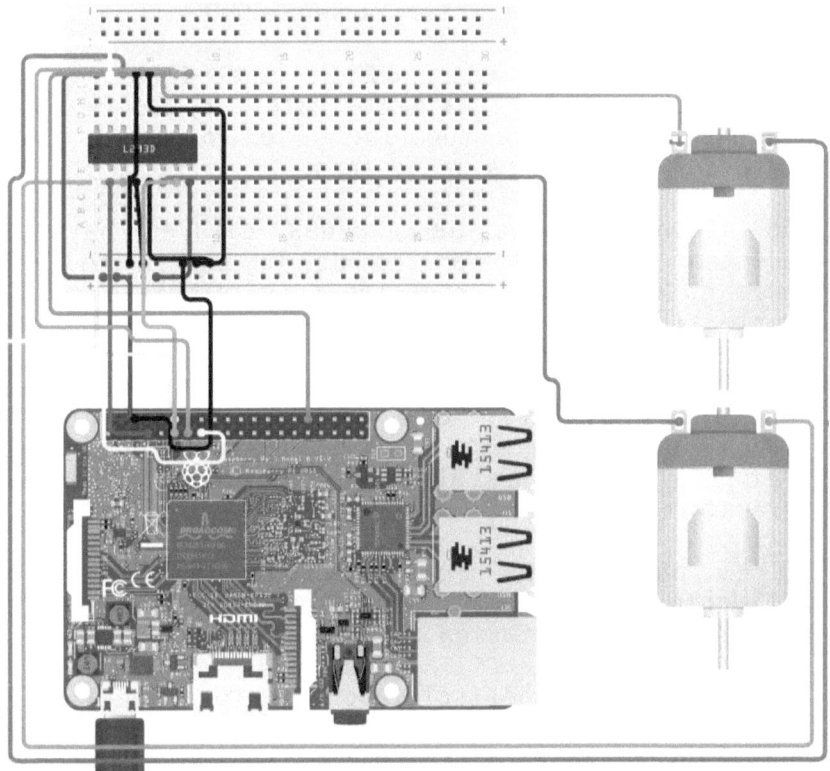

MUY IMPORTANTE:

Al usar la fuente de alimentación externa MB–102© conectada a una placa de pruebas debemos tener en cuenta lo siguiente:

1. Ubicar la fuente de alimentación MB–102© sobre la placa de pruebas de modo que coincidan sus pines +|– en los espacios similares y correspondientes de la placa de pruebas.

2. Situar en la MB-102© los jumpers de manera que en la fila superior de la placa de pruebas tengamos +5v y en la inferior +3.3v Mantener este orden impedirá equivocaciones peligrosas para los circuitos y sobre todo para la Raspberry©

3. No compartir ni la señal de +3.3v ni la señal de +5v de la fuente MB-102© con las equivalentes de la Raspberry© solo compartir la señal GND.

4. Hacer un puente entre GND de la MB-102© y la GND de la Raspberry©. Igualmente hacer un puente entre la GND de la línea superior y la GND de la línea inferior de la placa de pruebas.

En algunas placas de pruebas también hay que puentear la parte derecha de la parte izquierda pues no están inter conectadas (comprobarlo con un tester).

5. Alimentar la fuente de alimentación MB-102© con un transformador con salida para 6.5-12v (recomendable que esta señal proceda de una fuente rectificada y estabilizada, no solo de un transformador).

6. El puerto USB que contiene la fuente de alimentación MB-102© es solo una salida y no entrada de alimentación.

7. Finalmente en el software adjunto se realiza un bucle donde se hace girar el motor en sentido horario durante 3 segundos, se para otros 3 segundos, se hace girar en sentido contra horario 3 segundos, se vuelve a parar otros 3 y se repite el ciclo. Es importante la parada entre cambios de giro para no estropear la mecánica del motor.

```
#-----------------------------------------------------------
# 26_MOTOR_OPTO.PY: controla sentido y velocidad de un motor
# de corriente continua con un L293D
#-----------------------------------------------------------
# Entradas: tiempos ejemplo de rotación horaria y anti-horaria
# Salidas:  giro del motor en el sentido seleccionado
# Acción:   gira un motor de corriente continua, DC, según
#           un cierto algoritmo
```

```python
#-----------------------------------------------------------
#!/usr/bin/env python          #ubicación intérprete Python©
# -*- coding: utf-8 -*-        #gestor caracteres especiales

import RPi.GPIO as GPIO        #importa librería gestionar GPIO©
import time                    #importa librería gestión de tiempo
motor1=38                      #pin de control del motor
motor2=36                      #pin de control del motor
enable=40                      #on/off (HIGH/LOW) motor
pines=[motor1,motor2,enable]

def setup():                   #FUNCIÓN: inicia el GPIO©
  GPIO.setmode(GPIO.BOARD)     #números de pin según orden físico
  GPIO.setwarnings(False)      #evita mensajes innecesarios
  for i in pines:              #pone lista de pines como salida
    GPIO.setup(i, GPIO.OUT)
  GPIO.output(enable,GPIO.LOW) #para el motor

def loop():                    #bucle principal del programa
  print '\n'*80                #borra pantalla
  print 'CONTROL DE UN MOTOR DE CORRIENTE CONTINUA'
  print 'Pulsar Ctrl+C para finalizar programa...'
  print '\n'*2                 #salta 2 líneas

  while True:
    print 'Giro HORARIO 3 segundos...'
    GPIO.output(enable,GPIO.HIGH) #motor activado
    GPIO.output(motor1,GPIO.HIGH) #motor1=H, motor2=L giro horario
    GPIO.output(motor2,GPIO.LOW)
    time.sleep(3)                 #tiempo de giro
    GPIO.output(enable,GPIO.LOW)  #motor stop
    time.sleep(3)                 #dar tiempo a que pare

    print 'Giro ANTI-HORARIO 3 segundos...'
    GPIO.output(enable,GPIO.HIGH) #motor activado
    GPIO.output(motor1,GPIO.LOW)  #motor1=L, motor2=H giro
    GPIO.output(motor2,GPIO.HIGH) #anti-horario
    time.sleep(3)                 #tiempo de giro
    GPIO.output(enable,GPIO.LOW)  #motor stop
    time.sleep(3)                 #dar tiempo a que pare

def parar():                   #FUNCIÓN: detiene el programa
  GPIO.output(enable,GPIO.LOW) #motor stop
  GPIO.cleanup()               #libera recursos del GPIO©

if __name__ == '__main__':     #El programa se inicia desde aquí
  setup()                      #ejecuta la función setup()
  try:                         #ejecuta la siguiente instrucción
                               #salvo excepción
    loop()                     #bucle principal del programa
  except KeyboardInterrupt:    #si se pulsa 'Ctrl+C' se ejecuta
    parar()                    #la función parar() que detiene
                               # el programa
```

Ejercicios propuestos:

• Añadir un botón y 2 LED para cambiar e indicar el sentido del giro del motor.

• Añadir el decodificador giratorio y cambiar el sentido de giro del motor con el cambio de sentido de giro en el decodificador.

• Añadir unos opto acopladores en las señales de enable, motor1 y motor2 para evitar parásitos eléctricos generados por el motor y que afecten al funcionamiento de la Raspberry©

• Añadir a las señales motor1 y/o motor2 una señal PWM para, además de poder seleccionar el sentido de giro del motor, se pueda seleccionar con el decodificador rotatorio la velocidad de giro en cada sentido.

⊖⊖⊖

*Ejercicio 27:
Zumbador activo y pasivo

Existen múltiples tipos y modelos de zumbadores o buzzer en el mercado, pero básicamente los podríamos clasificar en dos familias:

• **Buzzer pasivos:** son dispositivos que reproducen un sonido proveniente de una señal exterior, necesitan  por lo tanto una señal cuadrada externa (no sirve un nivel fijo de tensión) de una frecuencia entre 2kHz y 5kHz. Tienen la ventaja de que el sonido producido es variable y dependiente de la frecuencia de la señal recibida.

• **Buzzer activos:** son dispositivos que generan su propio sonido solo al recibir alimentación, por lo tanto disponen de un oscilador interno que se  activa con dicha alimentación. Tienen la ventaja de que son autónomos para generar el sonido y solo necesitan ser alimentados pero la señal acústica es siempre de la misma frecuencia y no se puede cambiar.

En general ambos dispositivos usan un circuito adicional para poderlos activar o desactivar adecuadamente.

Cuando el GPIO17© pasa a LOW (lógica inversa) D2 luce y el transistor Q1 (8550©) conduce, alimentando al oscilador interno del buzzer (buzzer activo).

Para el buzzer pasivo la señal a reproducir tiene que proceder del exterior y llegar al buzzer a

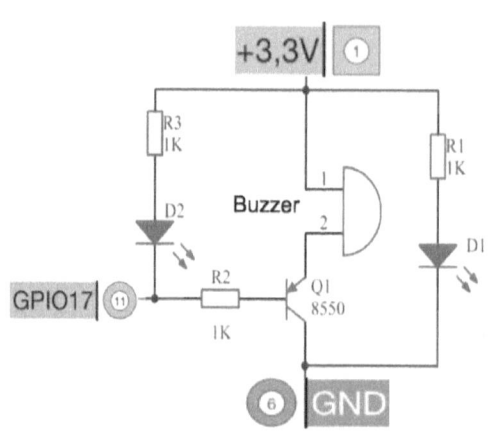

través de GPIO17©, el transistor Q1 (PNP 8550©) amplifica dicha señal y activa el buzzer. R2 limita la corriente de base del transistor Q1. R1 y R3 limitan las corrientes que circulan por los LED y finalmente D1 luce cuando el circuito se conecta a la alimentación.

Para probar el buzzer activo escribimos un programa que activa/desactiva el buzzer cíclicamente durante un tiempo para producir unos beep. Para el buzzer pasivo podremos adaptar el script Python© usado en el programa que generaba música con una señal PWM. Aquí podremos aplicar esta señal al buzzer pasivo como si se tratara de un pequeño altavoz.

```
#----------------------------------------------------------
# 27_BUZZER_ACTIVO.PY: Genera sonido intermitente en buzzer activo
#----------------------------------------------------------
# Entradas: tiempo on y tiempo off
# Salidas:  sonido del buzzer
# Acción:   si pin 11=LOW suena buzzer activo
#----------------------------------------------------------
# -*- coding: utf-8 -*-
#!/usr/bin/env python            #ubicación intérprete Python©
import RPi.GPIO as GPIO          #importa librería gestionar GPIO©
import time                      #importa librería de gestión tiempo
pin_buzz=11                      #pin 11=LOW se activa
tp=.1                            #tiempo encendido o apagado

def setup():
  GPIO.setwarnings(False)        #evita mensajes innecesarios
  GPIO.setmode(GPIO.BOARD)       #números GPIO© posición física
```

```
  GPIO.setup(pin_buzz,  GPIO.OUT) #pin_buzz es salida
  GPIO.output(pin_buzz,GPIO.HIGH) #apaga el buzz activo

def on(x):
  GPIO.output(pin_buzz,GPIO.LOW)#enciende buzz
  time.sleep(x)                 #espera tiempo x sonando

def off(x):                     #apaga buzz
  GPIO.output(pin_buzz,GPIO.HIGH)#espera tiempo x sin sonido
  time.sleep(x)

def beep(x):                    #función secuencia de on/off
  on(x)                         #un on
  off(x)                        #un off

def loop():
  for x in range(0,3):          #repite 3 veces
    beep(tp)                    #suena tp segundos

def parar():
  GPIO.output(pin_buzz,GPIO.HIGH) #para sonido
  GPIO.cleanup()                  #libera recursos del GPIO©
  print "Programa finalizado..."

if __name__ == '__main__':      #Programa comienza aquí
  setup()                       #inicia el GPIO©
  try:                          #ejecuta siguiente instrucción
    print "Se reproduce sonido"
    loop()                      #excepto error
  except KeyboardInterrupt:     #se para con CTRL+C
    parar()
```

Ejercicios propuestos:

• Usar el script del Láser para añadir sonido a la reproducción de la secuencia SOS

• Reproducir unas secuencias de frecuencias incluidas en la lista[] al girar el decodificador giratorio.

• Añadir al circuito del LED Dual un buzzer activo y asociar a cada actividad realizada con algún LED una señal sonora diferente reproducida por el buzzer mediante señales PWM

⊖⊖⊖

*Ejercicio 28: Interruptor Reed

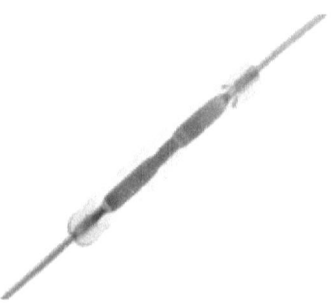

En este ejercicio veremos cómo funciona un interruptor reed, como el KSK-1A66©, que básicamente se trata de un sensor de campo magnético que abre/cierra un contacto cuando dicho campo es detectado. Consta de unos simples contactos eléctricos dentro de un cierre hermético y lleno de un gas inerte.

Cuando este elemento se integra en un encapsulado que incluye además una bobina que genera un campo magnético, el conjunto constituye un relé reed donde el interruptor reed actúa de elemento de conexión de los contactos de salida.

Estos interruptores son muy sencillos, de poco tamaño, fáciles de conseguir, muy baratos, fáciles de instalar, etc.

Se suelen usar en medidas de la velocidad, con contadores en líneas

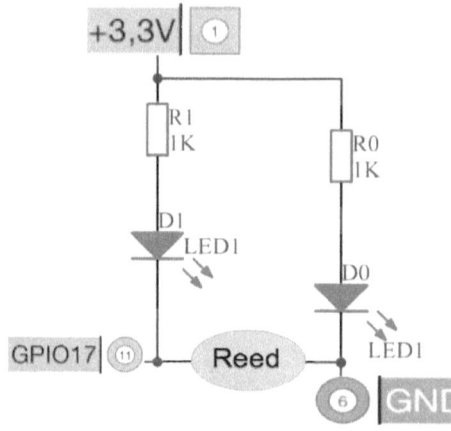

de montaje, en activación de circuitos sin necesidad de contacto físico, con sensores de finales de carrera, detectores de posición, aisladores y cambiadores eléctricos de niveles de tensión (como si fueran opto acopladores), etc.

Igual que otros sensores, este elemento necesita de un sencillo circuito de control.

Cuando el interruptor reed conduce, pone al GPIO17© en LOW (lógica inversa) y hace que D1 luzca. D0 se ilumina al alimentar el circuito y como siempre R0 y R1 limitan la corriente máxima que circula por los LED y que también entra en el GPIO17©

En el script Python© haremos que al acercar un elemento magnético al interruptor reed éste conduce y activa a LOW el GPIO17© y ésta será la señal que active un LED Dual pasándolo de verde a rojo.

Cuando alejemos del reed el elemento magnético, éste se desconecta pasando GPIO17© a HIGH y por lo tanto el LED Dual lucirá nuevamente en verde.

```python
#-----------------------------------------------------------
# 28_INTERRUPTOR_REED.PY: Activa un reed y cambia estado LED Dual
#-----------------------------------------------------------
# Entradas: activación del sensor reed por interrupción
# Salidas:  cambia estado de un LED dual de rojo a verde
# Acción:   si pin 11=LOW rojo o verde sucesivamente
#-----------------------------------------------------------
# -*- coding: utf-8 -*-
#!/usr/bin/env python                    #ubicación del intérprete Python©
import RPi.GPIO as GPIO                  #importa librería gestionar GPIO©
import time                             #importa librería de gestión tiempo
reed_pin=11                             #pin 11 sensor reed
r_pin=12                               #pin 12 LED rojo
g_pin=13                               #pin 13 LED verde
pines=(r_pin,g_pin)                    #lista de pines
estado=False                           #estado del flip-flop (bandera)
                                       #activado/desactivado

def setup():                           #FUNCIÓN: inicia el GPIO©
  GPIO.setwarnings(False)              #evita mensajes innecesarios
  GPIO.setmode(GPIO.BOARD)             #números de GPIO© posición física
  GPIO.setup(pines,GPIO.OUT)           #los LED son salida
  GPIO.output(pines,0)                 #los apaga
  GPIO.setup(reed_pin,GPIO.IN,  pull_up_down=GPIO.PUD_UP)
                                       #reed_pin entrada y pull-up a +3.3v
```

```python
GPIO.add_event_detect(reed_pin, GPIO.FALLING, callback=mira
                    , bouncetime=200) #si detecta ejecuta mira()

def LED(x):                     #enciende el LED y presenta estado
  if x:                         #si x es True
    GPIO.output(r_pin,1)        #enciende LED rojo
    GPIO.output(g_pin,0)        #apaga    LED verde
    print 'Rojo...'
  else:                         #si x es False
    GPIO.output(r_pin,0)        #apaga    LED rojo
    GPIO.output(g_pin,1)        #enciende LED verde
    print 'Verde...'

def mira(Ev=None):              #se detecta campo por interrupción,
                                #no por escaneo
  global estado                 #estado del flag on/off
  estado= not estado            #cambia estado al estado contrario
  LED(estado)                   #enciende el LED correspondiente
  time.sleep(.1)                #ajuste para asegurar lectura

def parar():                    #para al pulsar CTRL+C
  GPIO.output(pines,0)          #apaga los LED
  GPIO.cleanup()                #libera el GPIO©
  print 'Programa finalizado'

if __name__ == '__main__':      #Programa comienza aquí
  print '\n'*80                 #borra pantalla
  print 'Acercar imán al reed'
  setup()                       #ejecuta la función setup()
  try:                          #ejecuta la siguiente instrucción
                                #salvo excepción

    while True:
      time.sleep(.01)           #bucle simula el programa general
  except KeyboardInterrupt:     #si se pulsa 'Ctrl+C' se ejecuta
    parar()                     #parar() que detiene el programa
```

Ejercicios propuestos:

• Usar un interruptor reed o mejor un relé reed para cambiar el sentido de giro de un motor y señalizarlo con el color del LED Dual.

• Indicar en una matriz de puntos 8x8 la activación o desactivación de un reed con diferentes símbolos o la dirección de giro del motor del ejercicio anterior.

• Usar un interruptor reed para cambiar la frecuencia de un NE555© al conectar al reed una resistencia de control.

*Ejercicio 29:
Foto interruptor

Un foto interruptor, por ejemplo el OS25B10©, o similar, es un sensor que consta de dos partes situadas muy próximas: un emisor de luz (LED infrarrojo o Láser) y un receptor de luz, en general un foto transistor.

Cuando un objeto pasa entre ambas partes, interrumpe el enlace luminoso entre emisor y receptor provocando la correspondiente activación de este sensor. Puesto que el foto interruptor no dispone de partes móviles es muy utilizado en medidas de giro y cálculo de velocidades de rotación de diversos elementos.

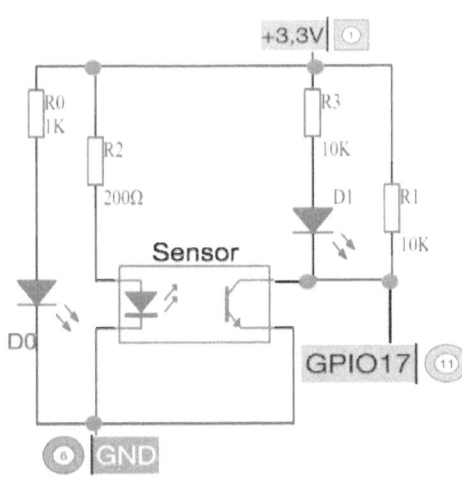

Igual que en otros casos, este sensor necesita elementos adicionales que controlen tanto el emisor de luz como el receptor.

En la parte emisora un LED está siempre emitiendo luz al estar alimentado a través de R2, que limita la corriente que lo atraviesa.

En la parte receptora un foto transistor se activa con la luz del emisor pasando al GPIO17© a LOW (lógica inversa).

La resistencia R3 controla la corriente que cruza el LED D1 y la resistencia R1 actua de pull-up manteniendo a HIGH el GPIO17© cuando el foto transistor no conduce.

El LED D0 se ilumina con la alimentación del circuito.

En el script Python© usaremos un LED Dual para indicar que el circuito emisor-receptor del foto interruptor está libre u ocupado.

Podemos usar un trozo de papel e introducirlo entre emisor-receptor para simular el paso de un objeto por el foto interruptor.

Si quisiéramos, por ejemplo, calcular la velocidad de rotación de una rueda, solo deberíamos calcular el tiempo, por vuelta, que tarda alguna de sus partes en interrumpir el circuito emisor-receptor y multiplicar por el número de partes que interrumpen el circuito en cada vuelta.

```
#--------------------------------------------------------
# 29_FOTO_INTERRUPTOR.PY: Activa foto interruptor, cambia LED Dual
#--------------------------------------------------------
# Entradas: activación del foto detector por interrupción
# Salidas:  cambia estado de un LED dual de rojo a verde
# Acción:   si pin 11=LOW rojo o verde sucesivamente
#--------------------------------------------------------
# -*- coding: utf-8 -*-
#!/usr/bin/env python            #ubicación del intérprete Python©

import RPi.GPIO as GPIO          #importa librería gestionar GPIO©
import time                      #importa librería de gestión tiempo
foto_pin=11                      #pin 11 foto interruptor
r_pin=12                         #pin 12 LED rojo
g_pin=13                         #pin 13 LED verde
pines=(r_pin,g_pin)              #lista de pines
estado=False                     #estado del flip-flop (bandera)
                                 #activado/desactivado

def setup():                     #FUNCIÓN: inicia el GPIO©
  GPIO.setwarnings(False)        #evita mensajes innecesarios
```

```
GPIO.setmode(GPIO.BOARD)        #números de GPIO© posición física
GPIO.setup(pines,GPIO.OUT)      #los LED son salida
GPIO.output(pines,0)            #los apaga
GPIO.setup(foto_pin,GPIO.IN, pull_up_down=GPIO.PUD_UP)
                                #foto_pin es entrada con
                                #pull-up a +3.3v
GPIO.add_event_detect(foto_pin, GPIO.FALLING, callback=mira
                    , bouncetime=200) #si detecta ejecuta mira()

def LED(x):                     #enciende el LED y presenta estado
  if x:                         #si x es True
    GPIO.output(r_pin,1)        #enciende LED rojo
    GPIO.output(g_pin,0)        #apaga     LED verde
    print 'Rojo...'
  else:                         #si x es False
    GPIO.output(r_pin,0)        #apaga     LED rojo
    GPIO.output(g_pin,1)        #enciende LED verde
    print 'Verde...'

def mira(Ev=None):              #luz de emisor cortada detectado
                                #por interrupción, no por escaneo
  global estado                 #estado del flag on/off
  estado= not estado            #cambia estado al estado contrario
  LED(estado)                   #enciende el LED correspondiente
  time.sleep(.1)                #ajuste para asegurar lectura

def parar():                    #para al pulsar CTRL+C
  GPIO.output(pines,0)          #apaga los LED
  GPIO.cleanup()                #libera el GPIO©
  print 'Programa finalizado'

if __name__ == '__main__':      #Programa comienza aquí
  print '\n'*80                 #borra pantalla
  print 'Interrumpe luz emisor-receptor'
  setup()                       #ejecuta la función setup()

  try:                          #ejecuta la siguiente instrucción
                                #salvo excepción
    while True:                 #este bucle simula programa general
      time.sleep(.01)
  except KeyboardInterrupt:     #si se pulsa 'Ctrl+C' se ejecuta
    parar()                     #función parar() y detiene programa
```

Ejercicios propuestos:

• Activar un relé con el foto interruptor. Añadirle una carga por ejemplo un buzzer.

• Realizar una secuencia de iluminación de un LED RGB y ejecutarla en función de la activación del foto interruptor.

• Añadir el sensor de inclinación y activar el LED Dual si se activan conjuntamente el sensor de inclinación y el foto interruptor (usar un GPIO© diferente para cada sensor y controlar el conjunto por software).

⊖⊖⊖

*Ejercicio 30:
Receptor de Infrarrojos

En este ejercicio veremos cómo usar un receptor de infrarrojos como detector, esto es, NO como un lector de un código (lo veremos más adelante), sólo como un sensor que activa una señal al detectar una señal infrarroja.

Para ello usaremos el receptor de infrarrojos 1838B© o equivalente, con un circuito adicional muy similar al usado en el resto de sensores ya vistos.

Cuando el 1838B© detecta una señal infrarroja pasa su pin 1 a GND y por lo tanto D2 conduce y el GPIO17© detecta el nivel LOW (lógica inversa).

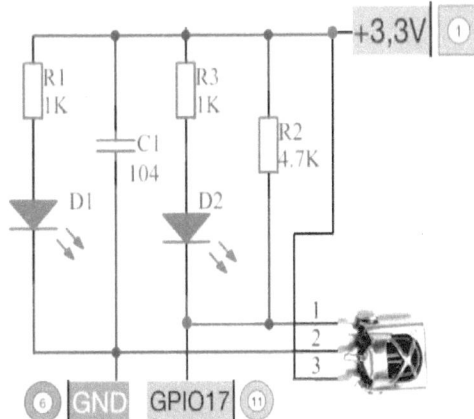

Por otra parte, el LED D1 se ilumina al detectar alimentación.

Las resistencias R1 y R3 controlan la corriente máxima que circula por los LED D1, D2 y por el sensor y C1 actua de filtro de la señal de +3,3v.

213

En nuestro ejemplo haremos que cada vez que el sensor infrarrojo detecte una señal de este tipo se active y actúe sobre un LED Dual haciendo que éste alterne entre el LED rojo y el verde con cada señal infrarroja recibida.

```python
#---------------------------------------------------------------
# 30_SENSOR_INFRARROJOS.PY: Detecta infrarrojos cambia LED Dual
#---------------------------------------------------------------
# Entradas: activación del sensor de infrarrojos por interrupción
# Salidas:  cambia estado de un LED dual de rojo a verde, viceversa
# Acción:   si pin 11=LOW rojo o verde sucesivamente
#---------------------------------------------------------------
# -*- coding: utf-8 -*-
#!/usr/bin/env python              #ubicación del intérprete Python©
import RPi.GPIO as GPIO            #importa librería gestionar GPIO©
import time                       #importa librería de gestión tiempo
ir_pin=11                         #pin 11 sensor infrarrojo
r_pin=12                          #pin 12 LED rojo
g_pin=13                          #pin 13 LED verde
pines=(r_pin,g_pin)               #lista de pines
estado=False                      #estado del flip-flop (bandera)
                                  #activado/desactivado

def setup():                      #FUNCIÓN: inicia el GPIO©
  GPIO.setwarnings(False)         #evita mensajes innecesarios
  GPIO.setmode(GPIO.BOARD)        #números de GPIO© posición física
  GPIO.setup(pines,GPIO.OUT)      #los LED son salida
  GPIO.output(pines,0)            #los apaga
  GPIO.setup(ir_pin,GPIO.IN, pull_up_down=GPIO.PUD_UP)    #ir_pin
                                  #es entrada con pull-up a +3.3v
  GPIO.add_event_detect(ir_pin, GPIO.FALLING, callback=mira
            , bouncetime=200) #si detecta infrarrojo ejecuta mira()

def LED(x):                       #enciende el LED y presenta estado
  if x:                           #si x es True
    GPIO.output(r_pin,1)          #enciende LED rojo
    GPIO.output(g_pin,0)          #apaga     LED verde
    print 'Rojo...'
  else:                           #si x es False
    GPIO.output(r_pin,0)          #apaga     LED rojo
    GPIO.output(g_pin,1)          #enciende LED verde
    print 'Verde...'

def mira(Ev=None):                #se detecta infrarrojo por
                                  #interrupción, no por escaneo
  global estado                   #estado del flag on/off
  estado= not estado              #cambia estado al estado contrario
  LED(estado)                     #enciende el LED correspondiente
  time.sleep(.1)                  #ajuste para secuencias largas de
                                  #señales infrarrojas

def parar():                      #para al pulsar CTRL+C
```

```
    GPIO.output(pines,0)              #apaga los LED
    GPIO.cleanup()                    #libera el GPIO©
    print 'Programa finalizado'

if __name__ == '__main__':           #Programa comienza aquí
    print '\n'*80                    #borra pantalla
    print 'Mover el sensor de vibración'
    setup()                          #ejecuta la función setup()
    try:                             #ejecuta la siguiente instrucción
                                     #salvo excepción

        while True:
            time.sleep(.01)          #este bucle simula programa general
    except KeyboardInterrupt:        #si se pulsa 'Ctrl+C' se ejecuta
      parar()                        #la función detiene el programa
```

Ejercicios propuestos:

• Activar un relé al detectar una señal infrarroja y tras haber completado un ciclo completo rojo y verde en el ejercicio anterior. Añadir una carga al relé.

• Realizar secuencia on/off en un LED RGB al detectar una señal infrarroja.

• Ir aumentado un contador y visualizándolo en un display de 7 segmentos al recibir la señal infrarroja.

⊖⊖⊖

215

*Ejercicio 31:
Control remoto Infrarrojos

En este ejercicio vamos a utilizar el sensor infrarrojo que ya hemos visto para capturar el código de la tecla pulsada en el mando infrarrojo que lo active.

Con dicha tecla activaremos un LED RGB y presentaremos la información: tecla pulsada y RGB activado en el LCD1602©

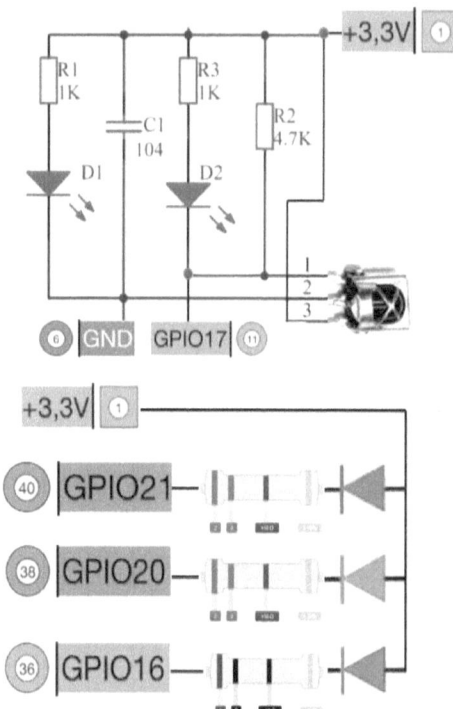

El circuito incluye el sensor infrarrojo que envía los datos capturados al GPIO17©.

En el circuito el LED D1 también indica que hay alimentación y el D2 luce cuando el sensor infrarrojo se activa si recibe datos.

C1 actua de filtro, R2 de pull-up y R1 y R3 limitan la corriente de los LED.

El LED RGB se ajusta con 3 resistencias y se conecta a los GPIO21© [R], GPIO20© [G] y GPIO16© [B]

Para este ejercicio necesitamos un script Python© adicional que capture y procese los códigos infrarrojos entrantes por el GPIO17© y para ello necesitamos realizar las siguientes operaciones:

1. Instalar el script **LIRC©** con:

```
sudo apt-get update
sudo apt-get install lirc
```

2. Si aparece el error: "Failed to start..." hacer:

```
sudo mv /etc/lirc/lirc_options.conf.dist
                          /etc/lirc/lirc_options.conf
```

Y nuevamente:

```
sudo apt-get install lirc
```

3. Editar lirc_options.conf con:

```
sudo nano /etc/lirc/lirc_options.conf
```
y añadir:

```
driver=default
device=/dev/lirc0
```

```
sudo mv /etc/lirc/lircd.conf.dist  /etc/lirc/lircd.conf
```

4. Editar config.txt con:

```
sudo nano /boot/config.txt
```
y añadir:

```
dtoverlay=lirc-pi
dtoverlay=gpio-ir,gpio_pin=17
```

5. gpio_pin 17 es el GPIO17© (pin 11) donde tenemos conectado el receptor de infrarrojos.

6. Iniciar el servicio LIRC© con:

```
sudo systemctl stop   lircd.service       para
sudo systemctl start  lircd.service       iniciar
sudo systemctl status lircd.service       ver estado
```

7. Reiniciar la Raspberry

8. Probar el mando infrarrojo con:

```
sudo systemctl stop lircd.service
sudo mode2 -d /dev/lirc0
```

Apuntar el mando hacia el receptor y pulsar teclas, si todo está ok se verán en pantalla una lista de códigos del tipo "pulse"..."espera"..., esto indicará que todo está correcto. Pulsar CTRL+C para salir.

9. Ahora necesitamos acceder a los códigos anteriores usando un script de Python©.

IMPORTANTE: el siguiente script solo es válido para Python3.7© o superior. Es necesario cambiar las sentencias print "" por print ("")

10. Necesitamos un archivo de configuración tipo [file].lircd.conf donde [file] es el nombre que le demos al archivo y que debe estar ubicado en: /etc/lirc/lircd.conf.d/[file].lircd.conf

Este archivo lo podemos obtener de tres maneras:

a) Lo podemos crear nosotros si sabemos cuáles son los códigos y parámetros de nuestro mando con:

```
sudo nano /etc/lirc/lircd.conf.d/[file].lircd.conf
```

b) Lo podemos descargar de la siguiente Web sabiendo la marca y el modelo del mando infrarrojo:

http://lirc.sourceforge.net/remotes/

c) O lo podemos generar grabando cada tecla que nos interese desde el mando infrarrojo con la siguiente instrucción:

```
irrecord -disable-namespace
```
y siguiendo las instrucciones en pantalla.

La estructura del archivo generado con la grabación es similar a la del siguiente ejemplo:

```
begin remote
  name   [file].lircd.conf
  bits            16
  flags SPACE_ENC|CONST_LENGTH
  eps             30
  aeps           100
  header        9006   4447
  one            594   1648
  zero           594    526
  ptrail         587
  repeat        9006   2210
  pre_data_bits   16
  pre_data       0xFD
  gap           107633
  toggle_bit_mask 0x0
      begin codes
          KEY_1                    0x08F7
          KEY_2                    0x8877
          KEY_3                    0x48B7
      end codes
end remote
```

11. Cambiar el siguiente archivo con:

```
sudo mv /etc/lirc/lircd.conf.d/devinput.lircd.conf
        /etc/lirc/lircd.conf.d/devinput.lircd.conf.copy
```

12. Arrancar y parar el servicio para que use los datos de [file].lircd.conf con:

```
sudo systemctl start lircd.service
sudo systemctl stop  lircd.service
```

13. Finalmente ya podremos ejecutar el script Python© que realiza un bucle de lectura del receptor infrarrojo y en función del botón pulsado enciende un LED RGB y lo presenta en la pantalla LCD.

```
#-------------------------------------------------------------
# 31_INFRARROJOS.PY: detecta señal infrarroja, activa RGB, presenta
# en LCD IMPORTANTE: SOLO PARA PYTHON3.7 O SUPERIOR
#-------------------------------------------------------------
# Entradas: detección pulsación mando infrarrojo
# Salidas:  activa un LED RGB y presenta en LCD
# Acción:   pulsar [1], [2] o [3], asigna color RGB y presenta LCD
#-------------------------------------------------------------
# -*- coding: utf-8 -*-          #caracteres especiales
#!/usr/bin/env python            #ubicación intérprete Python©
import time                      #librería gestión de tiempo
import LCD                       #librería gestión LCD1602©
```

```
import RPi.GPIO as GPIO              #librería para gestionar GPIO©
from lirc import RawConnection      #gestor mando infrarrojo
R=40                                #pin LED R
G=38                                #pin LED G
B=36                                #pin LED B
pines=(R,G,B)                       #lista pines
conn=RawConnection()                #datos infrarrojos
comando=''                          #tecla pulsada

def setup():                        #inicia dispositivos
  GPIO.setwarnings(False)           #evita mensajes innecesarios
  GPIO.setmode(GPIO.BOARD)          #números GPIO© posición física
  GPIO.setup(pines,GPIO.OUT)        #los LED son salida
  GPIO.output(pines,1)              #los apaga (lógica inversa)
  LCD.init(0x27,1)                  #inicia dirección I2C© del LCD
                                    #y activa backlight
  LCD.clear()                       #borra pantalla del LCD

def mando_IR():                     #lee pulsación mando infrarrojo
  global comando                    #tecla pulsada

  try:
    tecla=conn.readline(.0001)      #lee entrada tecla
  except:                           #si error tecla=''
    tecla=''

  if (tecla !='' and tecla !=None): #se ha pulsado tecla
    datos=tecla.split()             #información de tecla pulsada
    comando= datos[2]               #comando pulsado
    print ('Tecla: ['+comando+']')

    if comando=='1':                #tecla [1] pulsada
      GPIO.output(R,0)              #enciende LED R
      GPIO.output(G,1)
      GPIO.output(B,1)
      LCD.write(6,1,'[1] Rojo ')
    elif comando=='2':              #tecla [2] pulsada
      GPIO.output(R,1)
      GPIO.output(G,0)             #enciende LED G
      GPIO.output(B,1)
      LCD.write(6,1,'[2] Verde')
    elif comando=='3':              #tecla [3] pulsada
      GPIO.output(R,1)
      GPIO.output(G,1)
      GPIO.output(B,0)             #enciende LED B
      LCD.write(6,1,'[3] Azul ')
    else:
      GPIO.output(pines,1)          #apaga RGB
      LCD.write(6,1,'        ')     #borra tecla pulsada

def parar():                        #para al pulsar CTRL+C
  GPIO.output(pines,1)              #apaga los LED
  GPIO.cleanup()                    #libera el GPIO©
  LCD.clear()                       #borra pantalla LCD
  LCD.write(0,0,'Fin....')
  print
```

```
print ('Programa finalizado')
time.sleep(1)
LCD.closelight()                  #apaga backlight

if __name__=='__main__':          #Programa comienza aquí
  setup()                         #inicia dispositivos
  print ('Usar mando infrarrojo')
  LCD.write(0,0,'MANDO INFRARROJO')   #ver título
  LCD.write(0,1,'Tecla:')         #ver tecla pulsada
  try:
    while True:                   #bucle principal
      mando_IR()
  except KeyboardInterrupt:       #para con CTRL+C
    parar()
```

Ejercicios propuestos:

• Añadir un relé para que se active pulsando la tecla [1] en el mando infrarrojo y se desactive pulsando la tecla [2] Como siempre, añadir una carga al relé (un LED, un buzzer, un motor, etc.) para asegurar que funciona todo correctamente.

• Usar el mando infrarrojo para desactivar alarmas generadas por sensores de otros ejercicios (sensor de gas, sensor de fuego, inclinación, etc.)

• Usar las teclas del control remoto para cambiar la velocidad, por PWM, de un motor DC conectado a un GPIO© o a un controlador LM293D© ya visto.

⊖⊖⊖

*Ejercicio 32:
Joystick

Creo que no es necesario explicar qué es un Joystick pues los hemos usado todos algún día (consolas de juegos, juguetes teledirigidos, drones, etc.) pero también se usan en la industria (excavadoras, aviones, medicina, etc.)

En su versión básica y totalmente analógica, como el COM90133P©, está formado por un encapsulado que contiene dos potenciómetros (resistencias variables) situados a 90º y que miden la posición de un mando en dos ejes: X e Y y uno o varios pulsadores (en el eje Z) que se activan por presión.

Cualquier posición del mando del Joystick es una combinación de los dos valores de resistencias X e Y, por lo tanto, traduciendo sus valores de ohmios a valores de posición sabremos en todo momento cómo está situado dicho mando.

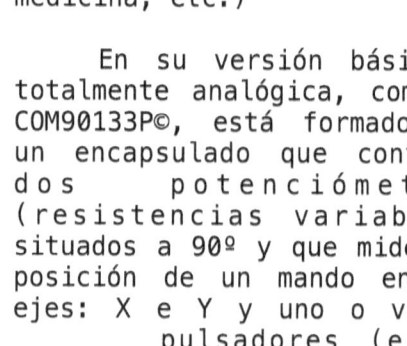

222

En este ejercicio conectaremos el Joystick a un conversor A/D PCF8591© que nos hará la conversión de las variables analógicas X, Y y pulsador a variables digitales (entre 0 y 255) que podremos usar para actuar con cualquier otro tipo de dispositivo.

Para su correcto funcionamiento, el Joystick precisa de un circuito de control muy simple y fácil de entender.

La señal del pulsador SW dispone de un pull-up a +3,3v para estabilizarla, de modo que al presionar el pulsador SW se pone a LOW y luce D1. D0 luce al alimentar el circuito del Joystick. R0 y R1 limitan la corriente que circula por los LED D0 y D1. Las señales X, Y y SW van desde el Joystick al conversor A/D directamente (AIN1, AIN0 y AIN2 respectivamente).

La conexión entre el módulo del Joystick y el conversor analógico digital PCF8591© se describe en el siguiente diagrama de bloques:

El script Python© escanea en bucle continuo, las entradas analógicas AIN0, AIN1 y AIN2 del conversor A/D PCF8591©, donde hemos conectado las salidas: Y, X y SW (pulsador) procedentes del Joystick.

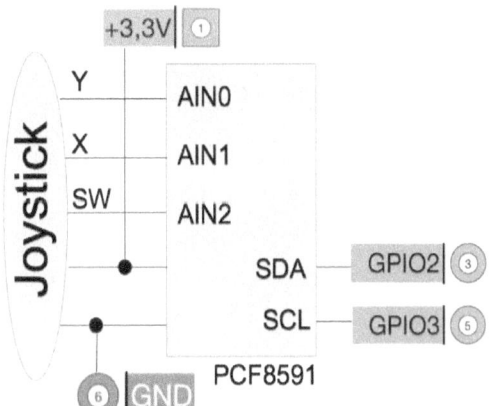

Con los valores obtenidos (de 0 a 255) sabremos si el mando del Joystick está en la posición de arriba, abajo, derecha o izquierda.

Igualmente, cuando AIN2 detecta un 0 indica que el pulsador ha sido presionado.

En el script usaremos la librería que hemos creado en ejercicios anteriores y que nos aporta las funciones:

223

- **setup(dirección):** inicializa el conversor PCF8591© con su dirección [dirección]

- **read (canal):** lee un valor analógico en el canal [canal] del conversor y lo convierte a digital.

- **write(valor):** escribe el valor digital [valor] en la salida analógica del conversor.

Y por lo tanto no tendremos ni que volver a reescribirlas ni a probarlas.

```python
#----------------------------------------------------------
# 32_JOYSTICK.PY: Lee posición X, Y y pulsador de un Joystick
#----------------------------------------------------------
# Entradas: AIN0 a AIN02 como X, Y y pulsador
# Salidas:  posición arriba, abajo, izda, dcha, pulsador on/off
# Acción:   indicación en pantalla posición y acción Joystick
#----------------------------------------------------------
# -*- coding: utf-8 -*-
#!/usr/bin/env python
import CONVERSOR_PCF8591 as ADC  #carga setup() y read() en PCF8591©
import time                      #gestor tiempo

def setup():                     #inicia conversor PCF8401©
  ADC.setup(0x48)                #carga dirección del I²C©
  global state

def direction():                 #capta posición del Joystick
  x=0
  estado=['centro','arriba','abajo','izda','dcha','pulsado']
  if ADC.read(0)<=5:             #arriba
    x=1
  if ADC.read(0)>=250:           #abajo
    x=2
  if ADC.read(1)>=250:           #derecha
    x=3
  if ADC.read(1)<=5:             #izquierda
    x=4
  if ADC.read(2)==0:             #botón pulsado
    x=5
  return estado[x]               #posición del Joystick

def loop():                      #bucle de lectura AIN0_AIN2
  pos_a=''                       #posición anterior
  while True:                    #lee por escaneo de canales
    pos_n=direction()            #nueva posición
    if pos_n!=None and pos_n!=pos_a: #cambia estado?
      print pos_n                #veo posición nueva
      pos_a=pos_n                #renuevo posición anterior
    time.sleep(.01)              #ajusta lectura pulsador
```

```python
def parar():                        #para el programa con CTRL+C
  print "Programa finalizado"

if __name__ == '__main__':          #Programa comienza aquí
  print '\n'*80                     #borra pantalla
  print 'Mover el Joystick o presionar pulsador'
  setup()                           #inicia el conversor A/D
  try:                              #bucle principal del programa
    loop()
  except KeyboardInterrupt:         #CTRL+C para el programa
    parar()
```

Ejercicios propuestos:

• Añadir un LED Dual para que se encienda el LED rojo al desplazar el Joystick a la izquierda y el LED verde si es a la derecha.

• Añadir un motor DC controlado por PWM que suba o baje sus r.p.m. si subimos o bajamos el mando del Joystick.

• Incluir un display LCD que muestre los valores de X é Y y si está presionado o no el pulsador.

⊖⊖⊖

*Ejercicio 33:
Potenciómetro y PCF8591©

Un potenciómetro es una resistencia que puede variar su valor al girar o desplazar un cursor de ajuste. El valor comercial del potenciómetro equivale a su resistencia máxima (en la figura 10kΩ) y por lo tanto su valor puede oscilar (linealmente, logarítmicamente, etc.) desde 0 hasta esa resistencia máxima.

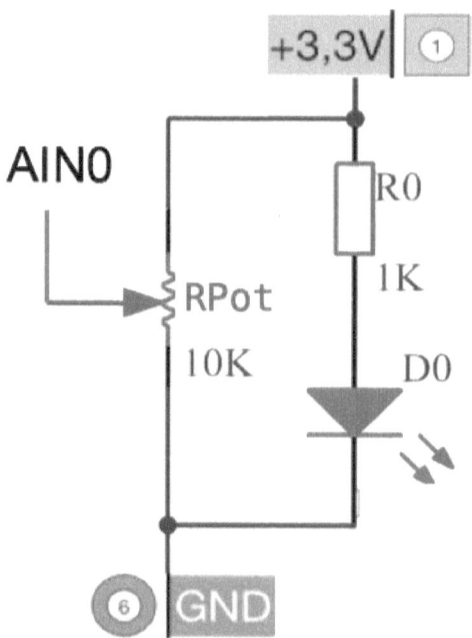

Ya hemos usado este elemento de control en otros ejercicios anteriores y en éste caso vamos a ver en detalle cómo varía el valor de su resistencia (RPot) al conectarlo a un conversor A/D que nos traduce ese valor analógico (o el valor de la tensión entre AIN0 y GND) en un valor digital entre 0 y 255 que vamos a visualizar en la pantalla LCD1602© adecuadamente.

Para mayor control, añadimos un LED Dual conectado al GPIO20© y GPIO21©, que se iluminará en rojo cuando la resistencia sea inferior al 50% del máximo (valores superiores a 127 en AIN0) y en verde cuando sea superior (valores inferiores a 127 en AIN0)

El conversor A/D que vamos a usar es el PCF8591© donde la entrada AIN0 está conectada directamente al punto medio del potenciómetro.

Para visualizar los resultados usamos el LCD1602© donde veremos: el estado numérico del potenciómetro, el LED encendido, hora:minuto:segundo y la temperatura de la CPU en ºC.

Tanto el conversor A/D como el LCD se conectan en paralelo al puerto I^{2}C© como ya habíamos comentado cuando hablamos de este bus.

El diagrama de bloques del circuito es:

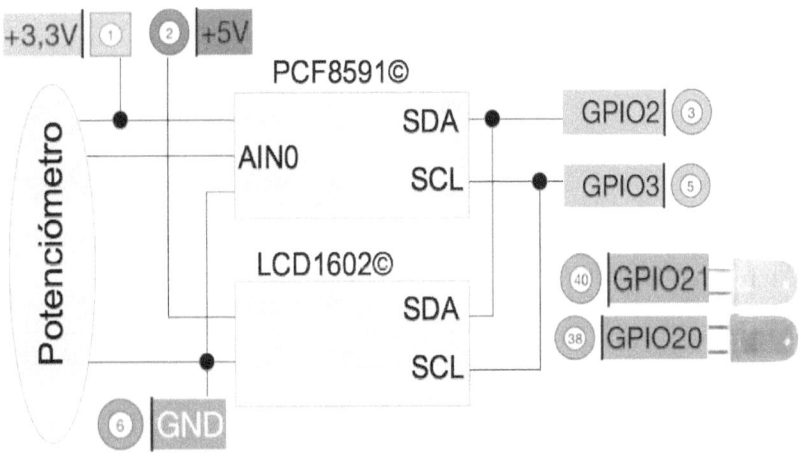

Una vez conectado, tenemos que hacer varias operaciones:

• Ver las direcciones que tienen asignadas en I^{2}C© el conversor A/D y el display LCD (en general 0x48 y 0x27 respectivamente)

• Comprobar que en el script Python© las rutinas del A/D y del LCD apuntan a las direcciones anteriores.

• Ajustar el contraste del LCD1602© en el potenciómetro de su parte trasera (circuito adaptador PCF8574©)

• Arrancar el script Python© y mover el potenciómetro observando su valor en el LCD y comprobando los on/off del LED Dual.

```python
#-------------------------------------------------------------
# 33_POTENCIOMETRO.PY: Presenta en LCD posición potenciómetro y
# enciende LED Dual según su valor
#-------------------------------------------------------------
# Entradas: potenciómetro ataca conversor AIN0 del A/D PCF8591©
# Salidas:  indicación numérica en LCD y on/off LED Dual rojo/verde
# Acción:   si potenciómetro>127 luce LED rojo, <127 luce LED verde
#-------------------------------------------------------------
# -*- coding: utf-8 -*-                    #para caracteres especiales
#!/usr/bin/env python
# -*- coding: utf-8 -*-

import CONVERSOR_PCF8591 as ADC            #gestión del conversor A/D
import LCD                                 #librería de gestión del LCD
import RPi.GPIO as GPIO                     #gestión del GPIO©
import time                                #gestión variables tiempo
from   datetime import datetime            #gestión día y hora
pin_r=38                                   #LED rojo
pin_v=40                                   #LED verde
pines=(pin_r,pin_v)                        #lista de pines

def setup():
  ADC.setup(0x48)                          #inicia conversor A/D
  LCD.init(0x27,1)                         #inicia LCD con backlight ON
  LCD.clear()                              #borra LCD
  GPIO.setwarnings(False)                  #evita mensajes innecesarios
  GPIO.setmode(GPIO.BOARD)                 #números de pin orden físico
  GPIO.setup  (pines,GPIO.OUT)             #pone los pines como salida
  GPIO.output (pines,GPIO.LOW)             #pone los pines LOW, apagan

def loop():
  now=datetime.now()                       #hora actual como HH:MM:SS
  hora=str(now.time())[:8]                 #temperatura CPU en ºC
  tempFile=open("/sys/class/thermal/thermal_zone0/temp")
  cpu_temp=tempFile.read()
  tempFile.close()
  cpu_temp=str(round(float(cpu_temp)/1000))
  texto=hora+'    '+cpu_temp[:2]+'C' #hora-temperatura
  poten=ADC.read(0)                        #lee posición potenciómetro
  if poten>=127:                           #mitad potenciómetro?
    GPIO.output(pin_r,GPIO.HIGH)           #enciende rojo
```

```
    GPIO.output(pin_v,GPIO.LOW)          #apaga verde
    LED='Rojo '                          #visualiza Rojo
  else:
    GPIO.output(pin_v,GPIO.HIGH)         #enciende verde
    GPIO.output(pin_r,GPIO.LOW)          #apaga rojo
    LED='Verde'                          #visualiza Verde
  poten=('   '+str(poten))[-3:]+'  '+LED #espacios y trunca 3 últimos
  LCD.write(6,0,poten)                   #posición potenciómetro
  LCD.write(0,1,texto)                   #escribe temperatura en 0,1
  time.sleep(.05)                        #descarga microprocesador

def parar():                             #para al pulsar CTRL+C
  print 'Programa finalizado'
  LCD.clear()                            #borra pantalla LCD
  LCD.write(0,0,'Fin....')               #escribe texto Fin...
  time.sleep(2)
  LCD.closelight()                       #apaga backlight
  GPIO.output(pines,GPIO.LOW)            #apaga los LED

if __name__ == '__main__':               #Programa comienza aquí
  print '\n'*80                          #borra pantalla
  print 'Mover el potenciómetro'         #título del programa
  try:
    setup()                              #inicia dispositivos
    LCD.write(0,0,'Poten:')
    while True:                          #bucle principal del programa
      loop()
  except KeyboardInterrupt:              #para programa con CTRL+C
    parar()
```

Ejercicios propuestos:

• Añadir un relé que simule una carga de alta potencia y activar cuando el potenciómetro esté entre 150 y 200. Añadir una carga al relé.

• Incluir un pulsador que cambie el sentido del valor numérico del potenciómetro: ascendente o descendente.

• Añadir un timer NE555© en modo astable y activar su salida, usando su pin $\bar{R}$ cuando el potenciómetro esté por debajo de 10 o por encima de 240

⊖⊖⊖

*Ejercicio 34: Interruptor Hall

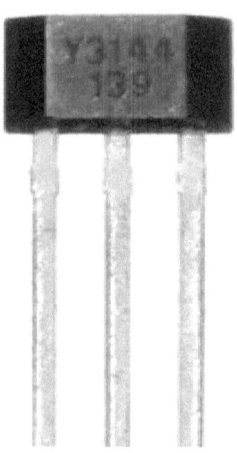

Continuando con ejercicios de sensores veremos en este caso un sensor no muy conocido pero bastante interesante. Se trata del sensor de materiales magnéticos basado en el efecto Hall, esto es, la generación de una corriente eléctrica al separarse las cargas en el interior de un conductor, por el que circula una corriente, en presencia de un campo magnético.

Este sensor es muy utilizado en detectores de corriente eléctrica, medidores de velocidad, sensores de proximidad, posicionamiento, fin de carrera, etc.

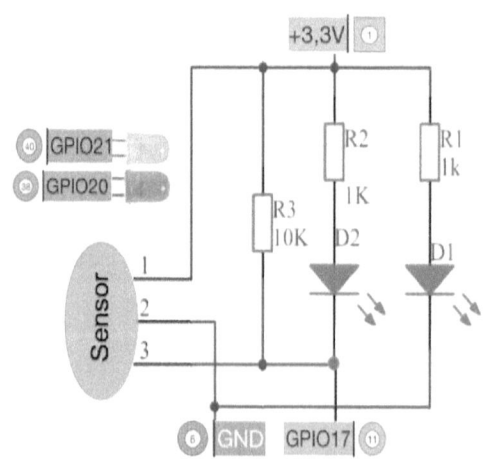

El sensor utilizado en este ejercicio es similar al A3144© y lo podremos usar de dos modos:

- **Interruptor Hall:** La salida del sensor Hall se conecta a un GPIO© de la Raspberry©, de modo que cuando el sensor detecta un material magnético activa el GPIO© en modo on/off.

- **Sensor Hall:** El sensor Hall se conecta a un conversor A/D, a través del comparador y amplificador lineal tipo LM393©, de modo que podremos medir el valor numérico analógico de la intensidad de la corriente generada por efecto Hall en AO y salida digital en DO.

En este ejercicio veremos el interruptor Hall que necesita del sensor y un sencillo circuito de control para atacar una entrada del GPIO©

El LED D1 se ilumina cuando el circuito recibe alimentación, el LED D2 luce cuando el sensor conduce corriente al detectar un material magnético, la resistencia R3 actua de pull-up a +3,3v y R1, R2 limitan la corriente que circula por ambos LED.

La salida del sensor Hall ataca al pin 11 de la Raspberry© y los pines 38 y 40 gestionan el estado del LED Dual.

Además hemos añadido al circuito el display LCD1602© para que muestre, en formato texto, el inicio del programa, el estado de la detección, el estado del LED Dual y la finalización del programa al pulsar CTRL+C

```
#-----------------------------------------------------------------
# 34_INTERRUPTOR_HALL.PY: Cambia estado LED y LCD con Hall on/off
#-----------------------------------------------------------------
# Entradas: detección material magnético con sensor Hall
# Salidas:  on/off interruptor Hall, estado LED Dual y ver en LCD
# Acción:   pin 11=LOW cambio LED Dual y texto en LCD
#-----------------------------------------------------------------
# -*- coding: utf-8 -*-          #ver caracteres especiales
#!/usr/bin/env python            #ubicación del intérprete Python©
import RPi.GPIO as GPIO          #importa librería gestionar GPIO©
import time                      #importa librería de gestión tiempo
import LCD                       #importa librería gestión LCD1602©
hall_pin=11                      #pin 11 interruptor Hall
r_pin=38                         #pin 38 LED rojo
g_pin=40                         #pin 40 LED verde
pines=(r_pin,g_pin)              #lista de pines
estado=False                     #estado flip-flop (bandera) on/off
```

Gregorio Chenlo Romero (gregochenlo.blogspot.com)

```python
def setup():                          #FUNCIÓN: inicia el GPIO©
  LCD.init(0x27,1)                    #inicia dirección I2C© y backlight
  LCD.clear()                         #borra pantalla del LCD
  GPIO.setwarnings(False)             #evita mensajes innecesarios
  GPIO.setmode(GPIO.BOARD)            #números de GPIO© posición física
  GPIO.setup(pines,GPIO.OUT)          #los LED son salida
  GPIO.output(pines,0)                #los apaga
  GPIO.setup(hall_pin,GPIO.IN, pull_up_down=GPIO.PUD_UP)
                                      #hall_pin entrada y pull-up a +3.3v
  GPIO.add_event_detect(hall_pin,GPIO.FALLING,callback=mira
                        ,bouncetime=200) #si detecta ejecuta mira()

def LED(x):                           #enciende el LED y presenta estado
  print 'Detectado, enciendo: ',
  if x:                               #si x es True
    GPIO.output(r_pin,1)              #enciende LED rojo
    GPIO.output(g_pin,0)              #apaga      LED verde
    texto='LED: Rojo '
    print texto
    LCD.write(0,1,texto)             #escribe estado en C,F=0,1
  else:                               #si x es False
    GPIO.output(r_pin,0)              #apaga      LED rojo
    GPIO.output(g_pin,1)              #enciende LED verde
    texto='LED: Verde'
    print texto
    LCD.write(0,1,texto)             #escribe temperatura en C,F=0,1

def mira(Ev=None):                    #material magnético detectado por
                                      #interrupción, no por escaneo
  global estado                       #estado flag activado/desactivado
  estado= not estado                  #cambia estado al estado contrario
  LED(estado)                         #enciende el LED correspondiente
  time.sleep(.01)                     #ajuste para asegurar lectura

def parar():                          #para al pulsar CTRL+C
  GPIO.output(pines,0)                #apaga los LED
  GPIO.cleanup()                      #libera el GPIO©
  LCD.clear()                         #borra pantalla LCD
  LCD.write(0,0,'Fin....')
  time.sleep(2)
  LCD.closelight()                    #apaga backlight
  print 'Programa finalizado'

if __name__ == '__main__':            #Programa comienza aquí
  setup()                             #ejecuta la función setup()
  print '\n'*80                       #borra pantalla
  print 'Acercar material magnético al sensor Hall'
  LCD.write(0,0,'Interruptor HALL') #escribe temperatura en 0,0

  try:                                #ejecuta siguiente salvo excepción
    while True:
      time.sleep(.01)                 #este bucle simula programa general
  except KeyboardInterrupt:           #si se pulsa 'Ctrl+C' se ejecuta
    parar()                           #parar() que detiene el programa
```

Ejercicios propuestos:

• Añadir al circuito anterior un relé que simule una carga que se active al detectar un elemento magnético y presente el estado en el LCD. Añadir una carga al relé.

• Incluir además un pulsador con dos estados donde uno de ellos inhiba, por software, la lectura del interruptor Hall.

• Además incluir un motor DC cuyo giro sea gestionado por software, de modo que gire en un sentido cuando el interruptor Hall detecte el Norte de un imán y en otro sentido cuando detecte el Sur (usar la interrupción por FALLING o por RISING en Python© según proceda). Además mostrar cada estado anterior en el display LCD1602©

⊖⊖⊖

*Ejercicio 35:
Sensor Hall

Como ya habíamos comentado en el ejercicio del interruptor Hall, este elemento también se puede utilizar como sensor analógico conectado al conversor A/D PCF8591© y medir el campo eléctrico generado al acercar un elemento magnético al sensor Hall. Para ello solo necesitamos conectar la salida analógica AO del sensor Hall a la entrada AIN0 del conversor A/D

Por otra parte y en función del nivel de corriente generado en el sensor Hall, podremos además identificar si detecta el polo Norte **(N)** o el polo Sur **(S)** del material detectado (ojo: el material puede tener varios (N) y varios (S)).

Cuando el sensor Hall está en reposo, sin detectar nada, el valor de salida del A/D será el valor medio **(M)** de la escala (0-255), esto es, un valor próximo a 128.

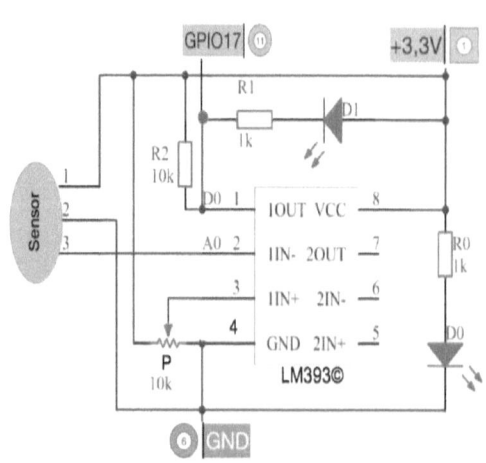

Al acercar (N), este valor subirá sobre (M) y dependiente del nivel del campo magnético del material aproximado y si acercamos (S), este valor bajará por debajo de (M)

Si además queremos activar una salida digital, DO si se supera un umbral, necesitamos de un circuito adicional compuesto de un comparador LM393© y unos componentes de control.

Con el potenciómetro P podremos ajustar el nivel de comparación entre 1IN- (sensor Hall) y 1IN+ (referencia P) y por lo tanto seleccionar si el LED D1 y la salida DO se activan con (N) o con (S)

R0 y R1 limitan la corriente de los LED y R2 es un pull-up para estabilizar la salida 1OUT del amplificador LM393© y la entrada GPIO17© de la Raspberry©.

Además añadimos la pantalla LCD1602© para visualizar el valor del campo magnético, si es (N) o (S) y la sensibilidad de la detección, esto es, (N)-(M) ó (M)-(S)

El diagrama de bloques de todo el circuito es:

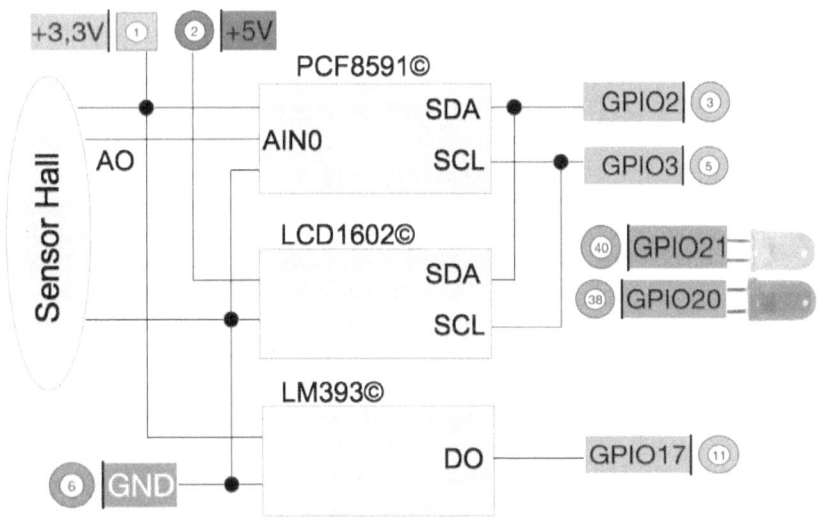

```
#--------------------------------------------------------------
# 35_SENSOR_HALL.PY: Indica valor analógico del sensor, Norte y Sur
#--------------------------------------------------------------
# Entradas: salida AO del sensor Hall
# Salidas:  valor numérico sensor, indicación N, S en el LCD
# Acción:   según sensibilidad indica N, S o nada en LCD
#--------------------------------------------------------------
```

235

Gregorio Chenlo Romero (gregochenlo.blogspot.com)

```python
# -*- coding: utf-8 -*-          #para caracteres especiales
#/usr/bin/env python             #ubicación intérprete Python©

import PCF8591 as ADC            #librería uso conversor A/D
import LCD                       #librería uso LCD
import time                      #gestor del tiempo

def setup():                     #inicia A/D, LCD y textos
  ADC.setup(0x48)                #inicia conversor A/D
  LCD.init(0x27,1)               #inicia LCD con backlight ON
  LCD.clear()                    #borra pantalla LCD
  LCD.write(0,0,'Efecto Hall')   #textos en LCD
  LCD.write(0,1,'Valor:')
  print '\n'*80+'Medidor efecto Hall' #textos en pantalla

def ver(z):                      #ver N,S,nada pantalla y LCD
  if z=='':
    men='Nada '                  #no detecta nada
  if z=='N':
    men='NORTE'                  #Norte por >(M)+sensibilidad
  if z=='S':
    men='SUR  '                  #Sur   por <(M)-sensibilidad
  print men
  LCD.write(0,1,men)

def loop():                      #bucle principal
  estado_a=estado_n=''           #estados anterior y nuevo
  centro=128                     #pos central sensor (0 a 255)
  sensib=2                       #sensibilidad cambio (ajuste)
  while True:                    #bucle de escaneo
    hall=ADC.read(0)             #lectura sensor Hall en AIN0
    print 'Campo magnético: ',hall  #ver valor
    LCD.write(6,1,('    '+str(hall))[-3:]) #ajusta 3 últimos dígitos
    if hall>=centro+sensib:      #valor>(M)+sensibilidad=(N)
      estado_n='N'
    elif hall<=centro-sensib:    #valor<(M)-sensibilidad=(S)
      estado_n='S'
    else:
      estado_n=''                #en reposo, no detecta nada
    if estado_n!=estado_a:       #cambio de estado?
      ver(estado_n)              #visualiza nuevo estado
      estado_a=estado_n          #actualiza estado anterior
    time.sleep(0.5)

def parar():                     #para al pulsar CTRL+C
  print 'Programa finalizado'
  LCD.clear()                    #borra pantalla LCD
  LCD.write(0,0,'Fin....')
  time.sleep(2)
  LCD.closelight()               #apaga backlight

if __name__ == '__main__':       #Programa inicia desde aquí
  try:                           #ejecuta siguiente
                                 #instrucción salvo excepción
    setup()                      #inicia dispositivos y datos
    loop()                       #bucle principal del programa
```

236

```
except KeyboardInterrupt:          #si se pulsa 'Ctrl+C' se para
  parar()
```

Ejercicios propuestos:

• Añadir un LED Dual que indique en rojo cuando se detecta el polo (N) y en verde cuando se detecta el polo (S). Usar la captura de GPIO17© por interrupción en vez de usarla por sondeo (polling).

• Añadir un motor DC y controlar su velocidad de rotación y sentido de giro según valor del sensor Hall y si es (N) o (S). Presentar en el LCD una aproximación de la velocidad y el sentido del giro.

• Incluir un buzz pasivo y generar, por PWM un sonido diferente activado por (N) ó (S) pero solo cuando se supere un umbral determinado y solicitado por pantalla.

⊖⊖⊖

*Ejercicio 36:
Detector de Líneas

Un detector o seguidor de líneas es un sensor que distingue la reflectancia de una línea, por  ejemplo una línea dibujada en un papel, una línea pintada en una carretera, etc. en este sentido este sensor o similar es interesante para aplicar en robótica, automatismos, contadores, etc. pues con este detector se puede seguir una determinada línea, no cruzarla, contar líneas cruzadas, etc.

El seguidor de líneas, por ejemplo el KY-033© consta de un emisor y un receptor de luz infrarroja incluidos en un encapsulado que detectan cuando todos, uno o ninguno de los dos elementos está sobre la línea a detectar.

Estos elementos necesitan de un circuito adicional que amplifica la señal y aporta una salida tipo on/off, que se pone a LOW, cuando se detecta que el sensor está sobre una línea.

Recordemos que el diodo emisor del sensor está emitiendo luz infrarroja continuamente siempre que reciba alimentación.

Cuando el sensor está fuera de una línea (zona clara) el foto transistor recibe luz infrarroja del emisor reflejada en dicha zona clara y pasa a conducir y por lo tanto la entrada 1IN+ del comparador pasa a LOW y la salida 1OUT y la entrada GPIO17© pasan a LOW con lo que D2 se ilumina.

Cuando el sensor está sobre una línea (zona oscura) el foto transistor no recibe luz (pues la absorbe la línea) entonces la entrada 1IN+ está en HIGH, la salida 1OUT y la entrada GPIO17© en HIGH y así D2 no se ilumina.

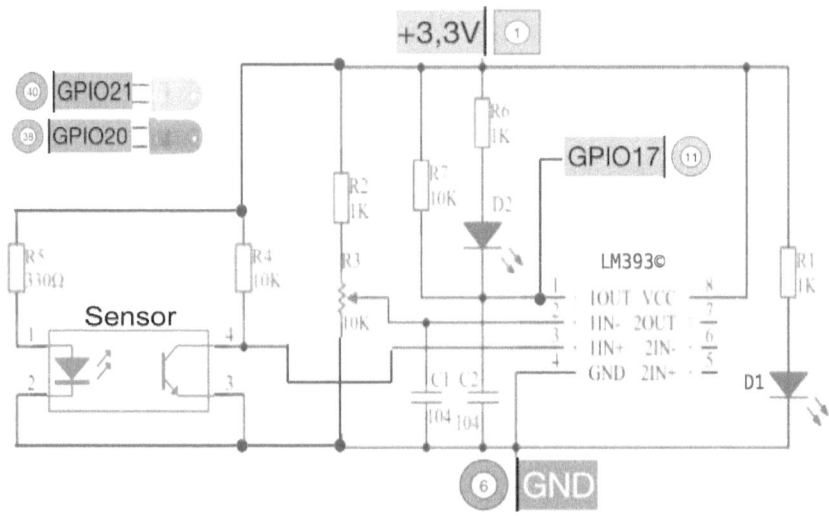

R1 limita la corriente del LED D1 que luce al aplicar alimentación al circuito.

R2 limita la corriente que cruza el potenciómetro R3 de ajuste de referencia.

R4 hace de pull-up para 1IN+

R5 ajusta la corriente que circula por el emisor de infrarrojos.

R6 limita la corriente del LED D2

R7 es un pull-up para el GIPO17© y C1 y C2 actúan de filtro.

```
#-----------------------------------------------------------------
# 36_DETECTOR_LINEAS.PY: detecta línea y presenta en LED y LCD
#-----------------------------------------------------------------
```

```python
# Entradas: detección de línea negra sobre fondo blanco
# Salidas:  enciende LED Dual rojo presenta on/off en LCD
# Acción:   alterna entre on/off al detectar línea, presenta en LCD
#------------------------------------------------------------
# -*- coding: utf-8 -*-
#!/usr/bin/env python          #ubicación intérprete Python©
import time                    #librería gestión tiempo
import RPi.GPIO as GPIO        #librería para gestionar GPIO©
import LCD                     #librería gestión LCD1602©
pin=11                         #pin sensor de líneas
r_pin=40                       #LED rojo
g_pin=38                       #LED verde
pines=(r_pin,g_pin)            #pines de salida
estado_a=0                     #estado anterior

def setup():                   #inicia dispositivos
  GPIO.setwarnings(False)      #evita mensajes innecesarios
  GPIO.setmode(GPIO.BOARD)     #números GPIO© posición física
  GPIO.setup(pines,GPIO.OUT)   #los LED son salida
  GPIO.output(pines,0)         #los apaga
  GPIO.setup(pin,GPIO.IN,pull_up_down=GPIO.PUD_UP)#pin es entrada
                               #con pull-up a +3.3v
  LCD.init(0x27,1)             #inicia dirección I2C© del LCD
                               #y activa backlight
  LCD.clear()                  #borra pantalla del LCD

def ver(x):                    #presenta estado x
  if x==1:                     #si x=1, estado=Si
    GPIO.output(r_pin,1)       #enciende LED rojo
    GPIO.output(g_pin,0)       #apaga     LED verde
    LCD.write(7,1,'Si')
    print 'Si'
  else:                        #si x=0, estado=No
    GPIO.output(r_pin,0)       #apaga     LED rojo
    GPIO.output(g_pin,1)       #enciende LED verde
    LCD.write(7,1,'No')
    print 'No'

def loop():                    #bucle principal del programa
  global estado_a
  estado_n=GPIO.input(pin)     #estado nuevo por escaneo GPIO©
  if estado_n<>estado_a:       #cambio de estado?
    ver(estado_n)              #ver estado nuevo
    estado_a=estado_n          #ahora estado anterior es nuevo
  time.sleep(.1)               #para descargar el micro

def parar():                   #para al pulsar CTRL+C
  GPIO.output(pines,0)         #apaga el LED Dual
  GPIO.cleanup()               #libera el GPIO©
  LCD.clear()                  #borra pantalla LCD
  LCD.write(0,0,'Fin....')
  print
  print 'Programa finalizado'
  time.sleep(1)
  LCD.closelight()             #apaga backlight
```

```
if __name__=='__main__':        #programa comienza aquí
  setup()                       #inicia dispositivos
  print '\n'*80                 #borra pantalla
  print 'Probar Sensor de Líneas'
  LCD.write(0,0,'SENSOR DE LINEAS')  #ver título
  LCD.write(0,1,'Linea:')       #ver si hay línea
  try:
    while True:                 #bucle principal
      loop()
  except KeyboardInterrupt:     #para con CTRL+C
    parar()
```

Ejercicios propuestos:

• Añadir un relé que se active cuando el detector de líneas cuente 8 líneas y se desactive al contar las siguientes 2 líneas. Añadir una carga al relé, por ejemplo un buzz activo.

• Añadir un display de matriz de puntos 8x8 para presentar la cuenta anterior de las 8 líneas y de las 2 líneas.

• Añadir un buzz pasivo que haga sonar una nota ascendente por cada una de las 8 líneas detectadas.

☉☉☉

*Ejercicio 37:
Sensor de obstáculos

En esta ocasión veremos un sensor de obstáculos del tipo KY032© o similar, que consta realmente de tres partes:

- Un generador de pulsos eléctricos.
- Un emisor de pulsos infrarrojos.
- Un receptor de infrarrojos.

El emisor envía constantemente pulsos de luz infrarroja generados por un oscilador tipo NE555© configurado en modo astable.

Cuando estos pulsos rebotan en un obstáculo y son captados por el receptor se activa una alarma.

La distancia de detección del receptor de infrarrojos depende de la potencia del emisor, de la reflectancia del obstáculo, de las características del medio que se interpone entre emisor y receptor y de la sensibilidad del receptor.

La señal del generador de pulsos (timer NE555©) es amplificada por un transistor del tipo PNP similar al S8550© cuyo factor de ganancia se puede regular con un potenciómetro (regulando la corriente de la base o regulando la corriente de alimentación por el colector), esto permite regular la distancia de detección del obstáculo.

Este sensor necesita por lo tanto de un circuito de control un poco más complicado que los que ya hemos visto hasta ahora pero fácil de entender.

Vamos a ver cada parte:

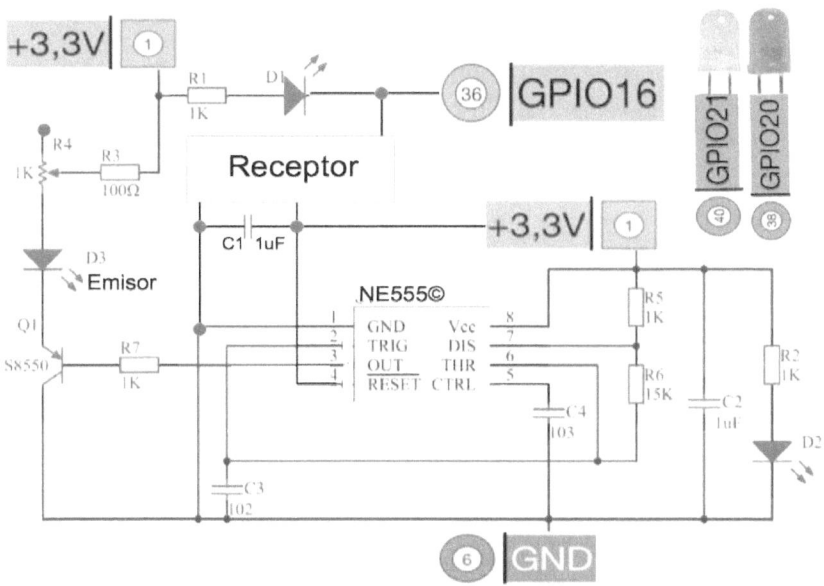

Oscilador: Se trata del timer ya visto NE555© en configuración oscilador astable donde la frecuencia de oscilación viene determinada por:

$$f = \frac{1}{\log(2)*C_3*(R_5+2*R_6)} = \frac{1}{0,693*10^{-9}*(10^3+2*15*10^3)} \pm 46\text{KHz}$$

C1 y C2 actúan de estabilizadores y la señal generada por el NE555© sale por el pin OUT

Emisor: La señal procedente de OUT ataca el transistor PNP S8550© que actua de amplificador de la señal que usa el emisor D3 (un diodo infrarrojo) y que se puede regular con el potenciómetro R4 de 1kΩ   R3 limita la corriente que cruza el transistor cuando el potenciómetro está al mínimo de resistencia y R7 limita la corriente de base del transistor.

243

Receptor: Se trata de un foto diodo infrarrojo (BPV10NF© o similar) que capta el haz infrarrojo enviado por el emisor y que ha rebotado en el obstáculo. Cuando este sensor detecta la señal rebotada pone el GPIO16© a GND y activa el LED D1. R1 y R2 limitan la corriente de los LED y D2 se ilumina para indicar que el circuito tiene alimentación.

Además usaremos un LED Dual que parpadeará en rojo para indicar el obstáculo y se mantendrá en verde en caso contrario. Este LED se gestiona por software con los GPIO20© (rojo) y GPIO21© (verde).

En el script Python© se gestiona también el display LCD1602© para presentar la detección del obstáculo y el color del LED activado.

```
#-------------------------------------------------------------
# 37_SENSOR_OBSTACULOS.PY: detecta obstáculos y presenta alarmas en
# LED Dual y LCD
#-------------------------------------------------------------
# Entradas: sensor de obstáculos infrarrojo con emisor y receptor
#           gestionados por interrupción
# Salidas:  presenta alarma de obstáculo en pantalla, LED Dual y
#           en el LCD
# Acción:   bucle lectura del sensor y presentación en LCD
#-------------------------------------------------------------
# -*- coding: utf-8 -*-
#!/usr/bin/env python                 #intérprete Python©
import time                           #librería de gestión tiempo
import LCD                            #librería gestión LCD1602©
import RPi.GPIO as GPIO               #librería gestión del GPIO©
pin_r=40                              #LED Dual rojo
pin_v=38                              #LED Dual verde
pines=(pin_r,pin_v)                   #lista de pines
pin=36                                #salida del sensor
estado=True                           #estado para presentación

def setup():                          #inicia dispositivos
  GPIO.setwarnings(False)             #para mensajes innecesarios
  GPIO.setmode(GPIO.BOARD)            #GPIO© posición física
  GPIO.setup(pines,GPIO.OUT)          #LED Dual es salida
  GPIO.output(pines,GPIO.LOW)         #apaga LED
  GPIO.setup(pin,GPIO.IN,pull_up_down=GPIO.PUD_UP) #pin es entrada
                                      #con pull-up a +3.3v
#Aquí se describe la interrupción por FALLING cuando se detecta un
#obstáculo
  GPIO.add_event_detect(pin,GPIO.FALLING,mirar,bouncetime=200)
  LCD.init(0x27,1)                    #inicia dirección I2C© del
                                      #LCD y activa backlight
```

```
  LCD.clear()                              #borra pantalla del LCD

def mirar(Ev=None):                        #obstáculo detectado
  global estado
  print "Obstáculo detectado"
  if estado:
    GPIO.output(pin_r,GPIO.HIGH)           #enciende LED rojo
    GPIO.output(pin_v,GPIO.LOW)            #apaga LED verde
    LCD.write(0,1,'obstaculo##Rojo ')      #obstáculo y LED rojo
  else:
    GPIO.output(pin_v,GPIO.HIGH)           #enciende LED verde
    GPIO.output(pin_r,GPIO.LOW)            #apaga LED rojo
    LCD.write(0,1,'OBSTACULO__Verde')      #obstáculo y LED verde
  estado=not estado

def loop():                                #bucle principal
  while True:
    time.sleep(.1)                         #para no cargar micro

def parar():                               #para con CTRL+C
  GPIO.output(pines,GPIO.LOW)              #apaga LED Dual
  GPIO.cleanup()                           #libera GPIO©
  LCD.clear()                              #borra pantalla LCD
  LCD.write(0,0,'Fin....')
  print
  print 'Programa finalizado'
  time.sleep(1)
  LCD.closelight()                         #apaga backlight

if __name__=='__main__':                   #Programa comienza aquí
  setup()                                  #inicia dispositivos
  print '\n'*80                            #borra pantalla
  print 'Detecta obstáculos'
  LCD.write(0,0,'Sensor OBSTACULOS')       #ver título
  try:
    loop()                                 #bucle del programa
  except KeyboardInterrupt:                #para con CTRL+C
    parar()
```

Ejercicios propuestos:

• Añadir un relé y activarlo/desactivarlo al detectar un obstáculo. Añadir como carga del relé, o conectado al GPIO©, un buzz activo que emita una señal cuando se active el relé, esa señal solo debe durar 1 segundo aunque el relé permanezca activado.

• Añadir un display de 7 segmentos que presente una cuenta atrás de 9 a 0 cada vez que se detecte un obstáculo y que impida una nueva detección mientras se ejecuta tal cuenta atrás.

• Incluir además un sensor táctil que desactive el relé y ponga la cuenta atrás a cero en cualquier momento.

⊖⊖⊖

*Ejercicio 38:
Sensor de temperatura con Termistor

Un termistor es básicamente una resistencia cuyo valor varía con su temperatura, por lo tanto lo podemos usar como sensor de temperatura dentro de unos márgenes y sensibilidad de funcionamiento.

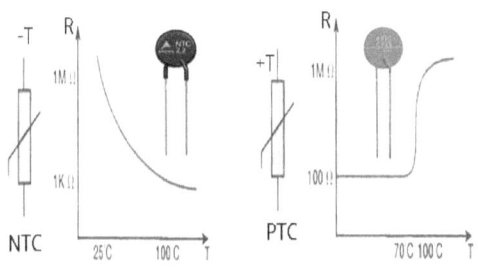

Existen dos tipos de termistores:

• Los que tienen un coeficiente negativo de temperatura **(NTC)**, esto es, a medida que sube la temperatura detectada, su resistencia disminuye de manera logarítmica (no lineal)

• Los de coeficiente positivo de temperatura **(PTC)** en los que sucede lo contrario y la resistencia aumenta exponencialmente (también no lineal) con la temperatura.

En nuestro caso usaremos un termistor del tipo **NTC** similar al MF52AT©, que posee una resistencia de 10kΩ a 25ºC y una variación entre la temperatura detectada T y su resistencia R con variación logarítmica, así por ejemplo, a 0ºC $R=98k\Omega$ y a 50ºC $R=3,6k\Omega$

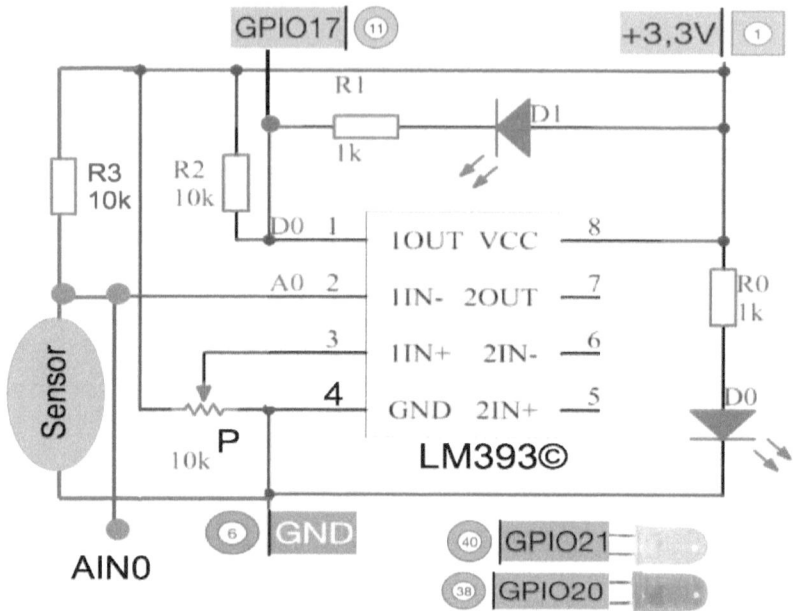

En este ejercicio, igual que otros ya vistos con otros sensores, además de la salida analógica A0 que ataca al conversor A/D por la entrada AIN0, vamos a usar el termistor como detector para obtener una señal digital, DO tipo on/off. Para ello usaremos el circuito adicional de disparo habitual con el comparador y amplificador LM393©

Cuando la temperatura T próxima al termistor, sube de un nivel de referencia, la resistencia baja de determinado nivel, haciendo que la entrada 1IN− del comparador sea inferior a la entrada 1IN+ (ajustada con el potenciómetro P) y por lo tanto la salida digital DO pasa a nivel alto y el LED D1 se apaga.

El nivel D0 es capturado por el GPIO17© por interrupción software y con ello actuamos sobre el LED Dual conectado en GPIO20© y GPIO21©

En paralelo a este proceso, se captura el valor de la resistencia del termistor desde su salida analógica, A0, con la entrada AIN0 del conversor A/D

Finalmente usamos el display LCD1602© para presentar la temperatura captada y el estado de cada uno de los LED.

Como siempre el LED D0 indica que hay alimentación, las resistencias R0 y R1 limitan la corriente de los LED y R2 y R3 son pull-up para estabilizar señales.

El diagrama de bloques de este ejercicio es similar al del sensor Hall.

```python
#-------------------------------------------------------------
# 38_SENSOR_TERMISTOR.PY: Ver temperatura en LCD con termistor
#-------------------------------------------------------------
# Entradas: detección cambio de resistencia por cambio temperatura
#           del NTC termistor
# Salidas:  temperatura termistor y estado LED Dual, ver en LCD
# Acción:   pin 11=LOW cambio LED Dual y texto en LCD
#-------------------------------------------------------------
# -*- coding: utf-8 -*-
#!/usr/bin/env python          #ubicación del intérprete Python©
import RPi.GPIO as GPIO        #importa librería gestionar GPIO©
import time                    #importa librería de gestión tiempo
import LCD                     #importa librería gestión LCD1602©
import PCF8591 as ADC          #importa librería conversión A/D
import math                    #importa librería matemática

#PARAMETROS DEL TERMISTOR (revisar según modelo)
Vcc=3.3                        #alimentación circuito
escala=255                     #niveles del conversor A/D (8bits)
R=10000                        #resistencia en serie con termistor
K=273.15                       #conversión Kelvin a Centígrados
A1=22                          #ajuste ºC punto central
A2=-7.7                        #offset final de ajuste
B=3950                         #termistor (ajustar según modelo)
term_pin=11                    #pin 11 salida DO on/off termistor
r_pin=38                       #pin 38 LED rojo
g_pin=40                       #pin 40 LED verde
pines=(r_pin,g_pin)            #lista de pines
LED=''                         #LED a visualizar

def setup():                   #FUNCIÓN: inicia el GPIO©
  GPIO.setwarnings(False)      #evita mensajes innecesarios
  GPIO.setmode(GPIO.BOARD)     #números de GPIO© posición física
  GPIO.setup(pines,GPIO.OUT)   #los LED son salida
  GPIO.output(pines,0)         #los apaga
  GPIO.setup(term_pin,GPIO.IN, pull_up_down=GPIO.PUD_UP)
                               #pin entrada con pull-up a +3.3v
  GPIO.add_event_detect(term_pin,GPIO.FALLING
         ,callback=mira,bouncetime=2000) #si detecta ejecuta mira()
  ADC.setup(0x48)              #dirección I2C© conversor A/D
```

Gregorio Chenlo Romero (gregochenlo.blogspot.com)

```
    LCD.init(0x27,1)                  #dirección I2C© LCD y backlight=ON
    LCD.clear()                       #borra pantalla del LCD

def mira(Ev=None):                    #umbral temperatura detectado por
                                      #interrupción, no por escaneo
    a=GPIO.input(term_pin)            #pin=0 temperatura>referencia
    global LED
    print 'Detectado, enciendo: ',
    if not a:                         #DO=LOW, a=False, temperatura alta
      GPIO.output(r_pin,1)            #enciende LED rojo
      GPIO.output(g_pin,0)            #apaga    LED verde
      LED='Rojo '
    else:                             #a=True, temperatura baja
      GPIO.output(r_pin,0)            #apaga    LED rojo
      GPIO.output(g_pin,1)            #enciende LED verde
      LED='Verde'
    print LED

def temp(x):                          #calcula valor de temperatura
    global temperatura
    Vr=Vcc*float(x)/escala            #voltaje detectado
    Rt=(R*Vr)/(Vcc-Vr)               #resistencia termistor
    L=math.log(Rt/R)                  #coeficiente logarítmico
    temp=1/((L/B)+(1/(K+A1)))         #conversión tensión a temperatura
    temperatura="{0:.2f}".format(temp-K+A2)  #ajuste Kelvin a ºC y
                                      #offset ajuste final a 2 decimales

def bucle():                          #bucle principal del programa
    while True:
      lectura=ADC.read(0)             #valor del conversor A/D
      temp(lectura)                   #conversión lectura a temperatura
      print lectura,temperatura       #ver valor A/D y temperatura
      LCD.write(5,1,temperatura)      #ver valor temperatura
      LCD.write(11,1,LED)             #ver LED
      time.sleep(.1)                  #reduce carga en microprocesador

def parar():                          #para al pulsar CTRL+C
    GPIO.output(pines,0)              #apaga los LED
    GPIO.cleanup()                    #libera el GPIO©
    LCD.clear()                       #borra pantalla LCD
    LCD.write(0,0,'Fin....')
    print 'Programa finalizado'
    time.sleep(1)                     #asegura escritura
    LCD.closelight()                  #apaga backlight

if __name__ == '__main__':            #Programa comienza aquí
    setup()                           #ejecuta la función setup()
    print '\n'*80                     #borra pantalla
    print 'Probar el Termistor'       #subir/bajar temperatura
    LCD.write(0,0,'Probar TERMISTOR') #ver título del ejercicio
    LCD.write(0,1,'Temp:')            #ver título temperatura
    try:                              #ejecuta siguiente instrucción
                                      #salvo excepción
      bucle()                         #este bucle simula programa general
    except KeyboardInterrupt:         #si se pulsa 'Ctrl+C' se ejecuta
      parar()                         #parar() que detiene el programa
```

Ejercicios propuestos:

• Incluir un detector de inclinación y actuar con el LED Dual cuando la temperatura suba de un cierto umbral y además se active por interrupción el detector de inclinación.

• Añadir un motor DC y aumentar su velocidad en tres tramos en función de la temperatura detectada por el termistor y tratada por el conversor A/D, presentar los tramos en el LCD.

• Incluir un buzz pasivo y generar, por PWM un sonido diferente activado en cada tramo anterior.

⊖⊖⊖

*Ejercicio 39:
Interruptor con Termistor

Igual que describimos el interruptor con sensor Hall, la otra alternativa de uso del termistor es como activador de in interruptor on/off.

Recordemos que cuando la temperatura del entorno del termistor sube, su resistencia baja logarítmicamente, este característica se puede aprovechar para activar un GPIO© de la Raspberry© o como en este caso atacar la entrada AIN0 del conversor A/D y tomar decisiones en función de su valor numérico, pudiendo actuar como interruptor on/off.

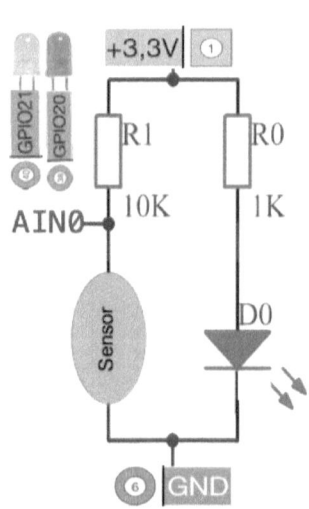

Para ello usaremos un circuito de activación muy sencillo donde el LED D0 se ilumina cuando se alimenta el circuito y R0 limita la corriente que circula por él.

R1 ayuda a dividir la tensión en AIN0 entre +3,3v y 0v aproximadamente y también actua de pull-up.

A 25ºC el termistor elegido tiene una resistencia de 10kΩ por lo tanto, a esta temperatura, la tensión en el punto conectado a AIN0 es +1.65v aproximadamente.

El script Python© lee en bucle el valor aportado por el conversor A/D PCF8591© proveniente del interruptor termistor a través de la entrada analógica

252

AIN0 y presenta en el LCD1602© el valor aproximado de la temperatura calculada con un algoritmo indicado por el fabricante del termistor.

Cuando esta temperatura supera un umbral superior predefinido se activa el LED rojo del LED Dual, cuando la temperatura desciende por debajo de un umbral inferior se activa el LED verde y entre ambos límites se visualiza el texto OK.

```python
#-------------------------------------------------------------
# 39_INTERRUPTOR_TERMISTOR.PY: On/off LED Dual, ver LCD y termistor
#-------------------------------------------------------------
# Entradas: detección cambio de resistencia por cambio temperatura
#           en el termistor NTC
# Salidas:  estado LED Dual, ver en LCD
# Acción:   según márgenes cambia LED Dual y texto en LCD
#-------------------------------------------------------------
# -*- coding: utf-8 -*-
#!/usr/bin/env python              #ubicación del intérprete Python©

import RPi.GPIO as GPIO            #importa librería gestionar GPIO©
import time                       #importa librería de gestión tiempo
import LCD                        #importa librería gestión LCD1602©
import PCF8591 as ADC             #importa librería conversión A/D
import math                       #importa librería matemática

#PARAMETROS DEL TERMISTOR (ver datos del fabricante)
Vcc=3.3                           #alimentación circuito
escala=255                        #niveles del conversor A/D
R=10000                           #resistencia en serie con termistor
K=273.15                          #conversión Kelvin a Centígrados
A1=22                             #ajuste ºC punto central
A2=-6.7                           #offset final de ajuste ambiente
B=3950                            #parámetro termistor (ajustar según
                                  #modelo y datos del fabricante)

#PARAMETROS DEL PROGRAMA
r_pin=38                          #pin 38 LED rojo
g_pin=40                          #pin 40 LED verde
pines=(r_pin,g_pin)               #lista de pines
temp_alta=25.2                    #margen superior, ajustar ambiente
temp_baja=23.5                    #margen inferior

def setup():                      #FUNCIÓN: inicia el GPIO©
  GPIO.setwarnings(False)         #evita mensajes innecesarios
  GPIO.setmode(GPIO.BOARD)        #números de GPIO© posición física
  GPIO.setup(pines,GPIO.OUT)      #los LED son salida
  GPIO.output(pines,0)            #los apaga
  ADC.setup(0x48)                 #dirección I2C© conversor A/D
  LCD.init(0x27,1)                #dirección I2C© LCD backlight ON
  LCD.clear()                     #borra pantalla del LCD
```

```
def temp(x):                        #calcula valor de temperatura
  global temperatura                #temperatura es un str
  Vr=Vcc*float(x)/escala            #voltaje detectado
  Rt=(R*Vr)/(Vcc-Vr)               #resistencia termistor
  L=math.log(Rt/R)                 #coeficiente logarítmico
  temp=1/((L/B)+(1/(K+A1)))         #conversión tensión a temperatura
  temperatura="{0:.2f}".format(temp-K+A2) #ajuste Kelvin ºC offset

def led_dual(x):                    #enciende el LED y presenta estado
  if x:                            #si x es True
    GPIO.output(r_pin,1)           #enciende LED rojo
    GPIO.output(g_pin,0)           #apaga     LED verde
    texto='Rojo '
  else:                            #si x es False
    GPIO.output(r_pin,0)           #apaga     LED rojo
    GPIO.output(g_pin,1)           #enciende LED verde
    texto='Verde'
  print texto                      #escribe Rojo o Verde
  LCD.write(11,1,texto)            #escribe temperatura LCD C,F=11,1

def bucle():                        #bucle principal del programa
  while True:
    lectura=ADC.read(0)            #valor del conversor A/D
    temp(lectura)                  #conversión lectura a temperatura
    print lectura,temperatura      #ver valor A/D y temperatura
    LCD.write(5,1,temperatura)     #ver valor temperatura
    tp=float(temperatura)          #temperatura es un string
    if tp>=temp_alta:              #valor superior => rojo
      led_dual(True)
    if tp<temp_alta and tp>temp_baja: #valor intermedio => OK
      LCD.write(11,1,'OK   ')
    if tp<=temp_baja:              #valor inferior => verde
      led_dual(False)
    time.sleep(.5)                 #reduce carga en microprocesador

def parar():                        #para al pulsar CTRL+C
  GPIO.output(pines,0)             #apaga los LED
  GPIO.cleanup()                   #libera el GPIO©
  LCD.clear()                      #borra pantalla LCD
  LCD.write(0,0,'Fin....')
  print
  print 'Programa finalizado'
  time.sleep(1)
  LCD.closelight()                 #apaga backlight

if __name__ == '__main__':          #Programa comienza aquí
  setup()                          #ejecuta la función setup()
  print '\n'*80                    #borra pantalla
  print 'Probar el Termistor'      #subir/bajar temperatura
  LCD.write(0,0,'Probar TERMISTOR') #ver título
  LCD.write(0,1,'Temp:')           #ver temperatura
  try:                             #ejecuta siguiente instrucción
                                   #salvo excepción
    bucle()                        #este bucle simula programa general
  except KeyboardInterrupt:        #si se pulsa 'Ctrl+C' se ejecuta
    parar()                        #función detiene el programa
```

Ejercicios propuestos:

• Añadir al circuito un relé que simule una carga que se active cuando la temperatura supere un límite superior. Presentar el estado en el LCD y añadir un buzz activo como carga del relé.

• Incluir un sensor de lluvia para que en el LCD se presente el estado del sensor y la temperatura del termistor activando el LED Dual cuando ambos parámetros desciendan/asciendan de un umbral predeterminado.

• Añadir un interruptor Hall para indicar si el material próximo al termistor y sensor Hall es magnético y a qué temperatura se encuentra. Activar el LED rojo del LED Dual cuando la temperatura y el campo magnético sean altos.

*Ejercicio 40:
Sensor de sonido

El sensor que vamos a ver en este ejercicio es muy común en los hogares, muy conocido y muy usado en múltiples dispositivos.

Se trata de un micrófono que traduce la presión de las ondas sonoras en señales eléctricas analógicas que capturaremos y convertiremos con el conversor A/D PCF8591© habitual.

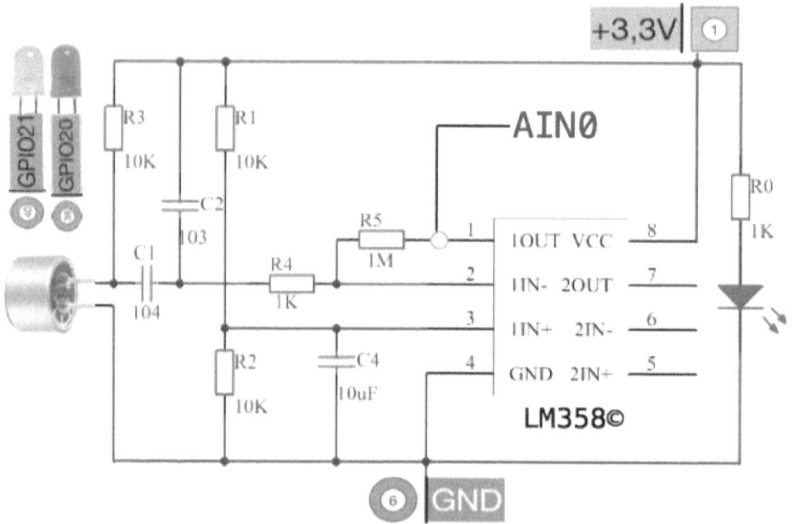

En nuestro caso usaremos el MAX-4466© o similar que se trata de un micrófono basado en un condensador electrostático que genera una pequeña corriente al ser activado por el sonido y que precisa de un circuito de amplificación de alta ganancia y bajo ruido, como es el amplificador operacional LM358© y un circuito de control adicional.

El micrófono, al recibir presión sonora, genera a través de C1, R4 y junto a R3, una tensión analógica y variable que se amplifica por el LM358©, sale por 1OUT y ataca la entrada AIN0 del conversor A/D

R1 y R2 generan un punto intermedio entre +3,3v y GND que sirve de referencia a la entrada 1IN– para el comparador LM358© (se podría haber usado un potenciómetro de ajuste).

C4 actúa de filtro, R5 controla la ganancia del circuito y finalmente R0 limita la corriente del LED que se ilumina si el conjunto está alimentado.

El script convierte el valor analógico detectado por el comparador LM358© en valores digitales entre 0 y 255 en función de la presión sonora.

El valor digital se visualiza en pantalla y en el display LC1602©. Se define un umbral mínimo de sonido y cuando éste se supera, se activa el LED Dual rojo y un símbolo en el LCD. Cuando el sonido desaparece se activa el LED Dual verde y el símbolo en el LCD desaparece. El LED dual está controlado por los GPIO20© y GPIO21©

```
#-------------------------------------------------------------
# 40_SENSOR_SONIDO.PY: detecta sonido, activa Dual presenta en LCD
#-------------------------------------------------------------
# Entradas: detección cambio de resistencia del micrófono
# Salidas:  ver sonido detectado en LCD y activación LED Dual
# Acción:   según sensibilidad presenta sonido detectado en LCD
#-------------------------------------------------------------
# -*- coding: utf-8 -*-
#!/usr/bin/env python          #ubicación del intérprete Python©
import time                    #importa librería gestión tiempo
import LCD                      #importa gestión LCD1602©
import PCF8591 as ADC          #importa librería conversión A/D
import RPi.GPIO as GPIO        #importa librería gestionar GPIO©
umbral=90                      #ajustar según sensibilidad
r_pin=38                       #pin 38 LED rojo
```

```
g_pin=40                              #pin 40 LED verde
pines=(r_pin,g_pin)                   #lista de pines

def setup():
  GPIO.setwarnings(False)             #evita mensajes innecesarios
  GPIO.setmode(GPIO.BOARD)            #números de GPIO© posición física
  GPIO.setup(pines,GPIO.OUT)          #los LED son salida
  GPIO.output(pines,0)                #los apaga
  ADC.setup(0x48)                     #dirección I2C© del conversor A/D
  LCD.init(0x27,1)                    #inicia dirección I2C© del LCD y
                                      #activa backlight
  LCD.clear()                         #borra pantalla del LCD

def bucle():
  flag=True                           #cambio de símbolo
  while True:                         #bucle principal
    sonido=ADC.read(0)                #lee conversor en AIN0
    texto=('   '+str(sonido))[-3:]    #ajusta valor a 3 caracteres
    print 'Sonido:',sonido
    if sonido<umbral:                 #umbral de detección
      print 'Sonido detectado'
      if flag:                        #cambia el símbolo a [*]
        texto=texto+' [*]'
        GPIO.output(r_pin,1)          #enciende LED rojo
        GPIO.output(g_pin,0)          #apaga    LED verde
      else:                           #cambia el símbolo a [ ]
        texto=texto+' [ ]'
        GPIO.output(r_pin,0)          #apaga    LED rojo
        GPIO.output(g_pin,1)          #enciende LED verde
      flag=not flag                   #alterna el símbolo
    LCD.write(7,1,texto)              #presenta valor y símbolo
    time.sleep(.2)                    #ajusta velocidad escaneo AIN0

def parar():                          #para al pulsar CTRL+C
  GPIO.output(pines,0)                #apaga los LED
  GPIO.cleanup()                      #libera el GPIO©
  LCD.clear()                         #borra pantalla LCD
  LCD.write(0,0,'Fin....')
  print
  print 'Programa finalizado'
  time.sleep(1)
  LCD.closelight()                    #apaga backlight

if __name__ == '__main__':
  setup()                             #Ejecuta la función setup()
  print '\n'*80                       #borra pantalla
  print 'Probar el Micrófono'         #subir/bajar temperatura
  LCD.write(0,0,'Probar MICROFONO')   #ver título
  LCD.write(0,1,'Valor:')             #ver valor sonido
  try:                                #ejecuta siguiente instrucción
                                      #salvo excepción
    bucle()                           #bucle simula programa general
  except KeyboardInterrupt:           #si se pulsa 'Ctrl+C' se ejecuta
    parar()                           #función detiene el programa
```

Ejercicios propuestos:

• Conectar un decodificador rotatorio que controle el nivel del umbral mínimo a partir del cual se detecte el sonido.

• Añadir un relé y activarlo con un GPIO© cuando el sonido supere un umbral mínimo o máximo. Incluir como carga del relé un actuador como el puntero láser.

• Añadir un buzz pasivo que genere varios tramos de sonido con varias frecuencias, acercar el buzz al micrófono y comprobar la sensibilidad del micrófono a cada franja de frecuencias ¿es lineal?.

⊖⊙⊖

*Ejercicio 41:
Sensor Ultrasonidos

Veremos en este ejercicio uno de los dispositivos más interesantes de este libro pues es

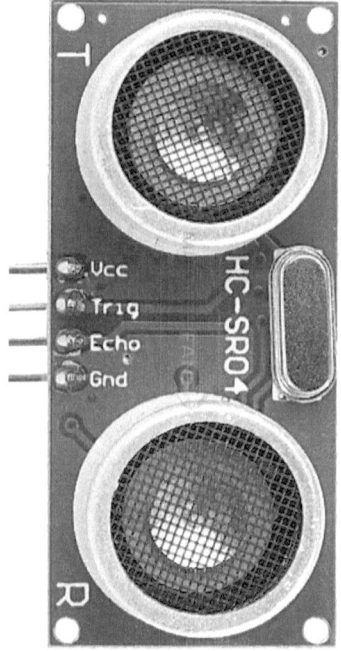

muy utilizado para medir distancias con una precisión muy aceptable usando los ultrasonidos como elemento físico de medida.

El dispositivo usado es el HC-SR04©, o equivalente, que cuenta con un emisor y un sensor de ultrasonidos de 40kHz.

Los ultrasonidos se desplazan en el aire a una velocidad de 343,2m/s por lo tanto enviando dicho sonido hacia un objeto y calculando el tiempo que tarda en ir y volver, se puede calcular fácilmente la distancia entre el emisor de ultrasonidos y el objeto de la siguiente manera:

$$distancia = velocidad * tiempo = \frac{343,2}{2} * 100 * tiempo$$

Distancia está en centímetros, el tiempo es el total, en segundos, desde la emisión a la recepción del sonido y se divide entre 2 pues es el tiempo de ida y de vuelta del emisor al receptor.

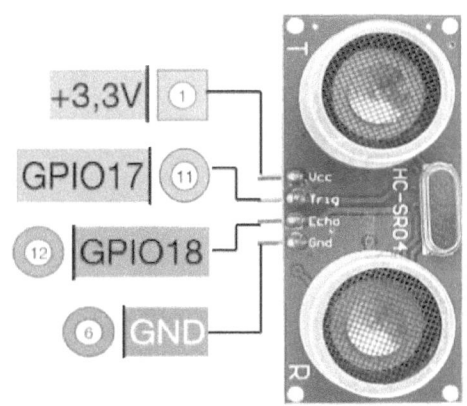

La conexión de este dispositivo a los GPIO© de la Raspberry© es muy sencilla pues el sensor de ultrasonidos ya incluye todos los elementos electrónicos de control necesarios y también de adaptación de niveles lógicos.

Nuestro ejemplo solo necesita, en este caso, del GPIO17© para el emisor (trigger), del GPIO18© para el receptor (echo) y de alimentación a +3,3v

El script Python© tendrá un bucle que enviará periódicamente un determinado pulso de ultrasonidos, recibirá el eco de dicho pulso, calculará el tiempo transcurrido, hará los cálculos y presentará en pantalla y en el display LCD1602© la distancia formateada y en cm.

El proceso de medida es el siguiente:

1. Poner la señal [trig] ó GPIO17© en LOW al menos 0,2s para estabilizar el emisor de ultrasonidos.

2. Subir la señal [trig] a HIGH durante 10µs (diez micro segundos) y después en LOW.

Al realizar esta operación, el sensor envía automáticamente 8 pulsos de ultrasonidos de 40kHz y pone la salida [echo] ó GPIO18© en HIGH. Debemos iniciar el cronómetro interno del tiempo desde que [echo] esté en HIGH.

3. La salida [echo] permanece en estado HIGH hasta que recibe el eco del sonido enviado, en este momento [echo] pasa a LOW y es el momento de parar el cronómetro del tiempo (control por software).

4. Conocido el tiempo transcurrido marcado por el cronómetro y aplicando la fórmula anterior sabremos la distancia existente entre el emisor de ultrasonidos y el objeto distante.

```
#-----------------------------------------------------------
# 41_SENSOR_ULTRASONIDOS.PY: emite/recibe ultrasonido, mide la
# distancia en cm y la presenta en LCD
#-----------------------------------------------------------
# Entradas: recibe eco (echo) del emisor de ultrasonidos (trigger)
# Salidas:  presenta distancia recorrida en cm en LCD
# Acción:   emite (trigger), recibe (echo), calcula distancia y
#           presenta en LCD
#-----------------------------------------------------------
# -*- coding: utf-8 -*-              #caracteres especiales
#!/usr/bin/env python               #ubicación intérprete Python©

import time                         #librería de gestión tiempo
import RPi.GPIO as GPIO             #librería para gestionar GPIO©
import LCD                          #librería gestión LCD1602©
pin_t=11                            #pin trigger (emisor)
pin_e=12                            #pin echo    (receptor)

def setup():                        #inicia dispositivos
  GPIO.setwarnings(False)           #evita mensajes innecesarios
  GPIO.setmode(GPIO.BOARD)          #número GPIO© posición física
  GPIO.setup(pin_t,GPIO.OUT)        #trigger es salida
  GPIO.setup(pin_e,GPIO.IN)         #echo es entrada
  LCD.init(0x27,1)                  #inicia dirección I2C© del LCD
                                    #y activa backlight
  LCD.clear()                       #borra pantalla del LCD

def distancia():
  GPIO.output(pin_t, 0)             #poner trigger a cero
  time.sleep(.2)                    #tiempo estabilizar sensor
  GPIO.output(pin_t, 1)             #a 1 durante 10 micro segundos
  time.sleep(0.00001)               #al volver a 0 el sensor envía
                                    #8 pulsos de 40kHz y
  GPIO.output(pin_t, 0)             #pone echo en HIGH
  while GPIO.input(pin_e)==0:       #espera a que echo cambie
    pass                            #de LOW a HIGH
  time_envia=time.time()            #anota tiempo inicio de envío
  while GPIO.input(pin_e)==1:       #eco en HIGH hasta recibir eco
    pass
  time_recibe=time.time()           #tiempo de recibo de eco
  retardo=time_recibe-time_envia    #retardo
  return retardo*343.2/2*100        #distancia=retardo*velocidad
                                    #sonido/2*100

def loop():                         #bucle principal del programa
  while True:
    dis='{0:.2f}'.format(distancia())#calcula distancia
    dis=('     '+str(dis))[-6:]     #formatea a XXX,XX
```

262

```
    print dis, 'cm'                    #visualiza en pantalla
    LCD.write(4,1,dis)                 #visualiza en LCD
    time.sleep(.3)

def parar():                           #para al pulsar CTRL+C
  GPIO.output(pin_t,0)                 #apaga emisión
  GPIO.cleanup()                       #libera el GPIO©
  LCD.clear()                          #borra pantalla LCD
  LCD.write(0,0,'Fin....')
  print
  print ('Programa finalizado')
  time.sleep(1)
  LCD.closelight()                     #apaga backlight

if __name__=='__main__':               #Programa comienza aquí
  setup()                              #inicia dispositivos
  print ('Mide distancias con ultrasonidos')
  LCD.write(0,0,'MIDE DISTANCIAS')     #ver título
  LCD.write(0,1,'Cm:')                 #distancia en centímetros

  try:
    while True:                        #bucle principal
      loop()
  except KeyboardInterrupt:            #para con CTRL+C
    parar()
```

Ejercicios propuestos:

- Añadir un buzz pasivo y hacer que su frecuencia, gestionada por PWM, varíe con la distancia detectada por el sensor de ultrasonidos.

- Añadir un potenciómetro y un conversor A/D que capture el valor convertido, lo traduzca en la resistencia del potenciómetro y presente en el LCD las dos variables: distancia y resistencia.

- Añadir un decodificador giratorio para seleccionar y cambiar la medida de la distancia de centímetros a pulgadas.

⊖⊖⊖

*Ejercicio 42:
Fotoresistor

Igual que el micrófono detecta sonidos, el fotoresistor, como el GL5539© o similar, modifica su resistencia interna en función de la luz que recibe, por lo tanto podremos construir un sensor de luz y transformar su salida analógica a digital y procesarla con la Raspberry©.

Como con todos los demás sensores, necesitamos un circuito de control para poder sacar todo el partido al fotoresistor y adaptar sus señales al conversor A/D PCF8591©

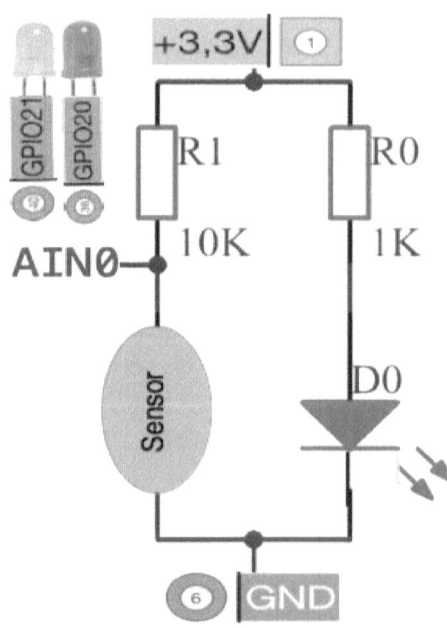

Cuando la luz incide en el fotoresistor, esto es en el sensor, su resistencia desciende y cuando la luz deja de incidir dicha resistencia aumenta (mediante una ley no lineal y dependiente de la marca del sensor).

Por lo tanto en AIN0 tenemos una tensión variable entre +3,3v y GND (aproximadamente) que generará en el conversor A/D un valor entre 255 y 0 respectivamente. R1 limita la corriente que cruza el sensor y actúa de pull-up de AIN0 y R0 limita la de D0, que se activa con la alimentación del circuito.

Finalmente con los GPIO20© y GPIO21© haremos parpadear (por software) los LED rojo y verde respectivamente cuando la luz detectada por el fotoresistor supere un umbral, esto es, cuando AIN0 descienda de un nivel predefinido y se mantendrán fijos en caso contrario.

El valor de AIN0 lo veremos en el LCD junto a un cambio de símbolo intermitente que indicará que se ha superado el umbral de luminosidad (configurable en el script Python©)

```
#----------------------------------------------------------------
# 42_FOTORESISTOR.PY: detecta intensidad luz activa Dual, ver LCD
#----------------------------------------------------------------
# Entradas: detección cambio de resistencia del fotoresistor
# Salidas:  ver luminosidad detectada y presentar en LCD
# Acción:   si luz<umbral parpadea LED y presenta en LCD
#----------------------------------------------------------------
# -*- coding: utf-8 -*-
#!/usr/bin/env python                #ubicación del intérprete Python©

import time                          #importa librería gestión tiempo
import LCD                           #librería gestión LCD1602©
import PCF8591 as ADC                #importa librería conversión A/D
import RPi.GPIO as GPIO              #importa librería gestionar GPIO©
umbral=80                            #ajustar según sensibilidad luz
r_pin=38                             #pin 38 LED rojo
g_pin=40                             #pin 40 LED verde
pines=(r_pin,g_pin)                  #lista de pines

def setup():
  GPIO.setwarnings(False)            #evita mensajes innecesarios
  GPIO.setmode(GPIO.BOARD)           #números de GPIO© posición física
  GPIO.setup(pines,GPIO.OUT)         #los LED son salida
  GPIO.output(pines,0)               #los apaga
  ADC.setup(0x48)                    #dirección I2C© del conversor A/D
  LCD.init(0x27,1)                   #inicia dirección I2C© del LCD y
                                     #activa backlight

  LCD.clear()                        #borra pantalla del LCD

def bucle():
  flag=True                          #parpadea LED y símbolo LCD
```

```python
  while True:                        #bucle principal
    luz=ADC.read(0)                  #lee conversor en AIN0
    texto=('  '+str(luz))[-3:]       #ajusta valor a 3 caracteres
    print 'Luz:',luz

    if luz<umbral and flag:          #umbral de detección y flag=True
      print 'Luz detectada'
      texto=texto+' [*]'             #cambia el símbolo a [*]
      GPIO.output(r_pin,1)           #enciende LED rojo
      GPIO.output(g_pin,0)           #apaga     LED verde
      flag=not flag                  #activa parpadeo LED
    else:                            #cambia el símbolo a [ ]
      texto=texto+' [ ]'
      GPIO.output(r_pin,0)           #apaga     LED rojo
      GPIO.output(g_pin,1)           #enciende LED verde
      flag=not flag                  #activa parpadeo LED
    LCD.write(7,1,texto)             #presenta valor y símbolo
    time.sleep(.2)

def parar():                         #para al pulsar CTRL+C
  GPIO.output(pines,0)               #apaga los LED
  GPIO.cleanup()                     #libera el GPIO©
  LCD.clear()                        #borra pantalla LCD
  LCD.write(0,0,'Fin....')
  print
  print 'Programa finalizado'
  time.sleep(1)
  LCD.closelight()                   #apaga backlight

if __name__ == '__main__':           #Programa empieza aquí
  setup()                            #ejecuta la función setup()
  print '\n'*80                      #borra pantalla
  print 'Probar el Fotoresistor'     #subir/bajar luminosidad
  LCD.write(0,0,'Ver FOTORESISTOR')  #ver título
  LCD.write(0,1,'Valor:')            #ver valor sonido

  try:                               #ejecuta siguiente instrucción
                                     #salvo excepción
    bucle()                          #bucle simula el programa general
  except KeyboardInterrupt:          #si se pulsa 'Ctrl+C' se ejecuta
    parar()                          #parar() que detiene el programa
```

Ejercicios propuestos:

- Activar un LED por PWM que cambie su luminosidad inversamente a la luz recibida en el fotoresistor.

- Definir una escala de 10 niveles de luz y asociarlas a un dígito a presentar en un display de 7 segmentos.

266

- Añadir un potenciómetro a la entrada AIN1 del conversor A/D y usar su valor como elemento de entrada al circuito para cambiar el umbral de luminosidad de manera dinámica.

⊖⊖⊖

*Ejercicio 43:
Sensor de Fuego

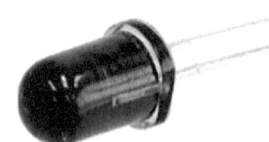

Un sensor de fuego o sensor de llamas consiste básicamente en un dispositivo que detecta la radiación infrarroja que produce la combustión en el espectro de los 700-1.000nm. Hay otros sensores similares que detectan también ciertas sustancias químicas.

El que vamos a usar en este ejercicio es un foto transistor TIL-78© o equivalente, que detecta la radiación infrarroja producida por las llamas.

Como todos los demás sensores, el foto transistor también necesita de un circuito de control basado en el amplificador comparador LM393© que ya hemos visto en otros ejercicios.

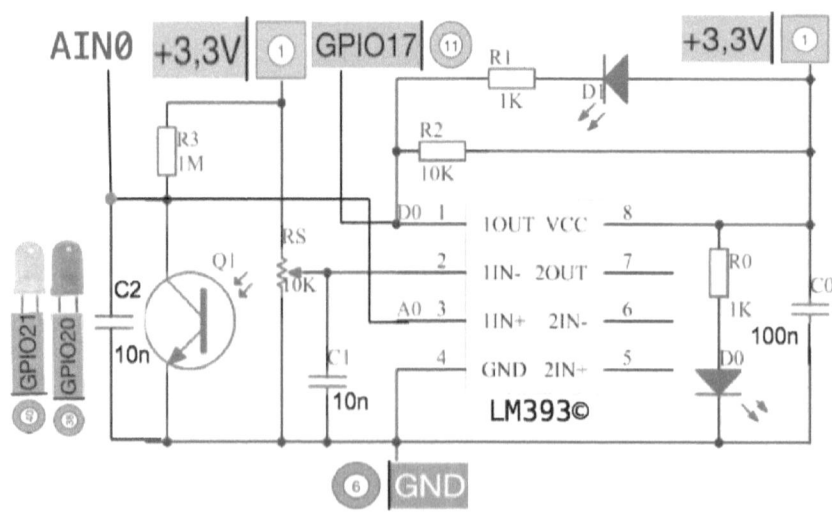

Cuando la luz infrarroja, procedente de una llama, incide en la base del foto transistor Q1, hace que este conduzca una cantidad de corriente en función de la energía de tal luz infrarroja recibida.

Esta corriente es captada, por una parte, por la entrada AIN0 del conversor A/D que nos la va a traducir a niveles digitales del 0 al 255 (aproximadamente) y por otra parte, por la entrada 1IN+ del LM393© que la compara con el nivel de referencia 1IN− (ajustable con el potenciómetro de 10kΩ), haciendo que la salida 1OUT (DO) active o no el GPIO17© de la Raspberry©. La señal del GPIO17© la trataremos por interrupción en nuestro programa. Finalmente los GPIO20© y GPIO21© hacen parpadear el LED Dual.

R2 y R3 actúan de pull−up a +3,3v R0 y R1 limitan la corriente de los diodos D0 y D1 respectivamente y C0, C1 y C2 filtran posibles interferencias.

En el script Python© captamos por un lado el valor analógico (AO) del foto transistor, lo traducimos a digital en el conversor A/D PCF8591© y lo presentamos en el LCD1602©.

Por otra parte, cuando DO genera una interrupción en la Raspberry© por el GPIO17©, el programa salta a la función parpadea() que hace parpadear el LED Dual y presenta un símbolo en el LCD.

```
#----------------------------------------------------------
# 43_SENSOR_FUEGO.PY: detecta fuego, activa Dual, presenta en LCD
#----------------------------------------------------------
# Entradas: detecta cambio de corriente en sensor infrarrojo AO y
#           salida DO comparador LM393©
# Salidas:  valor corriente detectada, parpadeo Dual, señal en LCD
# Acción:   si salta alarma por interrupción parpadea LED y
#           presenta en LCD
#----------------------------------------------------------
# −*− coding: utf−8 −*−
#!/usr/bin/env python          #ubicación del intérprete Python©
import time                    #librería de gestión tiempo
import LCD                     #librería gestión LCD1602©
import PCF8591 as ADC          #importa librería conversión A/D
import RPi.GPIO as GPIO        #importa librería gestionar GPIO©
```

```
r_pin=38                                #pin 38 LED rojo
g_pin=40                                #pin 40 LED verde
a_pin=11                                #alarma fuego salida DO
                                        #comparador LM393©
pines=(r_pin,g_pin)                     #lista de pines
estado=False                            #estado de alarma de fuego

def setup():
  GPIO.setwarnings(False)               #evita mensajes innecesarios
  GPIO.setmode(GPIO.BOARD)              #números GPIO© posición física
  GPIO.setup(pines,GPIO.OUT)            #los LED son salida
  GPIO.output(pines,0)                  #los apaga
  GPIO.setup(a_pin,GPIO.IN,pull_up_down=GPIO.PUD_UP) #alarma,
                        #procedente de DO, entrada con pull_up +3.3v
  GPIO.add_event_detect(a_pin,GPIO.FALLING,callback=alarma
                ,bouncetime=200) #si salta alarma ejecuta alarma()
  ADC.setup(0x48)                       #dirección I2C© del conversor A/D
  LCD.init(0x27,1)                      #dirección I2C© LCD y backlight
  LCD.clear()                           #borra pantalla del LCD

def alarma(Ev=None):                    #saltó la alarma por interrupción
  global estado                         #flag de alarma on/off
  estado=True                           #hay alarma
  time.sleep(.01)                       #ajuste asegurar lectura en DO

def bucle():                            #bucle principal del programa
  global estado,valor                   #para usar fuera de la función
  GPIO.output(g_pin,1)                  #enciende LED verde al inicio
  while True:                           #bucle principal
    llama=ADC.read(0)                   #lee luz en AIN0
    valor=('  '+str(llama))[-3:]        #ajusta valor a 3 caracteres
    print 'Nivel:',valor
    texto=valor+'  '                    #valor y símbolo en LCD
    if estado:                          #si hay alarma
      parpadea()                        #parpadean los LED
      estado=False                      #apaga alarma
    LCD.write(6,1,texto)                #presenta valor y símbolo
    time.sleep(.5)                      #para no cargar microprocesador

def parpadea():                         #saltó alarma, parpadean LED
  print 'Alarma de Fuego'               #mensaje de alarma
  for x in range(0,3):                  #bucle de parpadeo
    print '.',                          #símbolo de progreso del bucle
    print
    tex=valor+' *'                      #símbolo de alarma
    GPIO.output(r_pin,1)                #enciende LED rojo
    GPIO.output(g_pin,0)                #apaga     LED verde
    time.sleep(.5)                      #tiempo de parpadeo
    LCD.write(6,1,tex)                  #valor y símbolo ON
    tex=valor+'  '
    GPIO.output(r_pin,0)                #apaga     LED rojo
    GPIO.output(g_pin,1)                #enciende LED verde
    time.sleep(.5)                      #tiempo de parpadeo
    LCD.write(6,1,tex)                  #valor y símbolo OFF
```

```
def parar():                          #para al pulsar CTRL+C
  GPIO.output(pines,0)                #apaga los LED
  GPIO.cleanup()                      #libera el GPIO©
  LCD.clear()                         #borra pantalla LCD
  LCD.write(0,0,'Fin....')
  print
  print 'Programa finalizado'
  time.sleep(1)
  LCD.closelight()                    #apaga backlight

if __name__ == '__main__':            #Programa inicia desde aquí
  setup()                             #ejecuta la función setup()
  print '\n'*80                       #borra pantalla
  print 'Probar Sensor Llamas'        #acercar/alejar llama
  LCD.write(0,0,'SENSOR LLAMAS')      #ver título
  LCD.write(0,1,'Valor:')            #ver valor sensor llamas
  try:                                #ejecuta siguiente instrucción
                                      #salvo excepción

    bucle()                           #bucle simula el programa general
  except KeyboardInterrupt:           #si se pulsa 'Ctrl+C' se ejecuta
    parar()                           #función parar() detiene programa
```

Ejercicios propuestos:

• Añadir un pulsador y cambiar el script para que cuando salte la alarma, se mantenga el parpadeo del LED Dual hasta que se desactive la alarma con el pulsador.

• Ajustar el nivel de salto de alarma por interrupción con DO pero incluyendo además el valor de un potenciómetro convertido a digital por el puerto AIN1 del conversor A/D

• Añadir un relé que podría activar una alarma acústica de potencia para avisar de la alarma de fuego. Simular dicha alarma acústica con un buzz activo.

⊖⊖⊖

*Ejercicio 44:
Sensor de Gas y Humo

Un detector de gas y humo es un sensor que consta de unos semiconductores sensibles a una determinada cantidad de gas que hace variar su resistencia, de manera que si transformamos en digital este efecto analógico observaremos como sus valores suben a medida que se detecte mayor cantidad de gas.

En este ejercicio usaremos el sensor MQ-2© o uno similar que detecta: gas licuado de petroleo, humo, vapor de alcohol, propano, hidrógeno, metano y monóxido de carbono.

Este sensor tiene un consumo aproximado de 1w, por lo tanto hay que tener en cuenta al alimentarlo hacerlo con una fuente de alimentación externa y no directamente con la Raspberry©, además necesita alcanzar una cierta temperatura de funcionamiento y esto le lleva unas 24 horas, no obstante para probarlo es suficiente con unos minutos.

El sensor MQ-2© necesita de un circuito de activación y amplificación similar a los ya vistos con el comparador LM393©

Cuando el sensor MQ-2© detecta algún tipo de gas de los ya comentados, hace variar la señal analógica AO que ataca la entrada AIN0 del conversor A/D.

El amplificador LM393© compara esta señal AO con un umbral fijado por la resistencia variable RS, de modo que la salida 1OUT se activa al detectar el gas y superar el umbral fijado.

La salida DO activada actúa con el GPIO17© que es tratado en el script por interrupción, iniciando el proceso de alarma por gas detectado. D0 luce cuando el circuito recibe alimentación y D2 cuando se detecta gas. R0 y R2 limitan la corriente que pasa por los LED, R3 es un pull-down a GND y C1 filtra interferencias.

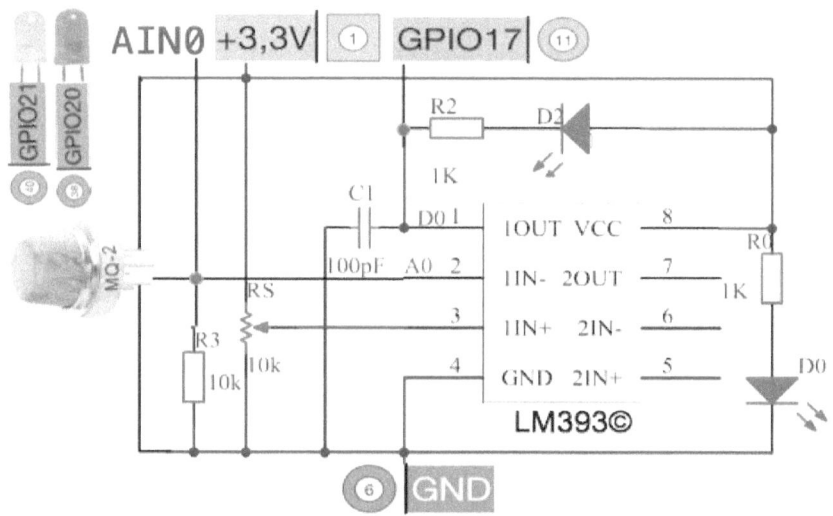

El script presenta en pantalla y en un LCD1602© el nivel de gas detectado y cuando GPIO17© detecta la alarma por interrupción, lanza la función parpadea() que hace parpadear el LED Dual, presenta la alarma en el LCD y activa una señal acústica intermitente.

```
#-------------------------------------------------------------
# 44_SENSOR_GAS.PY: detecta concentración de gas, activa buzz y LED
# Dual, presenta valores y alarma en LCD
#-------------------------------------------------------------
# Entradas: detección cambio de corriente en sensor gas y salida
#           comparador LM393© AO y DO
# Salidas:  valor corriente detectada, parpadeo Dual, señal alarma
#           en LCD y señal acústica por buzz
# Acción:   si salta alarma por interrupción parpadea LED y
#           suena buzz 3 veces y presenta en LCD
#-------------------------------------------------------------
```

```python
# -*- coding: utf-8 -*-
#!/usr/bin/env python           #ubicación del intérprete Python©
import time                     #importa librería gestión tiempo
import LCD                      #librería gestión LCD1602©
import PCF8591 as ADC           #importa librería conversión A/D
import RPi.GPIO as GPIO         #importa librería gestionar GPIO©
r_pin=38                        #pin 38 LED rojo
g_pin=40                        #pin 40 LED verde
a_pin=11                        #alarma gas/humo salida DO
                                #comparador LM393©
b_pin=13                        #señal acústica con buzz activo
pines=(r_pin,g_pin,b_pin)       #lista de pines salida
estado=False                    #estado de alarma de gas/humo

def setup():
  GPIO.setwarnings(False)       #evita mensajes innecesarios
  GPIO.setmode(GPIO.BOARD)      #números de GPIO© posición física
  GPIO.setup(pines,GPIO.OUT)    #los LED son salida
  GPIO.output(pines,0)          #los apaga
  GPIO.output(b_pin,1)          #buzz apaga con HIGH
  GPIO.setup(a_pin,GPIO.IN,pull_up_down=GPIO.PUD_UP) #alarma,
                #procedente de DO, es entrada con pull_up a +3.3v
  GPIO.add_event_detect(a_pin,GPIO.FALLING,callback=alarma
                ,bouncetime=200) #si salta alarma ejecuta alarma()
  ADC.setup(0x48)               #dirección I2C© del conversor A/D
  LCD.init(0x27,1)              #dirección I2C© del LCD backlight
  LCD.clear()                   #borra pantalla del LCD

def alarma(Ev=None):            #saltó la alarma de gas/humo por
                                #interrupción
  global estado                 #flag de alarma on/off
  estado=True                   #hay alarma
  print estado
  time.sleep(.01)               #ajuste para asegurar lectura DO

def bucle():                    #bucle principal del programa
  global estado,valor           #para usar fuera de la función
  GPIO.output(g_pin,1)          #enciende LED verde al inicio
  while True:                   #bucle principal
    llama=ADC.read(0)           #lee valor gas en AIN0
    valor=('   '+str(llama))[-3:] #ajusta valor a 3 caracteres
    print 'Nivel:',valor
    texto=valor+'   '           #valor y símbolo en LCD
    if estado:                  #si hay alarma
      parpadea()                #parpadean los LED
      estado=False              #apaga alarma
    LCD.write(6,1,texto)        #presenta valor y símbolo
    time.sleep(.5)              #para no cargar al micro

def parpadea():                 #saltó alarma, suena buzz y
                                #parpadean LED
  print 'Alarma de Gas'         #mensaje de alarma
  for x in range(0,3):          #bucle de parpadeo
    print '.',                  #símbolo de progreso del bucle
    print
    tex=valor+' *'              #símbolo de alarma
```

```
    GPIO.output(r_pin,1)        #enciende LED rojo
    GPIO.output(g_pin,0)        #apaga     LED verde
    GPIO.output(b_pin,0)        #activa buzz
    time.sleep(.5)              #tiempo de parpadeo
    LCD.write(6,1,tex)          #valor y símbolo ON
    tex=valor+'   '
    GPIO.output(r_pin,0)        #apaga     LED rojo
    GPIO.output(g_pin,1)        #enciende LED verde
    GPIO.output(b_pin,1)        #desactiva buzz
    time.sleep(.5)              #tiempo de parpadeo
    LCD.write(6,1,tex)          #valor y símbolo OFF

def parar():                    #para al pulsar CTRL+C
  GPIO.output(pines,0)          #apaga los LED
  GPIO.output(b_pin,1)          #apaga buzz
  GPIO.cleanup()                #libera el GPIO©
  LCD.clear()                   #borra pantalla LCD
  LCD.write(0,0,'Fin....')
  print
  print 'Programa finalizado'
  time.sleep(1)
  LCD.closelight()              #apaga backlight

if __name__ == '__main__':      #Programa inicia desde aquí
  setup()                       #ejecuta la función setup()
  print '\n'*80                 #borra pantalla
  print 'Probar Sensor Gas'     #acercar/alejar llama
  LCD.write(0,0,'SENSOR GAS-HUMO')#ver título
  LCD.write(0,1,'Valor:')       #ver valor sensor llamas
  try:                          #ejecuta siguiente instrucción
                                #salvo excepción
    bucle()                     #bucle simula el programa general
  except KeyboardInterrupt:     #si se pulsa 'Ctrl+C' se ejecuta
    parar()                     #parar() detiene el programa
```

Ejercicios propuestos:

• Añadir un pulsador y cambiar el script para que cuando salte la alarma, se mantenga el parpadeo del LED Dual hasta que se desactive la alarma con el pulsador.

• Ajustar el nivel de salto de alarma por interrupción con DO pero incluyendo además el valor de un potenciómetro convertido a digital por el puerto AIN1 del conversor A/D

• Añadir un relé que podría activar una alarma acústica de potencia para avisar de la alarma de fuego. Simular dicha carga con un buzz activo.

*Ejercicio 45:
Sensor Táctil

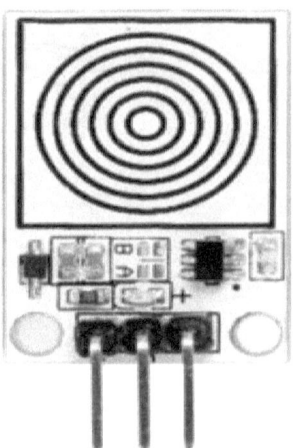

Usaremos en este ejercicio un sensor táctil que detecta, sin partes mecánicas y usando la propia conductividad del cuerpo humano, cuando le tocamos con un dedo.

El dispositivo posee una zona de activación que ataca a un circuito especial necesario para amplificar y estabilizar la señal que capta el cuerpo construyendo una señal digital tipo on/off.

Este circuito es muy útil para sustituir botones o interruptores físicos que suelen sufrir roturas por su elevado uso, por ejemplo botones de llamada de ascensores, botones de on/off de equipos, etc.

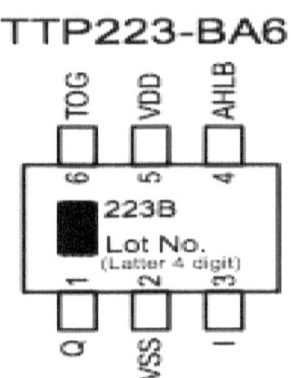

El circuito amplificador usado, que necesita de alta sensibilidad y ganancia, es el el TTP223-BA6© o equivalente.

Básicamente se trata de un conjunto de transistores en cascada que amplifican, estabilizan y auto regulan la bajísima tensión que aporta el cuerpo humano al actuar como antena.

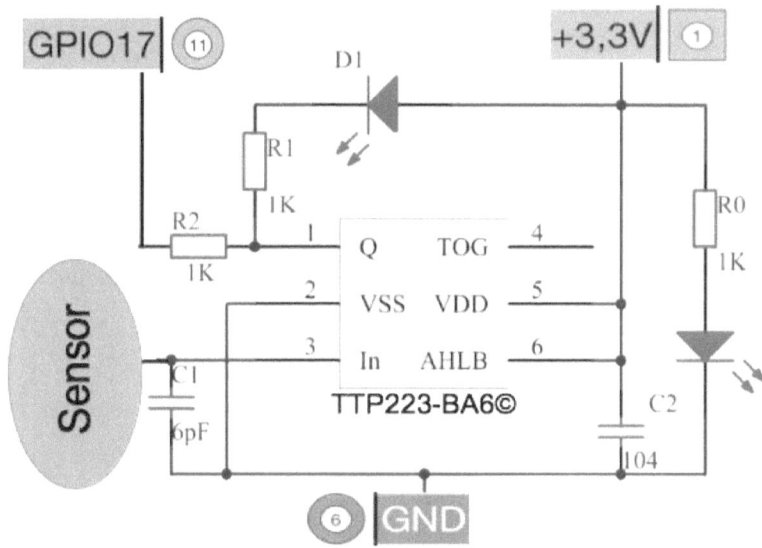

El sensor ataca el pin 1 del TTP223–BA6© con C1 actuando de filtro y tras amplificar la señal, se activa la salida Q que ataca el GPIO17©. R0 alimenta el LED que indica que hay corriente en el circuito, R1 hace lo propio con D1, R2 actua de pull–up de Q y C2 estabiliza los +3,3v

Por defecto la señal TOG activa la función "Toggle", esto es, se alternan los estados de Q (HIGH y LOW) con cada pulsación.

En el script Python©, al activarse el GPIO17© y detectarse a HIGH o LOW por escaneo, se activa la función ver(), que presenta en el display LCD1602© y en pantalla un texto ON/OFF indicándolo.

```
#-------------------------------------------------------------------
# 45_SENSOR_TACTIL.PY: detecta señal táctil y presenta en LCD
#-------------------------------------------------------------------
# Entradas: detección pulsación en sensor táctil
# Salidas:  presenta on/off en LCD
# Acción:   alterna entre on/off al tocar sensor y presenta en LCD
#-------------------------------------------------------------------

# -*- coding: utf-8 -*-
#!/usr/bin/env python            #ubicación intérprete Python©
```

```
import time                          #librería gestión tiempo
import RPi.GPIO as GPIO              #librería para gestionar GPIO©
import LCD                           #librería gestión LCD1602©
pin=11                               #pin sensor
estado_a=1                           #estado anterior

def setup():                         #inicia dispositivos
  GPIO.setwarnings(False)            #evita mensajes innecesarios
  GPIO.setmode(GPIO.BOARD)           #números GPIO© posición física
  GPIO.setup(pin,GPIO.IN,pull_up_down=GPIO.PUD_UP)#pin es entrada
                                     #con pull-up a +3.3V
  LCD.init(0x27,1)                   #inicia dirección I2C© del LCD
                                     #y activa backlight
  LCD.clear()                        #borra pantalla del LCD

def ver(x):                          #presenta estado x
  if x==0:                           #si x=0, estado=ON (lógica
                                     #inversa)
    LCD.write(8,1,'ON ')
    print 'ON'
  else:                              #si x=1, estado=OFF (pull-up)
    LCD.write(8,1,'OFF')
    print 'OFF'

def loop():                          #bucle principal del programa
  global estado_a
  estado_n=GPIO.input(pin)           #carga estado nuevo por escaneo

  if estado_n<>estado_a:             #cambio de estado?
    ver(estado_n)                    #ver estado nuevo
    estado_a=estado_n                #ahora estado anterior es nuevo
  time.sleep(.1)                     #para descargar el micro

def parar():                         #para al pulsar CTRL+C
  GPIO.cleanup()                     #libera el GPIO©
  LCD.clear()                        #borra pantalla LCD
  LCD.write(0,0,'Fin....')
  print
  print ('Programa finalizado')
  time.sleep(1)
  LCD.closelight()                   #apaga backlight

if __name__=='__main__':             #Programa comienza aquí
  setup()                            #inicia dispositivos
  print ('Probar Sensor Táctil')
  LCD.write(0,0,'SENSOR TACTIL')     #ver título
  LCD.write(0,1,'Sensor:')           #ver tecla pulsada

  try:
    while True:                      #bucle principal
      loop()
  except KeyboardInterrupt:          #para con CTRL+C
    parar()
```

Ejercicios propuestos:

• Cambiar la gestión de la captura del estado del sensor de escaneo en bucle a captura por interrupción (modo BOTH).

• Añadir el LED Dual y asociar un color a cada estado del sensor táctil.

• Incluir además una salida para activar un relé y simular una carga de potencia. Como carga del relé usar un buzz activo conectado a C y NO.

☉☉☉

*Ejercicio 46:
Sensor de Temperatura de precisión

Veremos en este ejercicio un sensor de temperatura completo, integrado y de precisión como es el DS18B20© o equivalente.

No se trata solo de un termistor más en el que su resistencia varía con la temperatura, se lee la resistencia con un conversor A/D y se transforma aproximadamente en una lectura de temperatura.

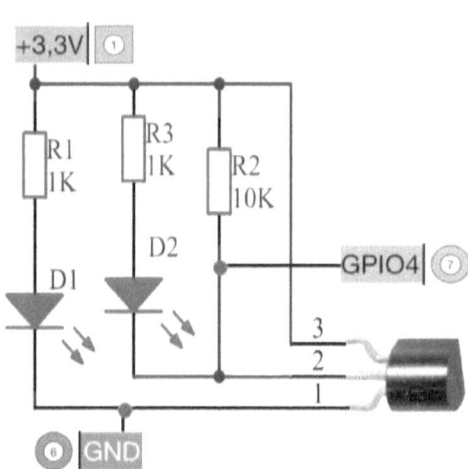

Al contrario, se trata de un tipo de dispositivo global y completo que incluye el propio sensor de temperatura, un conversor A/D de 12 bits, un sistema de comunicaciones bidireccional 1-Wire© de un solo pin (DQ), sistema con control de anti interferencias, estabilización de señal, etc.

El rango de medida del DS18B20© va desde –55ºC hasta +125ºC con una precisión de ±0.5ºC y todo ello en un encapsulado muy pequeño, bajo costo, fácil de obtener y con un circuito de control muy sencillo.

El sistema 1–Wire© solo necesita de un pin, en nuestro caso con el GPIO4© (pin 7) que es el pin de la Raspberry©, por defecto, que tiene capacidad de comunicaciones del tipo 1–Wire© por hardware.

D1 indica cuando hay alimentación y D2 luce cada vez que en DQ hay lectura de datos.

R1 y R3 limitan la corriente de los LED D1 y D2 respectivamente y R2 actua de pull–up para estabilizar los datos en DQ y en el GPIO4©

Por limitaciones en el consumo, es posible conectar hasta 8 dispositivos de este tipo a la misma línea 1–Wire©, lo que permite controlar áreas extensas en edificios, maquinaria, monitorización de procesos, etc.

Para usar el DS18B20© deberemos activar en la Raspberry© las comunicaciones tipo 1–Wire© y para ello realizaremos las siguientes operaciones:

1. Asegurar que en la configuración de la Raspberry© tenemos activado 1–Wire© con:

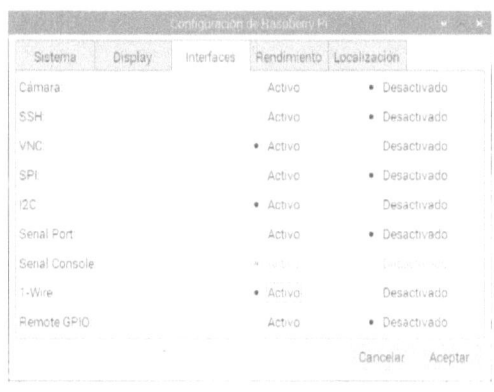

<menú><preferencias> <configuración Raspberry><activar 1–Wire>

2. Actualizar el sistema con:

sudo apt-get update
sudo apt-get upgrade

3. Editar archivo config.txt con:

sudo nano /boot/config.txt
dtoverlay=w1-gpio

y añadir:

Gregorio Chenlo Romero (gregochenlo.blogspot.com)

4. Reiniciar el sistema:

```
sudo reboot
```

5. Instalar los drivers necesarios con:

```
sudo modprobe w1-gpio
sudo modprobe w1-therm
```

6. Comprobar instalación con:

```
cd /sys/bus/w1/devices/
ls                              y debe aparecer:
```

28-xxxxxxxxxxxx, donde xxxxxxxxxxxx es el número de serie del DB18B20© conectado al bus 1-Wire©

7. Probar el sensor con:

```
cd 28-xxxxxxxxxxxx
cat w1_slave
```

Aparecerá la temperatura como: t=xxxxx (para ºC dividir entre 1.000), pero que vamos a presentar de manera más amigable con nuestro script Python© en la pantalla y también en el display LCD.

```
#------------------------------------------------------------
# 46_SENSOR_TEMPERATURA.PY: lee el sensor DS18B20© y presenta la
# temperatura en ºC en el LCD
#------------------------------------------------------------
# Entradas: datos del sensor por 1-Wire©, GPIO4© (pin7), pin DQ
# Salidas:  presenta temperatura ºC en LCD
# Acción:   bucle de lectura de temperatura y presentación en LCD
#------------------------------------------------------------
# -*- coding: utf-8 -*-
#!/usr/bin/env python              #ubicación intérprete Python©

import time                       #librería de gestión tiempo
import LCD                        #librería gestión LCD1602©
import os                         #acceso al sistema operativo
sensor=''                         #número de serie de sensor

def setup():
  global sensor                   #para usar fuera del setup()
  LCD.init(0x27,1)                #inicia dirección I2C© del
                                  #LCD y activa backlight
  LCD.clear()                     #borra pantalla del LCD
```

```
    for x in os.listdir('/sys/bus/w1/devices'): #captura número de
                                       #serie del DS18B20©
      if x !='w1_bus_master1':         #directorio distinto del
                                       #w1_bus_master1

        sensor=x

def read():                            #lee datos del sensor
  global temperatura
  ubicacion='/sys/bus/w1/devices/'+ sensor+'/w1_slave' #ubicación
                                       #fichero con los datos
  tarchi=open(ubicacion)               #abre archivo w1_slave
  texto=tarchi.read()                  #lee datos
  tarchi.close()                       #cierra archivo w1_slave
  segunda_linea=texto.split("\n")[1]   #la temperatura está en la
                                       #segunda línea
  temp_datos=segunda_linea.split(" ")[9] #salta 9 espacios hasta t=
  temperatura=float(temp_datos[2:])    #salta t= captura hasta final
  temperatura=temperatura/1000         #ajusta a 3 decimales
  return temperatura

def loop():                            #bucle principal
  estado=True                          #estado de lectura

  while True:                          #bucle de lectura
    if read() != None:                 #si ha leído datos en read()
      print "Temperatura: %0.3f ºC" % read() #visualiza con 3
                                       #decimales
      if estado:                       #presenta *
        LCD.write(6,1,str(temperatura)+' C *')
      else:                            #borra *
        LCD.write(6,1,str(temperatura)+' C  ')
      estado=not estado                #cambia estado de '*' a ' '

def parar():                           #para con CTRL+C
  LCD.clear()                          #borra pantalla LCD
  LCD.write(0,0,'Fin....')
  print
  print ('Programa finalizado')
  time.sleep(1)
  LCD.closelight()                     #apaga backlight

if __name__=='__main__':               #programa comienza aquí
  setup()                              #inicia dispositivos
  print ('Mide temperatura')
  LCD.write(0,0,'MIDE TEMPERATURA')    #ver título
  LCD.write(0,1,'Temp:')               #distancia en centímetros

  try:
    while True:                        #bucle principal
      loop()

  except KeyboardInterrupt:            #para con CTRL+C
    parar()
```

Ejercicios propuestos:

• Añadir un pulsador y un LED Dual y activar la visualización en ºC (LED verde) o en ºF (LED rojo) y presentar temperatura y escala en pantalla y en el LCD1602©.

• Incluir en el script la medida de la temperatura de la CPU (por software) y presentar ambas temperaturas (ambiente y CPU) en el display LCD.

• Añadir el LED RGB e iluminar cada LED, o una combinación de ellos, en función de una escala de temperaturas (tipo semáforo) de diferencia entre la temperatura ambiente y la de la CPU.

⊖⊖⊖

*Ejercicio 47:
Sensor doble: Humedad y Temperatura

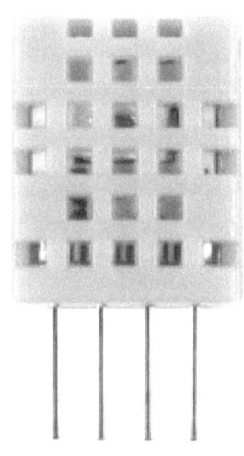

En este ejemplo veremos un sensor muy usado, un sensor doble que es capaz de medir la humedad y la temperatura ambiente y darnos una buena lectura y estable en formato digital.

Se trata del sensor DHT11© que tiene un rango de medida de 20-80% de humedad relativa, 0-50ºC de temperatura, una precisión de ±5% en la medida de la humedad y de ±2ºC en la medida dela temperatura con una frecuencia de lectura máxima de 1 escaneo por segundo. Si necesitamos mayor precisión existe el DHT22© pero su frecuencia de muestreo es de una lectura cada 2 segundos.

El DHT11© solo usa 3 pines: Vcc, GND y DATA para realizar la comunicación de información entre él y la Raspberry© y solo precisa de un pull-up de 10kΩ entre DATA y Vcc (+3.3v)

El proceso de comunicación es el siguiente:

* Enviar señal de start al pin DATA.
* El DHT11© responde a la señal start.
* El DHT11© envía 40bits (humedad: 8bits parte entera, 8bits parte decimal, temperatura: 8bits parte entera, 8bits parte decimal, 8bits de control)

Para gestionar esta comunicación vamos a usar la librería ya existente de Adafruit©, para ello hacemos:

1. Instalar el gestor de librerías git© con:

```
sudo apt-get install git-core
```

2. Instalar la librería DHT11© de Adafruit© con:

```
git clone
     https://github.com/adafruit/Adafruit_Python_DHT.git
```

3. Cambiar de directorio:

```
cd Adafruit_Python_DHT
```

4. Instalar el gestor:

```
sudo apt-get install build-essential python-dev
```

5. Instalar la librería con:

```
sudo python setup.py install
```

El script Python© realiza un bucle de solicitud de información al DHT11©, espera la respuesta, recordar un mínimo de 2 segundos entre medidas para dar tiempo a su estabilización, formatear la información en temperatura en ºC y humedad relativa en % y la presenta en pantalla y en el LCD.

Recordar también que el DHT11© tiene una precisión de ±5% para la humedad y ±2ºC para la temperatura, por lo tanto el formato de salida será xx.0% y xx.0ºC respectivamente.

```
#--------------------------------------------------------------------
# 47_SENSOR_DHT11.PY: lee sensor DS18B20©, ver temperatura en LCD
#--------------------------------------------------------------------
# Entradas: datos sensor por 1-Wire©, GPIO4© (pin7), pin DQ sensor
# Salidas:  presenta temperatura ºC en LCD
# Acción:   bucle de lectura de temperatura y presentación en LCD
#--------------------------------------------------------------------
# -*- coding: utf-8 -*-          #caracteres especiales
#!/usr/bin/env python            #intérprete Python©
import time                      #librería de gestión tiempo
```

```
import LCD                                    #librería gestión LCD1602©
import Adafruit_DHT as DHT                    #importa gestor del DHT11©
modelo=11                                     #modelo DHT 11 ó 22
pin=7                                         #pin GPIO4© lectura sensor

def setup():                                  #inicia dispositivos
  LCD.init(0x27,1)                            #inicia dirección I2C© del
                                              #LCD y activa backlight
  LCD.clear()                                 #borra pantalla del LCD

def loop():                                   #bucle principal
  estado=True                                 #estado símbolo
  while True:                                 #bucle de escaneo
    hum,tem=DHT.read_retry(modelo,pin)        #toma datos del DHT11©
    print 'Tem:'+str(int(tem))+'ºC-Hum:'+str(int(hum))+'%'#ver
                                              #humedad y temperatura
    LCD.write(6, 1,str(int(tem)))             #ver temperatura en LCD
    LCD.write(14,1,str(int(hum)))             #ver humedad en LCD
    for x in range(0,4):                      #parpadea un *
      if estado:
        LCD.write(8,1,'*')
        time.sleep(.5)                        #da tiempo al DHT11©
      else:
        LCD.write(8,1,' ')
        time.sleep(.5)                        #da tiempo al DHT11©
      estado=not estado                       #cambia de '*' a ' '

def parar():                                  #para con CTRL+C
  LCD.clear()                                 #borra pantalla LCD
  LCD.write(0,0,'Fin....')
  print
  print ('Programa finalizado')
  time.sleep(1)
  LCD.closelight()                            #apaga backlight

if __name__=='__main__':                      #Programa comienza aquí
  setup()                                     #inicia dispositivos
  print ('Mide Temperatura (ºC) y Humedad (%)')
  LCD.write(0,0,'Sensor DHT11')               #ver título
  LCD.write(0,1,'Temp:    Hum:')              #temperatura ºC y humedad %
  try:
    loop()                                    #bucle del programa
  except KeyboardInterrupt:                   #para con CTRL+C
    parar()
```

Ejercicios propuestos:

• Añadir un relé que active un ventilador (real o simulado) cuando la temperatura suba de un nivel+1ºC y se desactive cuando la temperatura baje del nivel-1ºC

Añadir una condición sobre el % de humedad, por ejemplo, el ventilador se apagará siempre que humedad>80% independiente de la temperatura.

• Incluir un pulsador y un decodificador giratorio que muestre la temperatura en dos display de 7 segmentos pero solo cuando se presione el pulsador.

Cuando la temperatura no se vea, tiene que parpadear el punto del display de 7 segmentos.

• Añadir un receptor de infrarrojos para que el display anterior se pueda encender o apagar (modo on/off) con el mando a distancia.

⊖⊙⊖

*Ejercicio 48:
Sensor de lluvia

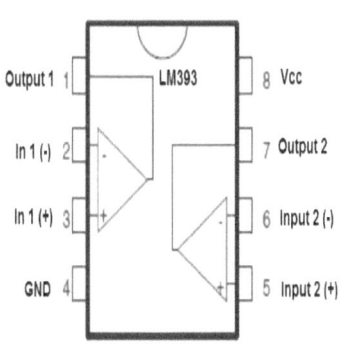

Un sensor de lluvia, por ejemplo el SKU-500©, es un dispositivo electrónico que consta de dos elementos, el propio elemento sensor que detecta la presencia de humedad de las gotas de agua, por conductividad eléctrica, reflexión de luz, medidor de volumen, etc. y un elemento de control que adapta la señal generada por el sensor a los niveles eléctricos adecuados y que genera una señal analógica proporcional a la humedad detectada y una digital, tipo on/off, que indica la presencia de lluvia.

En nuestro caso usaremos un sensor que dispone de una placa con pistas muy próximas que al mojarse conducen una pequeña corriente y un elemento de control electrónico basado en el chip LM393© que incluye dos amplificadores operacionales (solo se usa uno).

Uno de los amplificadores operacionales del LM393© compara la señal procedente del sensor con un

289

valor de referencia ajustable por un potenciómetro, amplifica la comparación y extrae las dos salidas comentadas analógica y digital.

La salida analógica (aun no siendo muy precisa) la procesaremos con el conversor A/D PCF8591© y con ayuda de la Raspberry©, podremos ver en pantalla una medida de la lluvia que incide sobre el sensor.

La salida digital la podremos usar como alarma on/off conectándola directamente a un GPIO© de la Raspberry©.

Para el buen funcionamiento del comparador LM393© necesitamos además una serie de componentes básicos de manera que el circuito completo sería como el siguiente:

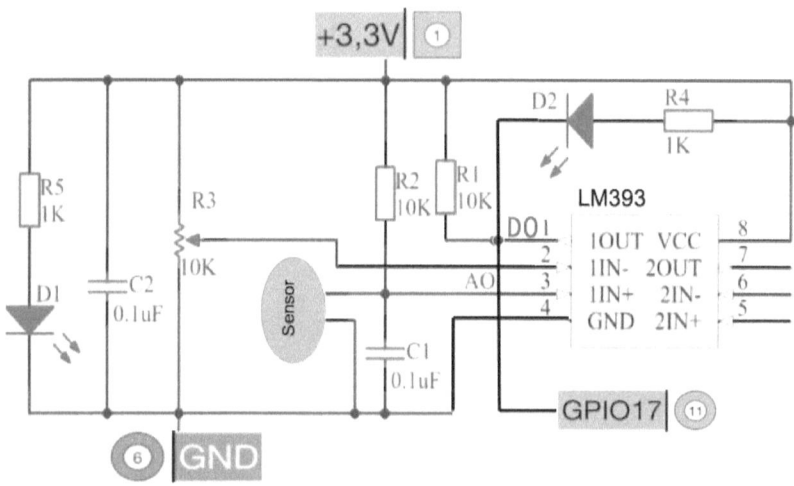

El sensor de lluvia envía la señal analógica AO a una de las entradas (1IN+) del comparador LM393©, la otra entrada (1IN-) procede del punto medio del potenciómetro R3 que actua de valor de referencia ajustable. La salida (1OUT) del comparador actúa como señal on/off de detección de lluvia y es capturada por el GPIO17© y tratada por el script Python©.

Por otra parte, la señal analógica AO, además, se conecta a la entrada AIN0 del conversor A/D PCF8591©.

R5+D1 indican cuando el circuito está alimentado, C1 y C2 actúan de filtros de posibles interferencias. R1 y R2 son pull-up y R4+D2 se activan cuando se detecta lluvia y la salida DO pasa a GND.

El diagrama de bloques al completo sería:

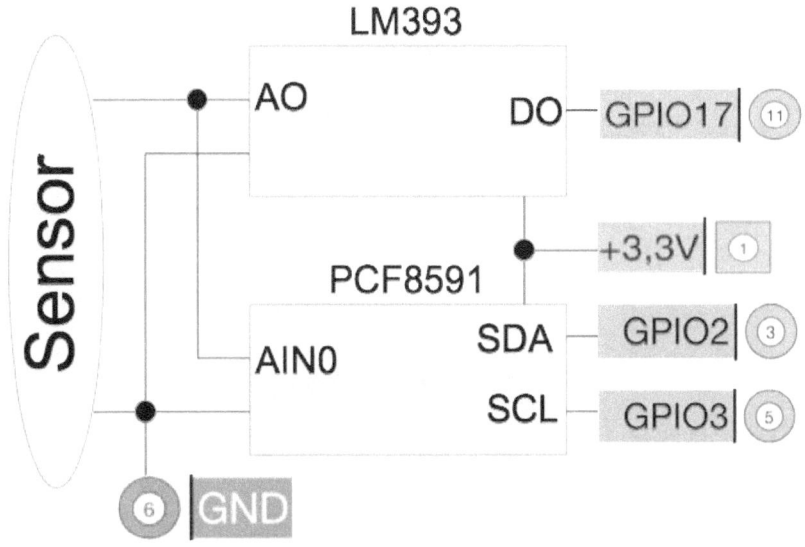

Estando el sensor de lluvia seco, ajustamos el potenciómetro R3 hasta que el LED D2 se apague, esto indica que la salida digital DO está en HIGH, sin detectar lluvia, pues 1IN- es menor que 1IN+

Al mojarse el sensor, 1IN+ es menor que 1IN- y por lo tanto la salida digital DO se activa, iluminando el LED D2 y activando el GPIO17© en la Raspberry© (lógica inversa).

En el programa importaremos el script Python© CONVERSOR_PCF8591.PY visto anteriormente para gestionar el conversor PCF8591©.

En el bucle principal detectamos el estado del GPIO17© por escaneo, no por interrupción y presentamos el valor analógico del sensor que nos entra por AIN0.

```python
#-------------------------------------------------------------
# 48_SENSOR_LLUVIA.PY: Detecta lluvia en sensor para conversor A/D
#-------------------------------------------------------------
# Entradas: entrada analógica nivel de humedad en sensor AO
# Salidas:  valor AO analógico y DO: digital (on/off)
# Acción:   presenta valor AO y activa alarma lluvia por DO
#-------------------------------------------------------------
# -*- coding: utf-8 -*-
#!/usr/bin/env python

import CONVERSOR_PCF8591 as ADC  #importa gestor PCF8591©
import RPi.GPIO as GPIO           #gestor de GPIO©
import time                       #gestor de tiempo
DO=17                             #alarma lluvia en GPIO17© (pin 11)
GPIO.setmode(GPIO.BCM)            #GPIO© por número de GPIO©

def setup():                      #activa parámetros
  ADC.setup(0x48)                 #dirección del PCF8591©
  GPIO.setup(DO,GPIO.IN)          #alarma DO es entrada

def ver(x):                       #presenta alarma
  if x:                           #si DO=HIGH no llueve
    print 'No llueve'
  else:                           #si DO=LOW llueve
    print 'ALARMA: esta lloviendo'

def loop():                       #bucle principal del programa
  estado=True                     #estado de alarma

  while True:                     #bucle infinito
    print ADC.read(0)             #lee estado del sensor (analógico)
    xx=GPIO.input(DO)             #lectura alarma DO (digital)
    if xx!=estado:                #mira estado alarma por escaneo
      print
      ver(xx)                     #si cambia estado, lo presenta
      print
      estado=xx
    time.sleep(1)                 #descarga CPU

def parar():                      #para al pulsar CTRL+C
  GPIO.cleanup()                  #libera el GPIO©
  print 'Programa finalizado'

if __name__ == '__main__':        #Programa comienza aquí
  print '\n'*80                   #borra pantalla
  print 'Sensor Alarma Lluvia'
  setup()                         #inicia parámetros

  try:                            #ejecuta siguiente salvo excepción
    loop()                        #bucle principal del programa

  except KeyboardInterrupt:       #si se pulsa 'Ctrl+C' se ejecuta
    parar()                       #la función parar detiene programa
```

Ejercicios propuestos:

• Añadir un relé que active un LED cuando se detecte lluvia simulando una alarma, añadir también un LED Dual y que se ilumine el LED rojo cuando se detecte lluvia y verde cuando no llueva. Añadir una carga al relé.

• Añadir un buzz activo y generar, por PWM, dos sonidos cuando los niveles de humedad superen dos umbrales bajo y alto y DO detecte lluvia.

• Presentar en dos display de 7 segmentos los niveles de humedad detectados por el sensor en un rango de 0 a 10

⊖⊖⊖

*Ejercicio 49:
Barómetro BMP180©

En este ejercicio usaremos un sensor de presión barométrica muy usado en los smartphone y smartwatch como es el BMP180© o equivalente.

Se trata de un sensor de presión barométrica y temperatura de alta precisión, bajo coste y bajo consumo y puesto que la presión barométrica varía con la altitud, también se puede usar de altímetro (desde -500m hasta +9.000m).

El sensor BMP180© necesita de un regulador de tensión a +3.3v de precisión, en nuestro caso el 662K© o equivalente y de unos pull-up de 10kΩ que estabilicen su sistema de comunicaciones que no es otro que I²C©.

Para visualizar las dirección I²C© usadas por los dispositivos que tengamos conectados a este bus, haremos como siempre:

```
sudo i2cdetect -y 1
```

294

En este caso vemos las direcciones 0x27 para el LCD1602© y la 0x77 para el sensor barométrico BMP180©.

En el siguiente circuito vemos que el sensor BMP180© se alimenta de los +3,3v regulados y estabilizados por el chip regulador 662K©.

C1, C2 y C3 actúan de filtros. R1 y R2 son los pull-up de 10kΩ que necesitan las señales del bus I^{2}C© SDA (GPIO2©) y SCL (GPIO3©) y R0 limita la corriente del LED D0 que indica que el sistema tiene alimentación.

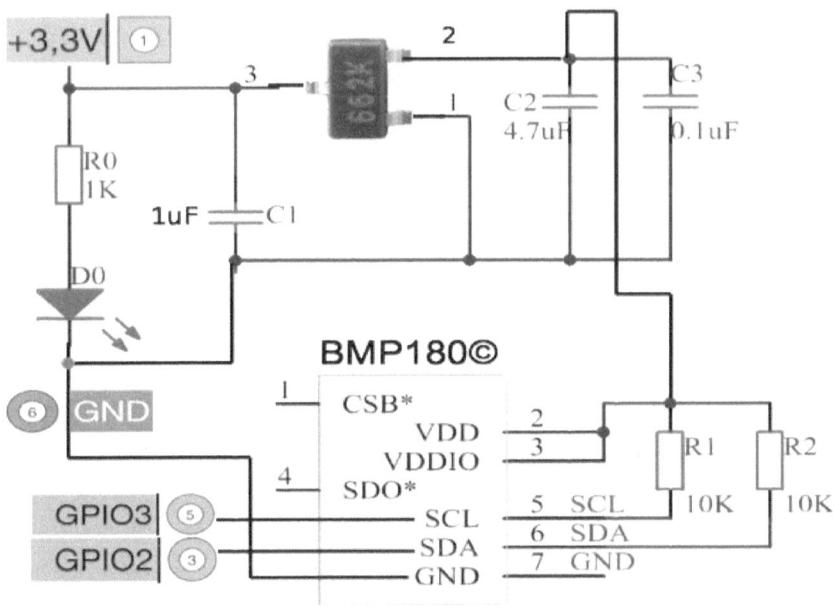

Para el script Python© necesitamos una librería que maneje el bus I^{2}C©, que se comunique adecuadamente con el sensor BMP180© y que nos muestre los datos.

Usaremos una librería de Adafruit©, que corre solo en Python3.7© o posterior, siguiendo las siguientes instrucciones:

1. Actualizamos las librerías de I^{2}C© con:

```
sudo apt-get install python3-smbus i2c-tools
```

2. Instalamos la librería:

```
git clone
     https://github.com/adafruit/Adafruit_Python_BMP.git
cd Adafruit_Python_BMP
sudo python3 setup.py install
```

Ahora podremos ejecutar nuestro script Python©
que lee en bucle la presión barométrica y la
temperatura ambiente y las presenta en el display LCD
en hPa (hecto Pascales) y ºC

```
#-----------------------------------------------------------------
# 49_BAROMETRO.PY: mide en bucle presión barométrica y temperatura
# ambiente y las presenta en LCD
#-----------------------------------------------------------------
# IMPORTANTE: este script solo corre en Python3.7© o superior
# Entradas: sensor BMP180© a través de bus I²C©
# Salidas:  presenta la presión en hecto pascales y la temperatura
#           en ºC en LCD
# Acción:   bucle lectura del sensor y presentación en LCD
#-----------------------------------------------------------------
# -*- coding: utf-8 -*-                  #caracteres especiales
#!/usr/bin/env python                    #intérprete Python©
import time                              #librería de gestión tiempo
import LCD                               #librería gestión LCD1602©
import Adafruit_BMP.BMP085 as BMP085     #importa librería BMP180©

def setup():
  LCD.init(0x27,1)                       #inicia dirección I²C© del
                                         #LCD y activa backlight
  LCD.clear()                            #borra pantalla del LCD

def loop():
  sensor=BMP085.BMP085()                 #variable para leer sensor
  while True:
    temp=sensor.read_temperature()       #lee temperatura
    temp=str('{0:0.2f} C'.format(temp))  #formatea temperatura a 2
                                         #decimales
    pres=sensor.read_pressure()/100      #lee presión
    pres=str('{0:0.2f} hPa'.format(pres)) #formatea presión a 2
                                         #decimales
    alti=sensor.read_altitude()          #lee altitud
    alti=str('{0:0.2f} hPa'.format(alti)) #formatea altitud a 2
                                         #decimales
    print ('Temperatura:   '+temp)       #temperatura en ºC
    print ('Presión:     ' +pres)        #presión en hecto Pascales
    print ('Altitud:     ' +alti)        #altitud en metros
    LCD.write(7,0,temp)                  #ver temperatura en LCD
    LCD.write(6,1,pres)                  #ver presión en LCD
    time.sleep(1)                        #tiempo de espera en bucle
    print ()                             #salta una línea
```

```
def parar():                            #para con CTRL+C
  LCD.clear()                           #borra pantalla LCD
  LCD.write(0,0,'Fin....')
  print ()
  print ('Programa finalizado')
  time.sleep(1)
  LCD.closelight()                      #apaga backlight

if __name__=='__main__':                #Programa comienza aquí
  setup()                               #inicia dispositivos
  print ('\n'*80)                       #borra pantalla
  print ('Lee presión y temperatura')
  LCD.write(0,0,'Temp:')                #ver título presión
  LCD.write(0,1,'Pres: ')               #ver título temperatura
  try:
    loop()                              #bucle del programa
  except KeyboardInterrupt:             #para con CTRL+C
    parar()
```

NOTA: si queremos ajustar bien la medición de la presión y/o la altitud y puesto que son dos variables dependientes la una de la otra, deberemos ajustar una de ellas, por ejemplo la presión a nivel del mar.

Para ello consultamos, por ejemplo en Internet, cuál es la presión barométrica en hPa a nivel del mar existente en nuestra localidad y la ajustamos en el archivo:

/home/pi/Adafruit_Python_BMP/BMP085.py

En la línea (presión):

def read_altitude(self, sealevel_pa=presion.0)

Ejercicios propuestos:

• Añadir un LED Dual que active el LED verde al iniciar el programa y pase a rojo si la temperatura sube de un nivel ajustado con un potenciómetro y un conversor A/D que capte el nivel de tal potenciómetro.

• Incluir dos display de 7 segmentos, con sus decodificadores correspondientes, para visualizar la temperatura umbral ajustada por el potenciómetro.

• Añadir además un decodificador rotatorio que nos sirva para cambiar de escala de presión al girar (bar, mmHg, PSI, atm, hPa) y de ºC a ºF al presionar el pulsador presentando en el LCD la escala que corresponda.

☉☉☉

*Ejercicio 50:
Reloj en tiempo real

En este ejercicio vamos a ver un "sensor" del tiempo, esto es, un reloj en tiempo real (en inglés RTC) que nos puede ayudar a mantener nuestro proyecto siempre actualizado y no depender de leer esta variable de un ordenador o de la Raspberry©.

Para ello vamos a usar el chip DS1302© o equivalente, que contiene el RTC que contabiliza, segundos, minutos, horas, días, día de la semana,  meses, años (válido hasta el 2100), que dispone de una batería de backup de +3v para mantenerse siempre en hora aunque no se esté usando o no esté alimentado a la Raspberry© y que es fácil de leer y de actualizar con el software que vamos a ver en este ejercicio.

Las comunicaciones con este chip son de tipo serie a través de 3 pines: SDA, SCL y RST (reset) y necesita de unos componentes adicionales en un circuito muy simple.

El cristal de cuarzo XTAL de 32,768kHz junto a C1 y C2 crean el oscilador principal para generar la señal de reloj.

La batería de +3v, alimenta por vcc1 la tensión necesaria para mantener los datos actualizados. R1, R2 y R3 son pull-up de los pines de datos GPIO23© (SCL), GPIO24© (SDA) y GPIO25© (RST) respectivamente.

C3 actúa de estabilizador de tensión y R0 limita la corriente del LED D0 que luce cuando el circuito está alimentado.

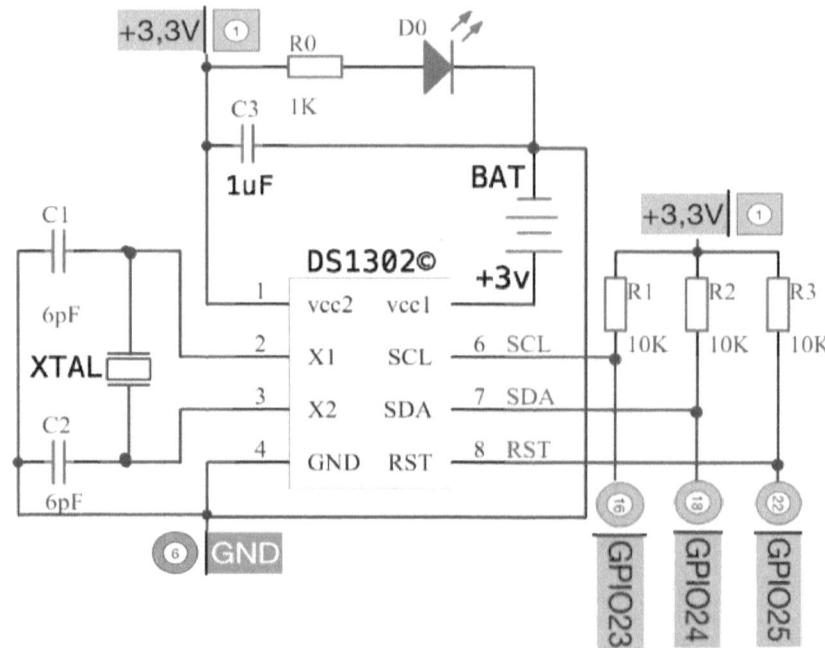

El script Python© necesita de las librerías disponibles en la Web: rpi_time© y ds1302© para el intercambio de datos con el chip DS1302© y se trata de un bucle que al inicio hace un test al RTC para ver si sus datos son correctos, permite la actualización de la fecha y la hora y la visualiza en el LCD.

```
#---------------------------------------------------------------
# 50_RELOJ.PY: lee el reloj en tiempo real (RTC) y presenta en LCD
#---------------------------------------------------------------
# Entradas: hora y fecha del RTC con actualización
# Salidas:  presentación en pantalla y LCD
# Acción:   bucle de presentación en pantalla y LCD hasta CTR+C
#---------------------------------------------------------------
# Usa el módulo DS1302 que necesita los siguientes pines:
# pin 16: SCL   pin 18: SDA   pin 22: RST   y facilita:
# set_datetime(YYYY,MM,DD,HH,MM,SS) actualiza RTC
# get_datetime() obtiene YYYY,MM,DD,HH,MM,SS
# check_sanity() obtiene True/False si el RTC tiene datos correctos
# reset_clock()  resetea el RTC
#---------------------------------------------------------------
```

```python
# -*- coding: utf-8 -*-
#!/usr/bin/env python
from datetime import datetime          #librería gestión fecha
import time                            #librería gestión tiempo
import rpi_time                        #librería variables RTC
import ds1302                          #librería gestión DS1302©
import LCD                             #gestión del LCD1602©
RTC=rpi_time.DS1302()                  #puntero a la librería

def setup():                           #inicia dispositivos
  estado=RTC.check_sanity()            #estado del reloj
                                       #True=OK, False=NO-OK

  if estado:
    estado='OK'
  else:
    estado='NO-OK'
  print
  print 'Estado del Reloj: '+estado    #estado del RTC
  print
  print 'Datos en el Reloj:'           #datos actuales en el RTC
  print 'AAAA-MM-DD HH:MM:SS'
  print RTC.get_datetime()
  print
  while True:                          #bucle lectura opciones
    try:
      ask=raw_input('Actualizar Fecha y Hora? (s/n)') #actualizar
                                       #el reloj?
      if ask=='s' or ask=='S':         #actualizar RTC
        fecha=raw_input('Fecha en formato: (AAAA MM DD) ')
        hora= raw_input('Hora  en formato: (HH MM SS) ')
        fecha=fecha.split()            #añade fecha a una lista
        hora= hora.split()             #añade hora  a una lista
        print ''
        ds1302.set_date(int(fecha[0]),int(fecha[1]),int(fecha[2]))
                                       #actualiza fecha
        ds1302.set_time(int(hora[0]), int(hora[1]), int(hora[2]))
                                       #actualiza hora
        datos=RTC.get_datetime()       #obtiene fecha y hora
                                       #actualizadas

        print 'Datos actualizados a: ',datos
        time.sleep(2)
        break
      elif ask=='n' or ask=='N':       #no actualizar RTC
        break
    except:                            #si datos erróneos repite
      print 'Datos erróneos'
      time.sleep(2)

def loop():                            #bucle principal
  datos=RTC.get_datetime()             #obtiene datos
  print datos
  datos=str(datos)                     #a formato str
  datos=datos[8:10]+'-'+datos[5:7]+' '+datos[11:] #DD-MM HH:MM:SS
  LCD.write(0,1,datos)                 #ver en LCD
  time.sleep(0.5)
```

```
def parar():                          #para al pulsar CTRL+C
  LCD.clear()                         #borra pantalla LCD
  LCD.write(0,0,'Fin....')
  print
  print 'Programa finalizado'
  time.sleep(1)
  LCD.closelight()                    #apaga backlight

if __name__=='__main__':              #Programa comienza aquí
  print '\n'*80                       #borra pantalla
  print 'Probar reloj RTC'
  LCD.init(0x27,1)                     #inicia dirección I2C© de
                                      #LCD y activa backlight

  LCD.write(0,0,'Probar RTC')
  LCD.write(0,1,'Actualizar RTC?')
  setup()                             #inicia dispositivos
  LCD.clear()                         #borra pantalla del LCD
  LCD.write(0,0,'DD-MM HH-MM-SS')     #ver título en LCD
  try:
    while True:                       #bucle principal
      loop()
  except KeyboardInterrupt:           #para con CTRL+C
    parar()
```

Ejercicios propuestos:

• Añadir al script la opción de actualizar el RTC, automáticamente con la fecha y hora de la Raspberry© sin tener que introducir los datos manualmente.

• Añadir un decodificador giratorio para poner en hora el RTC, girar derecha izquierda para subir o bajar en cada dato y confirmarlos presionando el pulsador.

• Añadir un relé que se active al terminar una cuenta atrás, introducida previamente con el decodificador giratorio y simular una carga en el relé con un buzz activo.

⊖⊖⊖

*Ejercicio 51:
Estación Meteorológica

Como colofón a todos lo ejercicios anteriores y solo a modo de ejemplo, se plantea en este ejercicio construir el circuito de una estación meteorológica (solo con finalidad formativa y de práctica de Electrónica con Raspberry©) que contiene varios sensores, varios actuadores y un algoritmo de control que relaciona unos con otros.

Para desarrollar esta estación meteorológica tenemos que definir primero: qué sensores queremos implantar, qué actuadores vamos a necesitar y qué algoritmo de relación entre ellos queremos desarrollar.

Veremos estas tres partes en detalle:

1. **Sensores**: son aquellos dispositivos que captan información del exterior y la aportan a nuestro sistema. Hagamos una relación con: sensor, pin de la Raspberry© y función. También añadimos los sistemas de conversión de entradas analógicas como es el conversor A/D PCF8591©

Sensor	pin	señal	Función
Deco Giratorio	11	CLK	reloj
	13	DT	datos
	15	SW	pulsador
Sensor táctil	8	Q	on/off
DHT11	7	DATA	humedad y temperatura
Sensor lluvia	–	AIN0	conversor A/D

Sensor	pin	señal	Función
Potenciómetro	–	AIN1	conversor A/D
Barómetro	3	SDA	datos I^{2}C©
	5	SCL	reloj I^{2}C©
RTC (reloj)	16	SCL	reloj DS1302©
	18	SDA	datos DS1302©
	22	RST	reset DS1302©
Conversor A/D	3	SDA	datos I^{2}C©
	5	SCL	reloj I^{2}C©

2. **Actuadores:** son aquellos dispositivos que usan los datos captados por los sensores y realizan acciones con los algoritmos diseñados o presentan algún tipo de información visual, acústica, etc. Hagamos una relación también con: actuador, pin de la Raspberry© y función.

Actuador	Pin	Señal	Función
LED Dual	24	R	LED rojo
	26	G	LED verde
LED RGB	36	R	LED rojo
	38	G	LED verde
	40	B	LED azul
Display 7 seg x2 (propuesta)	33	DS	datos
	35	SH_CP	shift
	37	ST_CP	store
Display LCD I2C	3	SDA	datos I^{2}C©
	5	SCL	reloj I^{2}C©
Buzz	32	PWM	señal acústica
Relé	19	SIG	on/off (NC-C-NO)

3. **Algoritmos:** aquí relacionamos qué acciones queremos que sucedan con cada sensor y a qué

actuadores afecta. Los relacionamos por orden de cada sensor, indicando qué sucede en cada uno:

Decodificador giratorio:
- Pasa al modo entrada de datos al presionar el pulsador.
- Al girar el mando, aumenta o disminuye el umbral de humedad, temperatura y lluvia.

Sensor táctil:
- Off el sistema por interrupción.
- Sonido Off.
- RGB azul.

DHT11© (sensor de humedad y temperatura)
- Presentar en LCD.
- Ajuste ºC/ºF en LED 7 segmentos (propuesta)
- Alarma si temperatura>umbral:
  ○ LED Dual Rojo
  ○ Sonido Buzz
- Alarma si humedad>umbral:
  ○ LED Dual Rojo
  ○ Sonido Buzz

Sensor lluvia:
- Activa relé (simular carga con un LED)
- LED RGB: azul

Potenciómetro:
- Simula niveles de otro sensor en AIN1

Barómetro:
- Presentar presión en LCD
- Alarma si presión>umbral:
  ○ LED Dual Rojo
  ○ Sonido Buzz

RTC:
- Presentar en LCD
- Ajuste en LED 7 segmentos (propuesta)
- Ajuste en pantalla
- Ajuste con datos del sistema (propuesta)

Conversor A/D:
- Convierte señal del sensor de lluvia.
- Convierte señal del potenciómetro.

Y los resumimos en una tabla de doble entrada donde en las filas están los sensores, en las columnas los actuadores y en las intersecciones, si corresponde, se indica si hay alguna acción.

	Dual	RGB	7seg (*)	LCD	Buzz	Relé	RTC	A/D	Otros
Decodificador	X	verde		X	X		ajuste		
Sensor táctil		rojo			X				X
DHT11:tem,hum	X		ajuste	X	X				
Sensor lluvia		azul		X	X	X		X	
Potenciómetro								X	
Barómetro	X			X	X				
Reloj RTC			ajuste	X					X

(*) ejercicio adicional propuesto

También necesitamos construir un diagrama de bloques, como el anterior, para realizar las conexiones.

Para construir el script Python© usaremos las librerías y los programas que ya hemos visto en los ejercicios de este libro, pero como tenemos programas y librerías escritos para Python2.7© y otros para Python3.7©, no queremos ni debemos cambiar las librerías de terceros y además como nuestro programa no requiere de gran velocidad podemos escribir el script en Python2.7© e ir llamando a los script escritos en Python3.7© como programas externos usando:

```
import commands
result=commands.getoutput('sudo python3 [script].py')
```

Donde [script].py es el script en Python3.7© que debemos ejecutar desde un script Python2.7©

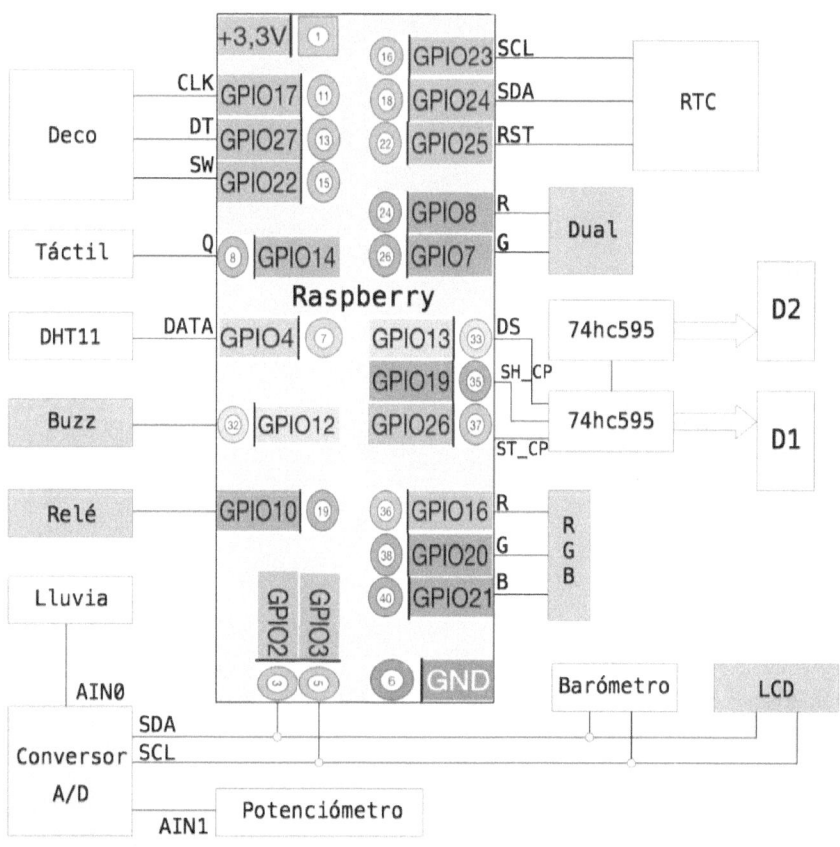

```
#-----------------------------------------------------------------
# 51_ESTACION.PY: ver humedad, temperatura, presión, RTC en LCD
#-----------------------------------------------------------------
# Entradas: DHT11©, BMP180©, sensores lluvia, táctil, RTC, deco,A/D
#           potenciómetro
# Salidas:  buzz, relé, dual, 7segmentos(no incluido), RGB, LCD,
# Acción:   bucle lectura sensores y salidas según algoritmo
#-----------------------------------------------------------------
# -*- coding: utf-8 -*-
#!/usr/bin/env python                    #ubicación intérprete Python©
import time                              #librería de gestión tiempo
import sys                               #librería gestión con sistema
import LCD                               #librería gestión LCD1602©
from datetime import datetime            #librería gestión fecha
import rpi_time                          #librería variables RTC
import ds1302                            #librería gestión DS1302©
import commands                          #gestión scripts Python3.7©
import Adafruit_DHT as DHT               #gestor del DHT11©
import CONVERSOR_PCF8591 as ADC          #gestión del conversor A/D
```

```python
import RPi.GPIO as GPIO              #librería gestionar el GPIO©

#-----RTC-----------------------------
RTC=rpi_time.DS1302()               #puntero a librería del RTC
#-----DTH11---------------------------
modelo_dht=11                       #modelo DHT11©
pin_dht=7                           #pin GPIO4© lectura de DHT11©
hum_a=hum_n=0                       #valor humedad anterior/nueva
tem_a=tem_n=0                       #temperatura anterior/nueva
v_hum=70                            #inicio umbral humedad
v_tem=30                            #inicio umbral temperatura
#-----PRESIÓN-------------------------
pres_a=pres_n=0                     #valor presión anterior/nueva
#-----TÁCTIL--------------------------
pin_tac=8                           #pin sensor táctil
#-----BUZZ----------------------------
pin_buz=32                          #pin buzzer activo
#-----RELÉ----------------------------
pin_rele=19                         #pin relé
#-----RGB-----------------------------
pin_R=36                            #pines LED RGB
pin_G=38
pin_B=40
pines_RGB=(pin_R,pin_G,pin_B)       #RGB va por lógica inversa
#-----LED DUAL------------------------
pin_r=24                            #pin LED Dual rojo
pin_v=26                            #pin LED Dual verde
#-----DCODIFICADOR GIRATORIO----------
pin_DT=11                           #DT  datos  codificador
pin_CLK=13                          #CLK reloj  codificador
pin_SW=15                           #SW  on/off codificador
contador_a=contador_n=tmp=0         #contador giro anterior/nuevo
estado_a=estado_n=0                 #estados deco anterior/nuevo
paso=5                              #paso incremento/decremento
#-----POTENCIÓMETRO-------------------
poten_a=poten_n=0                   #potenciómetro anterior/nuevo
#-----LLUVIA--------------------------
lluvia_a=lluvia_n=0                 #estado lluvia anterior/nuevo
v_llu=50                            #inicio umbral lluvia
#-----ALARMAS-------------------------#número alarma ver en LCD
# 01 humedad excesiva
# 02 temperatura excesiva
# 03 lluvia
alarma=' '                          #alarma del sistema
#-----OTROS---------------------------
flag=fin=False                      #control flujo del programa
pines_out=(pin_r,pin_v,pin_rele)    #pines_out de salida lógica
                                    #directa
pines_in=  (pin_dht,pin_DT,pin_CLK) #pines_in de entrada (no
                                    #interrupción)
pos=0                               #posición LCD para cambio()
VER=True                            #ver o no línea 2 en LCD

def setup():
  GPIO.setwarnings(False)           #evitar mensajes innecesarios
  GPIO.setmode(GPIO.BOARD)          #números de pin orden físico
```

```python
GPIO.setup(pin_buz,GPIO.OUT)              #buzzer es out
GPIO.setup(pines_out,GPIO.OUT)            #pines_out son salida lógica
                                          #directa
GPIO.setup(pines_RGB,GPIO.OUT)            #pines_RGB son salida lógica
                                          #inversa
GPIO.setup(pines_in, GPIO.IN)             #pines_in  son entrada
GPIO.output(pin_buz,GPIO.HIGH)            #apaga buzzer
GPIO.setup(pin_tac,GPIO.IN, pull_up_down=GPIO.PUD_UP)   #táctil
                                          #entrada con pull-up
GPIO.setup(pin_SW, GPIO.IN, pull_up_down=GPIO.PUD_UP)   #on/off
                                          #deco giratorio con pull-up
GPIO.setup(pin_CLK,GPIO.IN, pull_up_down=GPIO.PUD_UP)
                                          #movimiento deco con pull-up

#Aquí se definen las interrupciones
GPIO.add_event_detect(pin_tac,GPIO.BOTH
                    , callback=tactil,bouncetime=200)#táctil
GPIO.add_event_detect(pin_SW, GPIO.FALLING
                  ,callback=cambio,bouncetime=200)#on/off giratorio
GPIO.add_event_detect(pin_CLK,GPIO.FALLING
            ,callback=giratorio,bouncetime=200)#movimiento giratorio
ADC.setup(0x48)                           #inicia conversor A/D
LCD.init(0x27,1)                          #inicia dirección I2C© del
                                          #LCD y activa backlight
LCD.clear()                               #borra pantalla del LCD
estado=RTC.check_sanity()                 #estado del reloj True=OK,
                                          #False=NO-OK

if estado:
  estado='OK'                             #estado OK luce LED verde
  LED(pin_v,1)
else:
  estado='NO-OK'                          #estado NO-OK luce LED rojo
  LED(pin_r,1)


#-----------------------------------------
# RTC: reloj en tiempo real
#-----------------------------------------
print
print 'Estado del Reloj: '+estado        #estado del RTC
print
print 'Datos en el Reloj:'               #datos actuales en el RTC
print 'AAAA-MM-DD HH:MM:SS'               #formato de datos
print RTC.get_datetime()                  #datos actuales en el RTC
print
while True:                               #bucle de lectura de opciones
  try:
    ask=raw_input('Actualizar Fecha y Hora? (s/n)') #actualizar
                                          #reloj RTC?
    if ask=='s' or ask=='S':              #actualizar RTC
      fecha=raw_input('Fecha en formato: (AAAA MM DD) ')
      hora= raw_input('Hora  en formato: (HH MM SS) ')
      fecha=fecha.split()                 #añade fecha a una lista
      hora= hora.split()                  #añade hora  a una lista
      print
      ds1302.set_date(int(fecha[0]),int(fecha[1]),int(fecha[2]))
                                          #actualiza fecha
```

```python
        ds1302.set_time(int(hora[0]), int(hora[1]), int(hora[2]))
                                  #actualiza hora
        datos=RTC.get_datetime()  #obtiene fecha y hora
                                  #ya actualizadas
        print 'Datos actualizados a: ',datos
        time.sleep(2)
        break
      elif ask=='n' or ask=='N':  #no actualizar RTC
        break                     #sale del bucle while True
    except:                       #si datos erróneos repite
      print 'Datos erróneos'      #los datos no están en el
                                  #formato esperado
      time.sleep(2)

def loop():                       #bucle principal del programa
  global poten_a,poten_n,VER,pos
  global lluvia_a,lluvia_n        #variables globales lluvia
  global v_hum,v_tem,v_llu        #variables globales DHT11
  global hum_a,hum_n,tem_a,tem_n
  global pres_a,pres_n            #variables globales barómetro

  #--------------------------------
  # RTC                           #FECHA Y HORA según DS1302©
  #--------------------------------
  datos=RTC.get_datetime()        #obtiene datos del RTC
  datos=str(datos)                #pasa a formato str
  datos=datos[11:]                #DD-MM HH:MM:SS
  print 'Hora:          '+datos

  #--------------------------------
  # BAROMETRO                     #PRESIÓN según BMP180©
  #--------------------------------
  try:
    pres_n=commands.getoutput('sudo python3 barometro.py') #presión
  except:
    LED(pin_r,2)
    print 'Error en barómetro'
  pres_n=round(float(pres_n),1)   #ajusta a 1 decimal
  if (pres_n-pres_a)>1:
    print 'Presión:      '+str(pres_n)+'hP'#presión hecto Pascales
    pres_a=pres_n                 #actualiza presión

  #--------------------------------
  # TEMPERATURA Y HUMEDAD         #ºC Y % según DHT11©
  #--------------------------------
  try:
    hum,tem=DHT.read_retry(modelo_dht,pin_dht)#toma datos DHT11©
  except:
    LED(pin_r,2)
    print 'Error en DHT11'
  if hum_n>v_hum and VER:         #alarma humedad excesiva
    beep(1)                       #VER controla uso de on/off
    LED(pin_r,1)                  #del codificador giratorio
    print 'ALARMA: humedad excesiva: '+str(hum_n)
                                  +'['+str(v_hum)+']'
    LCD.write(14,1,'01')          #presenta código alarma
```

```python
      time.sleep(.2)
   else:
     LCD.write(14,1,'  ')                   #borra código de alarma
   if tem_n>v_tem and VER:                  #alarma temperatura excesiva
     beep(1)                                #suena buzz 1 segundo
     LED(pin_r,1)                           #enciende LED rojo 1 segundo
     print 'ALARMA: temperatura excesiva: '+str(tem_n)
                                                  +'['+str(v_tem)+']'
     LCD.write(14,1,'02')                   #presenta código alarma
     time.sleep(.2)
   if abs(hum_n-hum_a)>1:                   #cambió la humedad
     print 'Humedad:      '+str(hum_n)+'%'#ver humedad
     hum_a=hum_n                            #actualiza nueva humedad
   if abs(tem_n-tem_a)>1:                   #cambió la temperatura
     print 'Temperatura: '+str(tem_n)+'ºC'
     tem_a=tem_n                            #actualiza nueva temperatura


   #------------------------------
   # SENSOR TACTIL                          #sensor táctil
   #------------------------------
   #se trata por interrupción, no por escaneo
   #------------------------------
   # CODIFICADOR GIRATORIO                  #codificador giratorio
   #------------------------------
   #se trata por interrupción, no por escaneo
   #------------------------------
   # POTENCIÓMETRO SIMULACIÓN               #potenciómetro con A/D
   #------------------------------
   try:
     poten_n=ADC.read(1)                    #posición potenciómetro AIN1
   except:
     LED(pin_r,2)
     print 'Error en A/D AIN1 (potenciómetro)'
   poten_n=int(poten_n*99/255)             #escala de 0 a 99
   if abs(poten_n-poten_a)>1:              #diferente lectura?
     poten_a=poten_n                        #actualiza nueva posición
     print 'Sensor:      '+str(poten_n)


   #------------------------------
   # SENSOR DE LLUVIA                       #sensor
   #------------------------------
   try:
     lluvia_n=ADC.read(0)                   #lee sensor de lluvia AIN0
   except:
     LED(pin_r,2)
     print 'Error en A/D AIN0 (sensor lluvia)'
   lluvia_n=int(lluvia_n*99/255)           #escala de 0 a 99
   if abs(lluvia_n-lluvia_a)>1:            #diferente lectura?
     print 'Lluvia:      '+str(lluvia_n)
     lluvia_a=lluvia_n                      #actualiza nueva lluvia
   if lluvia_n>v_llu and VER:              #alarma lluvia excesiva
     GPIO.output(pin_B,GPIO.LOW)           #enciende RGB azul
     GPIO.output(pin_rele,GPIO.HIGH)       #activa relé
     beep(1)
     LED(pin_r,1)
```

```
    print 'ALARMA: lluvia excesiva: '+str(lluvia_n)
                                     +'['+str(v_llu)+']'
    LCD.write(14,1,'03')             #presenta código alarma
    time.sleep(.2)
  else:
    LCD.write(14,1,'  ')             #borra código de alarma

  #------------------------------
  # LCD                              #LCD1602©
  #------------------------------
  if VER:                            #no está activado el deco
    LCD.write(0,0,datos)             #ver HH:MM:SS
    LCD.write(9,0,str(pres_n)+'hP')  #ver presión en hP
    LCD.write(0,1,  'H:'+str(hum_n)+'%')#ver temperatura en ºC
    LCD.write(5,1, ' T:'+str(tem_n)+'C')#ver humedad en %
    LCD.write(11,1,' A:'+alarma)     #ver alarma en XX
  else:                              #está activado el codificador
    if pos==1:                       #ver pantalla de umbrales
      LCD.write(0,0,'Umbrales       ')
    if pos==2:                       #umbral humedad
      LCD.write(0,0,'????           ')
    if pos==3:                       #umbral temperatura
      LCD.write(0,0,'      ????     ')
    if pos==4:                       #umbral lluvia
      LCD.write(0,0,'           ???? ')
    H=('  '+str(v_hum))[-2:]         #ajusta humedad
    T=('  '+str(v_tem))[-2:]         #ajusta temperatura
    L=('  '+str(v_llu))[-2:]         #ajusta lluvia
    LCD.write(0,1,'H:'+H+' T:'+T+' L:'+L+'  ')
  if fin:                            #si táctil activa fin
    parar()                          #para programa
    sys.exit()                       #y sale del programa
  time.sleep(.1)                     #tiempo de espera en bucle

def giratorio(Ev=None):              #decodificador ha girado
  global flag,contador_a,contador_n  #variables de control
  global estado_a,estado_n,paso,pos  #estados de CLK
  global v_hum,v_tem,v_llu           #umbrales
  estado_a=GPIO.input(pin_DT)        #ver estado anterior DT
  while not GPIO.input(pin_CLK):     #espera por si CLK=0
    estado_n=GPIO.input(pin_DT)      #ver estado nuevo DT
    flag=True                        #se ha producido un cambio
  if flag:                           #posible cambio?
    flag=False                       #resetea cambio
    if estado_a==0 and estado_n==1:  #giro anti-horario
      LED(pin_r,.0001)
      contador_n-=paso               #decrementa contador en paso
      if contador_n<0:               #limita a 0
        contador_n=0
    if estado_a==1 and estado_n==0:  #giro horario
      LED(pin_r,.0001)
      contador_n+=paso               #aumenta contador en paso
      if contador_n>99:              #limita a 99
        contador_n=99
    if contador_a!=contador_n:       #cambio en contador?
      contador_a=contador_n          #actualiza estado de contador
```

```
        if pos==2:                         #cambia el umbral de humedad
          v_hum=contador_n
        if pos==3:                         #cambia umbral de temperatura
          v_tem=contador_n
        if pos==4:                         #cambia el umbral de lluvia
          v_llu=contador_n

def beep(x):                               #suena buzz activo x segundos
  GPIO.output(pin_buz,GPIO.LOW)            #conecta buzz (lógica
                                           #inversa)
  time.sleep(x)                            #espera
  GPIO.output(pin_buz,GPIO.HIGH)           #desconecta buzz

def LED(x,y):                              #enciende LED x, y segundos
  beep(.01)                                #x=pin_r ó pin_v
  GPIO.output(x,GPIO.HIGH)                 #enciende LED (lógica
                                           #directa)
  time.sleep(y)
  GPIO.output(x,GPIO.LOW)                  #apaga LED

def tactil(Ev=None):                       #sensor táctil
  global fin
  GPIO.output(pin_R,GPIO.LOW)              #enciende RGB en rojo
  fin=True                                 #activa flag control de flujo

def cambio(ev=None):                       #se ha presionado el botón SW
  global pos,VER                           #posición en pantalla
  VER=False                                #pasa LCD a entrada de datos
  GPIO.output(pin_G,GPIO.LOW)              #enciende RGB en verde
  if pos==4:                               #si llega al final, va al
                                           #principio
    pos=-1
    VER=True                               #pasa LCD a ver valores
    GPIO.output(pin_G,GPIO.HIGH)           #apaga RGB verde
  pos+=1                                   #aumenta posición en entrada
                                           #datos

def parar():                               #para con CTRL+C
  LED(pin_r,.1)
  GPIO.output(pin_buz,  GPIO.HIGH)         #apaga buzz
  GPIO.output(pines_out,GPIO.LOW)          #apaga pines_out, lógica
                                           #directa
  GPIO.output(pines_RGB,GPIO.HIGH)         #apaga RGB, lógica inversa
  LCD.clear()                              #borra pantalla LCD
  LCD.write(0,0,'Fin....')
  print
  print 'Programa finalizado'
  time.sleep(1)
  LCD.closelight()                         #apaga backlight

if __name__=='__main__':                   #programa comienza aquí
  print '\n'*80                            #borra pantalla
  print '----------------------------------'
  print '     ESTACIÓN METEOROLÓGICA'
  print '----------------------------------'
  print
```

```
setup()                            #inicia dispositivos
GPIO.output(pin_v,GPIO.HIGH)       #enciende LED verde
try:
  while True:
    loop()                         #bucle del programa
except KeyboardInterrupt:          #para con CTRL+C
  parar()
```

Ejercicios propuestos:

• Añadir la opción de actualizar el RTC con la hora del sistema (hora de la Raspberry©) o manualmente.

• Añadir dos display de 7 segmentos con los 74hc595© correspondientes para presentar la temperatura tanto en ºC como en ºF, de manera alternativa, señalando cada escala con el punto decimal.

• Escribir un proceso de previsión del tiempo en función de la variación de presión, temperatura y humedad en los últimos 3 minutos y ajustando la previsión para el siguiente minuto (como si cada minuto fuera un día).

La previsión debe dar 6 situaciones diferentes en función de la evolución de los 3 parámetros. Construir las 3 tablas equivalentes a las anteriores.

No importa la precisión del sistema, solo la recogida y el procesado de los datos aportados por los 3 sensores.

⊖⊖⊖

7.-SOFTWARE ADICIONAL

Para optimizar el proceso de creación de los script Python© de cada ejercicio y el diseño y pruebas de algunos de los circuitos electrónicos ideados y usados, es muy recomendable utilizar el **software adicional** que se detalla a continuación y que ayuda en:

• La instalación del sistema operativo Raspbian© en la Raspberry©

• Operaciones básicas con Linux©

• El proceso de edición, revisión, prueba y ejecución de programas Python©

• Simulación previa de circuitos electrónicos antes de la implementación real.

• El registro gráfico de esquemas, diagramas, circuitos, etc.

• Si fuera necesario, el enrutamiento de pistas en los circuitos para la posible creación de las placas de circuito impreso optimizadas.

• Acceso y actualización desde exterior con NO-IP©

• Utilidades de acceso a la red.

*LXTerminal©

Ya hemos hablado de que el sistema operativo Raspbian©, que da soporte a la Raspberry©, contiene un emulador de terminal llamado LXTerminal©. Este emulador permite la ejecución de comandos Linux© fundamentales para acceder a múltiples opciones de configuración e interacciones con las funciones básicas del sistema operativo.

Como cualquier acceso directo a un sistema operativo, el uso de LXTerminal© se deberá realizar con los conocimientos necesarios para no incurrir en operaciones críticas que afecten al funcionamiento irreversible de Raspbian©

En este sentido se recomienda realizar copia de seguridad de la memoria uSD que contiene Raspbian©, usando, por ejemplo la APP ApplePI-Baker©

Se pueden ajustar los tamaños de las ventanas abiertas para LXTerminal© realizando lo siguiente:

```
sudo nano /usr/share/applications/lxterminal.desktop
```

Y cambiar:

Exec=lxterminal —geometry=60x25 (u otro tamaño)
O también:

```
sudo nano /home/pi/.config/lxterminal/lxterminal.conf
```

Y añadir:

geometry_columns=60
geometry_rows=25

Se pueden cambiar otros detalles de las ventanas

abiertas por LXTerminal©, por ejemplo, ejecutar:

```
sudo nano ~/.config/lxterminal/lxterminal.conf
```

Y cambiar:

hide: scrollbar, menubar, closebutton, pointer a True, en función de cómo se quiera cada parámetro.

.cache/lxsession/LXDE-pi/run.log, permite ver el log de arranque de LXTerminal©

O para eliminar la decoración de la ventana (título, botones de maximizar, minimizar y cerrar), se puede conseguir con:

```
sudo nano /home/pi/.config/openbox/lxde-pi-rc.xml
```

Y añadir:

<applications>
```
<application name = "*">
<decor>no</decor>
</application>
```
</applications>

☉☉☉

*NO-IP©

Ya hemos comentado que cada vez que apagamos y encendemos el Router principal (salvo que dispongamos de una IP pública fija contratada con la operadora de comunicaciones y que suele tener una cuota mensual), la IP pública de nuestro Router principal va a cambiar. Esto es un problema para cuando queremos acceder a nuestro Router de manera remota pues desconocemos cuál es dicha IP.

Existen en el mercado múltiples soluciones para ayudarnos con este problema, una de ellas es utilizar un servicio de un tercero (los hay gratuitos y de pago), que básicamente mantiene actualizada una tabla de asignación entre un dominio que ellos nos facilitan y la IP pública de nuestro Router principal.

Para realizar esta actualización es necesario instalar en la Raspberry© un software que se encargue de este proceso o también configurar el Router principal para que, cuando cambie su IP pública se comunique automáticamente con la empresa que nos facilita el dominio y actualice el par: dominio vs IP pública.

Hasta el momento de la escritura de este libro, NO-IP© dispone de una versión gratuita que solo tiene como inconveniente la necesidad de actualizar, vía e-mail, la decisión de continuar utilizando la versión gratuita, darse de baja definitivamente o cambiar de modalidad.

En general, instalar NO-IP© en la Raspberry©, solo si se va a actualizar la IP pública manualmente desde la Raspberry©

Si queremos usar la versión gratuita de NO-IP©, en **www.noip.com** se debe actualizar el hostname, al menos semanalmente, para mantener el dominio que nos hayan asignado. En caso contrario nos darán de baja permanentemente dicho dominio y deberemos reescribir el código nuevamente.

Por suerte el servicio NO-IP© nos recordará en nuestro e-mail que deberemos realizar dicha operación.

Para poder instalar NO-IP© en la Raspberry©, realizaremos lo siguiente:

```
mkdir noip
cd no ip
wget http://www.no-ip.com/client/linux/
                        noip-duc-linux.tar.gz
tar vzxf noip-duc-linux.tar.gz
sudo apt-get install build-essential
make
sudo make install
sudo nano /etc/rc.local              y añadir:

     /usr/local/bin/noip2

ps aux | grep noip2              para comprobar.
```

Además y muy importante, para que al acceder al Router principal con la [URL] asignada por NO-IP©, se dirija el acceso a la Raspberry©, se debe configura la tabla NAT© del Router principal como sigue a continuación:

```
<configuración de la red> <NAT>

       <Port Forwarding>
```

Y añadir las siguientes reglas, dos líneas por cada destino (Raspberry©, ordenador, etc.), una línea con el servicio **TCP** y otra con el **UDP**

Por ejemplo:

Servicio	Externo	Interno	Servidor [IP]	Nombre
rasp_TCP	[p1]-[p1]	5900-5900	192.168.1.[IP]	Raspberry©
rasp_UDP	[p1]-[p1]	5900-5900	192.168.1.[IP]	Raspberry©
pc_TCP	[p2]-[p2]	5900-5900	192.168.1.[IP]	PC© LAN
pc_UDP	[p2]-[p2]	5900-5900	192.168.1.[IP]	PC© LAN
NOIP1	80-80	80-80	192.168.1.[IP]	Raspberry©
NOIP2	443-443	443-443	192.168.1.[IP]	Raspberry©

Donde [IP] es la dirección IP del dispositivo destino y [px] es el puerto, interno o externo, del Router principal que se quiere usar para el servicio descrito.

Con esta tabla NAT©, los accesos directos para VNC© con NO-IP©, serían, por ejemplo los siguientes:

Dispositivo o servicio	URL completa
Raspberry©	http://[URL].hopto.org:[p1]
Ordenador	http://[URL].hopto.org:[p2]

Donde **[px]** es el puerto asignado al servicio al que se quiere acceder y **[URL]** es el dominio que nos ha asignado NO-IP© en el formato general:

http://[URL].hopto.org:[puerto]

Finalmente, se puede activar la actualización de NO-IP©, desde el propio Router principal como se indica a continuación, no obstante esta configuración depende de la marca del Router.

Esta es la mejor solución pues es el propio Router principal el responsable, de manera automática, de realizar la actualización de cualquier cambio en su IP pública (por ejemplo cuando se interrumpe la alimentación o cuando se resetea el Router) y de esta manera disponemos de una solución cómoda y segura.

En la Web del fabricante de Router dispondremos de información de cómo realizar esta operación.

Por ejemplo:

```
<configuración de la red>
<DNS dinámico>
<Dynamic DNS: enable>
<Service Provider: www.no-ip.com>

<Host Name: [URL]
<Username:  [e-mail]>
<Password:  [password]>
<Aplicar>
```

⊖⊖⊖

Samba©

En muchas ocasiones, por ejemplo para realizar una copia de seguridad, vamos a necesitar poder transferir archivos, de manera cómoda y bidireccional, entre la Raspberry© y el ordenador (PC© o MAC©)

Para ello necesitamos instalar en la Raspberry© un gestor de archivos que nos permite ver la Raspberry© desde el ordenador como se tratara de un dispositivo más (memoria USB o disco duro).

Este gestor de archivos es Samba© y para instalarlo en la Raspberry© hacemos lo siguiente:

```
sudo apt-get install samba samba-common-bin
sudo nano /etc/samba/smb.conf
```

Y añadir en la sección [global]:

```
workgroup          =WORKGROUP
wins support       =yes
```

y al final, en sección [pi], añadir:

```
[pi]
comment            =directorio del usuario
path               =/home/pi
browseable         =Yes
writeable          =Yes
read only          =no
only guest         =no
create mask        =0777
directory mask     =0777
public             =Yes
```

Y finalmente usar:

```
sudo smbpasswd -a pi          añadir password personal
sudo systemctl restart smbd   para reiniciar Samba©
sudo systemctl stop smbd      parar Samba©
sudo systemctl stop start     iniciar Samba©
```

Con esta configuración tenemos Samba© instalado en todos los dispositivos y ya podremos compartir información entre todos ellos, vía Python© o incluso vía administrador de archivos de Raspbian© o el administrador de archivos del PC© o del MAC©

⊖⊖⊖

*Applepi-Baker©
y balenaEtcher©

Para realizar la grabación de las **tarjetas uSD** con el software básico de arranque y sistemas operativos para las Raspberry©, es necesario disponer de alguna herramienta que permita, tanto grabar la tarjeta con dicho software, como hacer backup del contenido de la tarjeta en el ordenador.

Esta segunda opción es fundamental sobre todo en la fase de desarrollo y cuando se actualizan la Raspberry© a nuevas versiones y es necesario hacer una "vuelta atrás".

Ambos ejemplos de software permiten grabación de [*].**ISO** y [*].**ZIP**, así como realizar copia de seguridad del contenido de la tarjeta uSD en el ordenador.

En el caso de ApplePi-Baker©, además permite formatear la uSD para cargar el interesante sistema de arranque múltiple NOOBS©, que permite disponer de un menú de arranque con varios sistemas operativos. En nuestro caso no lo hemos usado para que el arranque sea más rápido al no cargarse paquetes innecesarios.

☉☉☉

*Pycharm©

Se trata de un **editor** de texto de programas y debugger avanzado de software escrito en Python©

Es bastante evolucionado y con un entorno gráfico avanzado, con visualización fácil de la identación (algo que debería verse muy claramente) y de los diferentes bloques: funciones, bucles, condiciones, etc. y todo ello en diferentes colores y formatos (definiciones, cuerpo import, instrucciones, funciones, constantes, variables, etc.) todo mostrado con gran claridad.

Detecta fácilmente errores de programación, escritura, etc. y dispone de una excelente ayuda al programador. Además incluye funciones adicionales interesantes: auto completado, control de sintaxis, herramienta de análisis, integración en Web, integración con otros software, soporte sobre entornos virtuales, herramientas de importación y exportación, formateo de texto, etc.

Permite muchas más funciones que el editor básico de Python©, en el entorno de Raspbian©, llamado IDLE© (Integrated Development Environment), por lo que es más aconsejable su utilización cuando se usan textos de programas muy largos y con mucha identación, o cuando se quiere usar como herramienta de edición para trasladar scripts Python© a documentos de texto como puede ser el presente libro.

☉⊖☉

*Icircuit©

 Este software permite la **simulación** del funcionamiento eléctrico y electrónico en los circuitos, tanto digitales como analógicos.

Dispone de una amplia base de datos con todo tipo de dispositivos: interruptores, relés, transformadores, fuentes de alimentación, generadores de señal, altavoces, micrófonos, zumbadores, resistencias, condensadores, bobinas, diodos, transistores (TTL©, Mosfet©, etc.), puertas lógicas, contadores, "flip-flop", codificadores, conversores A/D, etc.

Se pueden visualizar parámetros eléctricos en voltímetros, amperímetros, frecuencímetros, o en un osciloscopio virtual (voltaje, intensidad, frecuencia, etc.), en tiempo real y realizar los cambios necesarios para simular cualquier situación.

Este software es realmente interesante para proyectos como éste, donde tenemos que definir pequeños diseños y probarlos, de manera que ahorramos mucho tiempo en la fase de implementación pues ya sabemos que el circuito puede funcionar de manera segura tal y cómo se esperaba, evitando de esta manera errores de diseño y de operación e incluso desperfectos en la Raspberry©

☺☺☺

*Eagle©

Esta aplicación permite el **diseño y el registro gráfico** de los circuitos electrónicos y la generación de los ficheros para fabricar las placas PCB© de los circuitos impresos y los PDF© para ambas tareas, realizando las funciones (siempre muy tediosas y con múltiples errores) de auto enrutador de pistas de manera totalmente automática, tanto en PCB© de una como de dos caras con todo tipo de dispositivos.

La versión gratuita está limitada a cierto pequeño volumen de circuitos y a cierta área de tarjeta impresa, pero para los prototipos aquí descritos es muy útil y suficiente.

Además cuenta con una gran comunidad de usuarios que aportan foros de ayuda, tutoriales o proyectos de circuitos ya diseñados, que permite una rápida curva de aprendizaje.

Incluye una gran base de datos de todo tipo de componentes, tanto activos como pasivos, analógicos y digitales, conectores de todo tipo, etc.

Es muy sencillo de usar, tanto en el cableado virtual como en la asignación de etiquetas a los dispositivos y a las pistas.

⊖⊖⊖

*Ipscanner Home©

Este software permite el **escaneo** de un rango determinado de **IP** activas en todo el sistema e identificación de los dispositivos conectados a la red vía WIFI o LAN, concretando tanto la IP, las direcciones MAC, los puertos abiertos, los servicios, etc.

Es muy útil para detectar y visualizar rápidamente qué dispositivos están activos en cualquier de nuestras redes interiores de nuestra vivienda.

Aunque la versión gratuita solo escanea un tramo de la red, podemos definir varios tramos, de manera que en dos o tres escaneos tendremos la visión global de toda nuestra red interna.

Podemos asignar nombres amigables a cada dispositivo asociado a una IP o una dirección MAC y asignarle algún icono de fácil visualización, de manera que tendremos perfectamente identificados todos los dispositivos conectados.

Además nos permite realizar una conexión por PING directo a un determinado dispositivo, el escaneo de todos sus puertos abiertos, activar el dispositivo con el servicio "Wake on LAN" (cuando esté disponible), etc.

☉☉☉

8.—MÁS INFORMACIÓN

En mi libro "Domótica con Raspberry©, Google© y Python©", también disponible en inglés en la Web de Amazon©, se puede acceder a gran cantidad de información y mucho más detallada de como usar la Electrónica, una Raspberry© y muchos conocimientos ya adquiridos en este libro de ejercicios, para implantar un sistema 100% práctico de una vivienda Domótica.

Concretamente se puede ampliar información sobre el diseño, implantación, instalación y mantenimiento de la Domótica de una vivienda de manera útil y divertida, con múltiples sensores y actuadores.

El proyecto de Domótica se basa en el uso de una Raspberry©, Google Home© (Alexa© también es válida) y el software está escrito en Python© sobre Raspbian©.

Con soporte para Colorama© (gestor de textos Python© en colores y formatos), Tkinter© (manejo de botones de acciones en Python©).

Incluye módulos adicionales de KNX© (standard domótico de uso mundial), Edimax© (enchufe WIFI), Sonoff© (interruptores WIFI de propósito general), Broadlink© (conversor de WIFI a infrarrojos), TP-Link© (extensor de WIFI), Tadoº© (termostato inteligente con geolocalización), pantallas táctiles, Router principal, varios Bridge, descodificadores de TV (HD y UHD), etc.

Dispone de supervisión por VNC© con NO-IP© y servidor Web Apache©.

Incluye también múltiples rutinas de IFTTT© (integrador de dispositivos domóticos y aplicaciones) para Google Home© (altavoz de Google© con Inteligencia Artificial, aplicable también a Alexa© de Amazon©).

Permite el control bidireccional, por voz, de:

• **Sensores**: de humedad, temperatura, de presencia, termostato, geolocalización, caldera, suministro eléctrico, portón del garaje, timbre de la puerta, toxicidad del aire, fugas de gas, incendio, humo, inundación, falta de conectividad con Internet, pulsadores tradicionales y pulsadores KNX©, etc.

• **Actuadores**: de iluminación, persianas, LED, señales acústicas y de voz, simulador del ladrido del perro guardián, relés, termostato, válvulas del gas y agua, circuito de control del sistema "watchdog", simulación del ladrido del perro, etc.

Todo ello controlado bidireccionalmente por voz, con Google Home©, por mensajería personal con Telegram© y opcionalmente con pantalla táctil en otra Raspberry© que soporta PLEX© (servidor multimedia avanzado) y marco fotográfico automático

Dispone de soporte y reporting con visores de sucesos, email y voz con alarmas, BOT de Telegram© y es totalmente configurable, escalable y base para otros proyectos en cualquier vivienda.

Orientado a entusiastas de la Electrónica como tú, de la Domótica, etc. y/o con conocimientos básicos de Electricidad, Electrónica, Domótica, Python© y Raspberry©.

Se adjuntan dos esquemas del hardware y software usados en el proyecto de Domótica descrito anteriormente.

Más información en mi blog:

gregochenlo.blogspot.com

otros títulos

 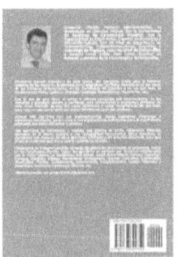  

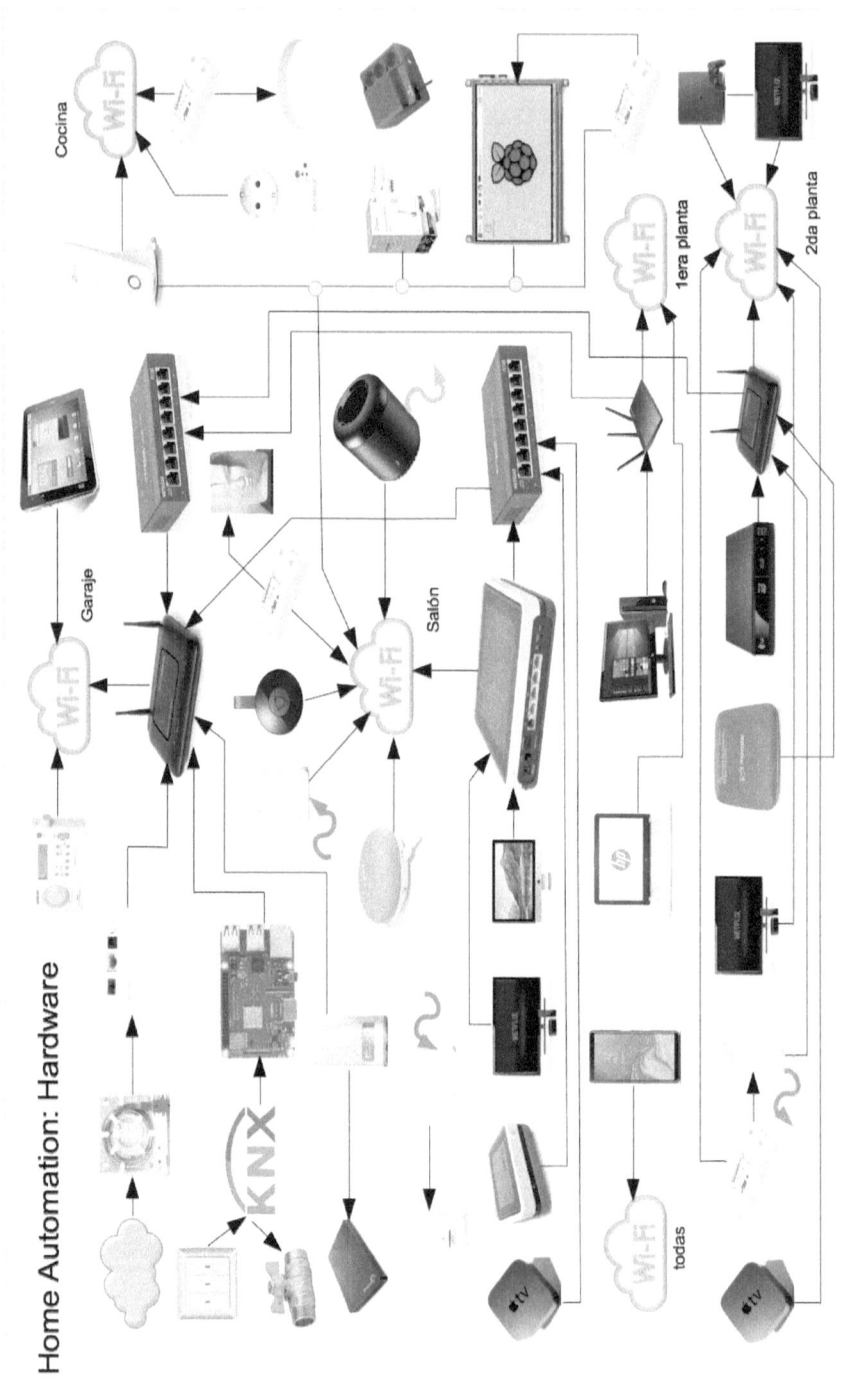

Home Automation: Hardware

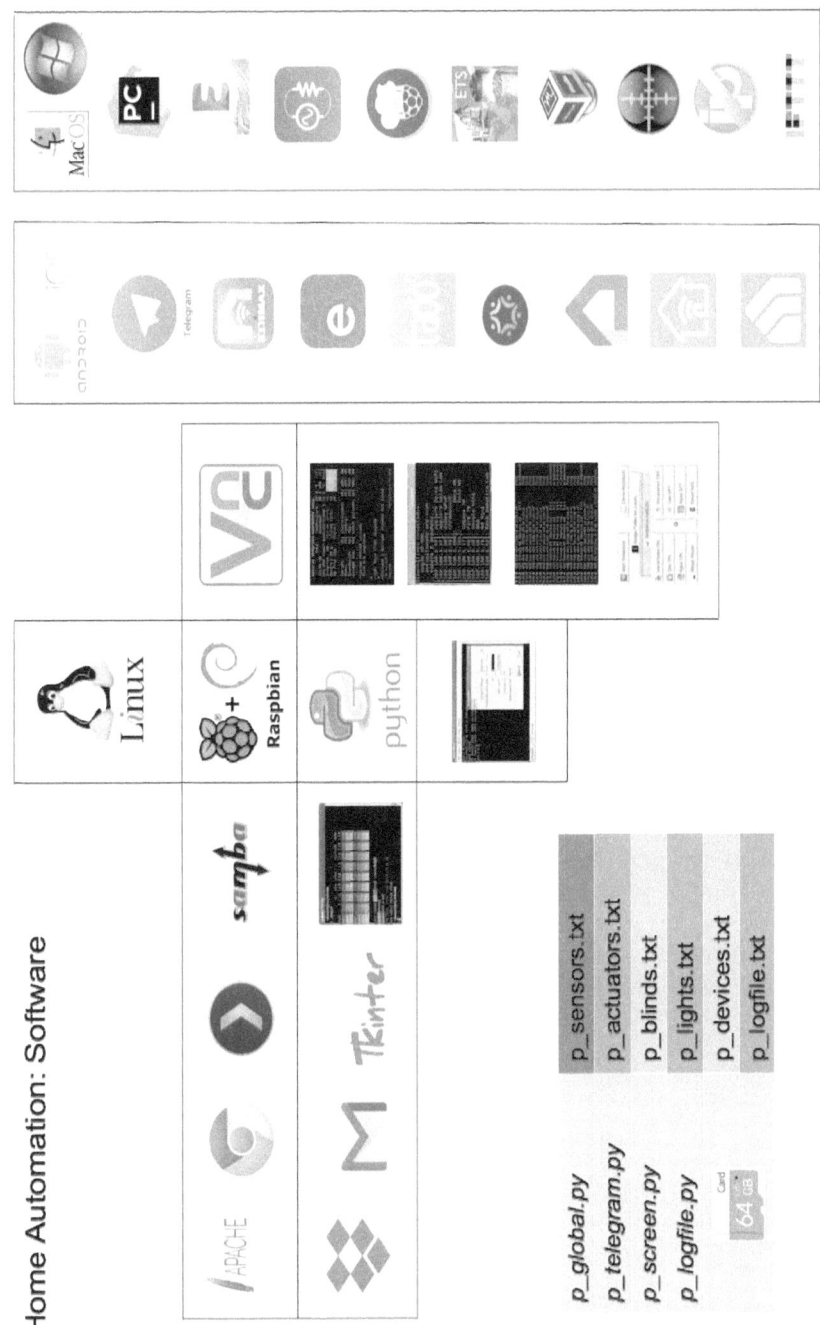

Home Automation: Software

9.-ANEXOS

En este apartado disponemos de alguna información adicional e interesante para realizar y ampliar algunos ejercicios:

- Los códigos hexadecimales de los principales caracteres a visualizar en una matriz LED de 8x8 (dos letras en detalle y el alfabeto completo en mayúsculas y dígitos del 0 al 9)

- La lista de la bibliografía utilizada, con algunas Web de consulta para aclarar los procedimientos de implantación de software, hardware y procesos en general.

- Un glosario de la mayoría de los términos técnicos utilizados en el libro, para aclarar dudas y consultar rápidamente conceptos.

- Agradecimientos a los lectores que han aportado ideas para mejorar otros y éste libro.

☺☺☺

*Códigos para matriz 8x8

Ejemplos de códigos para matriz 8x8 para A y B

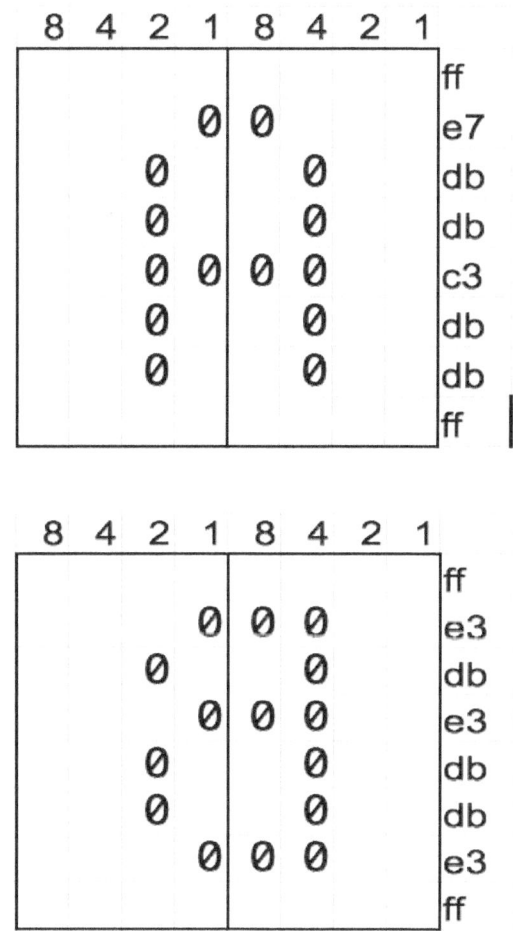

Y para las letras A-Z y números 0-9 tenemos:

['ff', 'e7', 'db', 'c3', 'db', 'db', 'db', 'ff']

['ff', 'e3', 'db', 'e3', 'db', 'db', 'e3', 'ff']

['ff', 'e7', 'db', 'fb', 'fb', 'db', 'e7', 'ff']

['ff', 'e3', 'db', 'db', 'db', 'db', 'e3', 'ff']

['ff', 'c3', 'fb', 'e3', 'fb', 'fb', 'c3', 'ff']

['ff', 'c3', 'fb', 'e3', 'fb', 'fb', 'fb', 'ff']

['ff', 'e7', 'db', 'fb', 'cb', 'db', 'e7', 'ff']

['ff', 'db', 'db', 'c3', 'db', 'db', 'db', 'ff']

['ff', '83', 'ef', 'ef', 'ef', 'ef', '83', 'ff']

['ff', 'fb', 'fb', 'fb', 'db', 'db', 'e7', 'ff']

['ff', 'db', 'eb', 'f3', 'f3', 'eb', 'db', 'ff']

['ff', 'fb', 'fb', 'fb', 'fb', 'fb', 'c3', 'ff']

['ff', 'bb', '93', 'ab', 'bb', 'bb', 'bb', 'ff']

['ff', 'bb', 'b3', 'ab', '9b', 'bb', 'bb', 'ff']

['ff', 'c3', 'db', 'db', 'db', 'db', 'c3', 'ff']

['ff', 'e3', 'db', 'db', 'e3', 'fb', 'fb', 'ff']

['ff', 'e7', 'db', 'db', 'db', 'cb', '87', 'ff']

['ff', 'e3', 'db', 'db', 'e3', 'f3', 'eb', 'ff']

['ff', 'c7', 'fb', 'e7', 'df', 'db', 'e7', 'ff'] ['ff', '83', 'ef', 'ef', 'ef', 'ef', 'ef', 'ff'] ['ff', 'db', 'db', 'db', 'db', 'db', 'c3', 'ff']

['ff', 'db', 'db', 'db', 'db', 'db', 'e7', 'ff'] ['ff', 'bd', 'bd', 'bd', 'a5', '99', 'bd', 'ff'] ['ff', 'db', 'db', 'e7', 'e7', 'db', 'db', 'ff']

['ff', 'bb', 'd7', 'ef', 'ef', 'ef', 'ef', 'ff'] ['ff', '83', 'bf', 'df', 'ef', 'f7', '83', 'ff'] ['ff', 'e7', 'db', 'db', 'db', 'db', 'e7', 'ff']

['ff', 'ef', 'e7', 'ef', 'ef', 'ef', 'ef', 'ff'] ['ff', 'e7', 'db', 'ef', 'f7', 'fb', 'c3', 'ff'] ['ff', 'e7', 'db', 'cf', 'ef', 'db', 'e7', 'ff']

['ff', 'db', 'db', 'c7', 'df', 'df', 'df', 'ff'] ['ff', 'c3', 'fb', 'e3', 'df', 'db', 'e7', 'ff'] ['ff', 'df', 'ef', 'e7', 'db', 'db', 'e7', 'ff']

['ff', 'c3', 'df', 'ef', 'f7', 'fb', 'fb', 'ff'] ['ff', 'e7', 'db', 'e7', 'db', 'db', 'e7', 'ff'] ['ff', 'e7', 'db', 'c3', 'df', 'ef', 'f3', 'ff']

337

*Bibliografía

A continuación se resume una serie de páginas Web que han ayudado a construir este libro de ejercicios.

En estas páginas Web no está la solución al 100% de los problemas buscados, tal vez el proceso de aprendizaje se base precisamente en el camino de búsqueda de la información y en el proceso de prueba y error, más que en la propia información o solución, pero en ellas hay muchísima información útil y mucho trabajo por parte de muchos entusiastas de la Electrónica, la Raspberry©, Python©, del Software, el Hardware, etc., a los que agradezco su gesto de compartir con todos, vía Internet, sus experiencias, sus ideas y sus esfuerzos.

Finalmente, indicar que el autor de este libro rehusa cualquier responsabilidad derivada de la información recogida en estos sitios Web, rechazándose cualquier responsabilidad, garantía, etc., como consecuencia de la variación, errores, o desaparición de estas fuentes de información.

⊖⊖⊖

*Raspberry©

https://www.raspberrypi.org/
https://www.berryterminal.com/doku.php/berryboot
https://azure-samples.github.io/raspberry-pi-web-simulator/
http://www.kami.es/2016/ejecutar-script-al-inicio-raspberry-pi/
https://www.cnet.com/how-to/how-to-setup-bluetooth-on-a-raspberry-pi-3/
https://raspberryparatorpes.net/sistemas-operativos/nuevo-raspbian-stretch/
https://www.deacosta.com/instrucciones-para-actualizar-raspbian-8-jessie-raspbian-9-stretch-en-raspberry-pi/
https://raspberrypi.stackexchange.com/questions/10209/how-to-disable-mouse-cursor-on-lxde
https://raspberrypi.stackexchange.com/questions/30056/raspberry-pi-raspbian-multiple-desktops

*Linux©

http://www.raspbian.org
http://www.linux.org
http://ekiketa.es/crear-un-script-ejecutable-por-el-shell-en-linux/
https://wiki.lxde.org/en/Talk:LXTerminal
https://www.luisllamas.es/tutoriales-de-raspberry-pi-linux/
https://www.raspberrypi.org/blog/another-update-raspbian/
https://www.raspberrypi.org/forums/viewtopic.php?t=99646

*Hardware

https://www.cetronic.es
https://www.mouser.es/
https://www.kubii.fr/
https://mydevices.com/
http://kookye.com/category/tutorials/rapsberry-pi-projects/
http://www.electronicaestudio.com/
https://computers.tutsplus.com/articles/creating-a-speaker-for-your-raspberry-pi-using-a-piezo-element--mac-59336

*Python©

http://www.python.org
https://www.codecademy.com/catalog/subject/all
https://drive.google.com/drive/folders/0B-EjJI8oLlmdZDRyMkM0UTNmZ00
https://plot.ly/python/
https://inventwithpython.com/es/7.html
http://acodigo.blogspot.com/2013/11/python-gui-ventanas.html
https://linuxconfig.org/how-to-change-default-python-version-on-debian-9-stretch-linux
https://packages.debian.org/stretch/all/python-pychromecast/download

*NO-IP©

https://www.noip.com/
https://www.realdroid.es/2016/10/29/configurar-no-ip-para-raspberry-pi-y-de-paso-que-es-no-ip/

✳Samba©

https://www.samba.org/
https://www.naguissa.com/foro/i601/configurar-fstab-
para-montar-unidades-de-windows-o-samba-
automaticamente
https://www.atareao.es/tutorial/raspberry-pi-primeros-
pasos/compartir-archivos-en-red-con-samba/

✳VNC©

http://www.vnc.com/
https://geekytheory.com/tutorial-raspberry-pi-7-
escritorio-remoto-vnc-no-ip/
https://www.realvnc.com/es/connect/docs/server-
parameter-ref.html
https://librebit.github.io/raspberry/raspbian/vnc/serv
er/2016/09/14/habilitar-vnc-server-en-raspberry-
pi.html

⊖⊖⊖

*Glosario
de Términos

Término	Descripción
868	Sistema de transmisión de bajo consumo
1-Wire©	Protocolo de comunicaciones serie
2-Wire©	Circuito que soporta transmisión en 2 direcciones
3G/4G©	Sistema de transmisión móvil de 3ra y 4ta generación
4K	Formato de TV de alta definición
6LowPAN©	Area de Red Personal de bajo consumo
A/D	Conversor Analógico/Digital
AC/DC	Corriente Alterna a Corriente Continua
Actuador	Dispositivo que provoca la operación de una máquina u otro dispositivo
ADS©	Protocolo Fermax© de Sistema Digital de Audio
AI	Inteligencia Artificial
Alexa©	Asistente de Amazon©
Android©	Sistema operativo móvil de Google©
Apache©	Servidor WEB de código abierto para varias plataformas
APCI©	Información y Control del Protocolo de Aplicación
APP	Abreviatura de aplicación
Apple© TV	Receptor multimedia de Apple©
Arduino©	Plataforma de desarrollo con hardware de código abierto
ARP©	Protocolo de Resolución de Direcciones
ARC©	Canal de Retorno de Audio HDMI©
ARM©	Máquina RISC© Avanzada

Término	Descripción
Asíncrono	Proceso de sincronización entre emisor y receptor realizado en cada palabra
Bluetooth©	Especificación industrial para redes personales inalámbricas
BOT©	Programa de ordenador que realiza tareas automáticas y repetitivas
BotFather©	Gestor de claves, alias y permisos de Telegram©
Bridge	Proceso que conecta dos grupos de redes o grupos de clientes en redes cableadas
Broadlink©	Fabricante del RM© mini
BTI©	Interfaz del Comunicador con el Bus
Bus	Sistema digital que transfiere datos entre sus componentes
Buzz	Generador de audio
C–NC	Cerrado–Normalmente Cerrado
CEC©	Control de Electrónica de Consumo
Chromecast©	Sincronizador portátil de dispositivos de Google©
Chromium©	Navegador Web de código abierto de Google©
Clock	Señal binaria para coordinar acciones entre varios circuitos
CO_2	Dióxido de Carbono
Colorama©	Módulo para la visualización de texto en colores y formatos en ventanas de LXTerminal© de Raspbian©
Converter	Dispositivo electrónico que transforma una señal analógica en una señal digital
CSMA/CA©	Acceso Múltiple con Sentido de Portadora y Control de Colisiones
Daemon	Programa corriendo en 2do plano
DAT©	Software de gestión de protocolo serie bidireccional
Decodificador	Dispositivo receptor y conversor de señal de TV
DHCP©	Protocolo de Configuración de Servidor Dinámico

Término	Descripción
Diferencial	Dispositivo electro mecánico para la protección contra descargas eléctricas
DIN©	Normalización de Instalaciones Eléctricas
DLNA©	Alianza de Redes Digitales en Viviendas
DNS©	Sistema del Nombre de Dominio
DSL©	Línea Digital de Cliente
DUC©	Cliente de Actualización Dinámica de DNS©
DVI©	Interfaz Visual Digital (solo vídeo)
DYN©	DNS© dinámica o DDNS©
Eagle©	Software de diseño y automatización electrónica
Edilife©	APP de control de dispositivos Edimax©
EIB©	Bus de Instalación Europeo (hoy KNX©)
EIS©	Standard de Interconexión en EIB©
Etcher©	APP de código abierto usado para la grabación de archivos imagen
Ethernet©	Standard de comunicación de redes de área local entre ordenadores
ETS©	Software de Herramientas de Ingeniería para instalaciones KNX©
ext3	Formato de Archivos de Sistema Extendido
FAT32©	Tabla de Asignación de Archivos 32 bits
Fermax©	Fabricante de intercomunicadores electrónicos
Finder©	Fabricante de relés y otros componentes
Fing©	APP de escaneo de dispositivos conectados a la red
Flip-flop	Multi vibrador de dos estados
FreeDyn©	Software para actualizar DNS© dinámicas
Gateway	Dispositivo para la conexión entre otros dispositivos u ordenadores
GIF©	Formato de Intercambio de Gráficos
Gigabit©	Standard Ethernet© de 1.000 Mbs
Gmail©	Servicio e-mail de Google©
Google Home©	Altavoz inteligente con Inteligencia Artificial de Google©

Término	Descripción
GPIO©	Entrada/Salida de Propósito General
Handshake	Protocolo de establecimiento de comunicación
HDMI©	Interfaz Multimedia de Alta Definición
HGU©	Unidad Gateway del Hogar
Home©	APP de gestión del Google Home© Mini
Domótica	Técnicas para automatizar el hogar
http://	Protocolo de Transferencia de Hipertexto
https://	Protocolo Seguro de Transferencia de Hipertexto
HUB©	Elemento de red para conectar varios dispositivos Ethernet©
I2C©	Interfaz de interconexión de Circuitos Integrados de Raspberry©
iCircuit©	Software de simulación de Circuitos Electrónicos
IDLE©	Entorno de Desarrollo para Python©
IFTTT©	Software de integración de dispositivos y aplicaciones del tipo "If This Then That"
IGMP©	Protocolo de Gestión de Grupos Internet
IHC©	APP de Broadlink© RM© mini
Impedancia	Resistencia aparente de un circuito equipado con capacidad y auto inducción
Integrador	Software que gestiona interacciones entre aplicaciones y dispositivos
Interfaz	Conexión entre dispositivos o sistemas
iOS©	Sistema operativo móvil de Apple©
IP	Dirección para Protocolo de Internet
IPScanner©	Software para conocer la IP de dispositivos conectados a una red
IR	Dispositivo infra rojo
ISO	Imagen exacta o copia de un archivo
Itead©	Fabricante de switches Sonoff©
Kasa©	APP para control de bombillas WIFI de TP-Link©
KNX©	Standard propietario para el control de casas y edificios (antes EIB©)

Término	Descripción
LAN	Red de Área Local
LB100©	Bombilla WIFI de TP-Link©
LED	Diodo Emisor de Luz
LXTerminal©	Software de Terminal en Raspbian©
MAC	Dirección de Control de Acceso a Medios
McAfee©	Software antivirus
MD5©	Algoritmo de Gestión de Mensajes con encryptación tipo 5
Mesh	Red inalámbrica con un único SSID
MHL	Conexión móvil de alta definición
MOSFET	Transistor Efecto Campo con semiconductor de óxido de metal
NAS	Almacenamiento Anexo a la Red
NAT	Traslación de Direcciones de Red
Netflix©	Proveedor de contenido multimedia
NFC©	Comunicación de Campo Cercano
NGROK©	Software de acceso al servidor local desde Internet con URL dinámica
NO-IP DUC©	Actualizador de cliente con DDNS© para entornos NO-IP©
NOOBS©	Nuevo Software "Out Of Box" para instalación de Raspberry©
NPCI©	Información de Control de Protocolos de Red
NPM©	Gestor de Paquetes de Nodos
NPN©	Transistor con capas N, P y N
ONT©	Terminación de Red Óptica
Optoacoplador	Interruptor acoplador activado por luz
OSX©	Sistema operativo para ordenadores Apple©
PCB	Placa de Circuito Impreso
PCM	Modulación por Pulsos Codificados
PEI-10©	Interfaz Físico Externo de Acoplador de Bus con 10 pin para sistemas KNX©
PHP©	Pre Procesador de Hipertexto. Lenguaje de Propósito General
Piezo	Cristal transductor electro acústico

Término	Descripción
eléctrico	
Ping	Programa de diagnóstico de red
PLEX©	Servidor de contenido multimedia
PNP©	Transistor con capas P, N y P
Port	Canal del Router donde se organiza el envío de información
Pycharm©	Editor profesional de programas Python©
Python©	Lenguaje de programación interpretado
Raspberry©	Micro ordenador creado por la Fundación Raspberry© y basado en tecnología ARM©M
Raspbian©	Distribución del sistema operativo Linux© basado en Debian©
Relé	Interruptor electromagnético y mecánico
Re disparable	Permite reiniciar el pulso con un nuevo disparo antes de completar el tiempo del pulso anterior
Ripples©	Salva pantallas en Raspbian©
RISC©	Ordenador con un Conjunto Reducido de Instrucciones
RJ11	Conector usado en redes de telefonía
RJ45	Conector usado en redes de ordenadores
Router	Dispositivo para conectar ordenadores a una red
Rutina	Programa que contiene instrucciones, actividades o tareas independientes
RS232©	Interfaz de comunicación binaria serie
RTS/CTS	Controles de flujo de envío del tipo: Pregunta para Enviar/Borrar para Enviar
RxD	Datos Recibidos
Samba©	Protocolo de transferencia de Microsoft©
Schmitt© trigger	Comparador electrónico especial con disparador
Sensor	Dispositivo que captura variables físicas
Servidor	Gestor de aplicación que maneja peticiones de dispositivos tipo cliente
Sodial©	Fabricante del conversor de niveles lógicos ADUM1201©

Término	Descripción
Sonoff©	Switch Itead© basic
Speedtest©	Software test de velocidad
SPI©	Interfaz de Periféricos Serie para Raspberry©
SQL©	Lenguaje de Peticiones Estructuradas usado en gestión de base de datos
SSH©	Cubierta Segura para acceso remoto a un servidor
SSID©	Identificador de servidor o de WIFI
STB©	Conexión "set top box" o descodificador
Stretch©	Versión de Raspbian©
Switch	Dispositivo que permite derivar o interrumpir una corriente eléctrica
Tado²©	Termostato electrónico con geolocalización
Tao-Glow©	Lámpara de colores con mando infrarrojo
TCP/UDP©	Protocolo de Control de Transmisión /Protocolo de Datos de Usuario
TCPI©	Información de Control del Transporte de Información
Telegram©	Software de comunicaciones personales
Terminal©	Aplicación Raspbian© para entrar texto
Timeout	Tiempo máximo pre establecido para ejecutar un proceso
Tkinter©	Crea, ubica y gestiona botones en pantalla para controlar programas Python©
TP-Link©	Fabricante de la bombilla WIFI LB100© y del extensor de WIFI TL-WA850RE©
Transistor	Dispositivo electrónico para amplificar o conmutar señales eléctricas
TTL©	Tecnología de integración de transistores
TxD	Transmisión de Datos
UART©	Transmisor, Receptor Universal Asíncrono
Ubuntu©	Distribución del sistema Linux©
Ugreen©	Fabricante del interfaz serie vs USB
UHD©	Definición ultra alta, similar al 4K
UPS	Sistema de Alimentación Ininterrumpida

Término	Descripción
URL	Localizador de recursos de red
uSD	Memoria micro SD (seguridad digital)
Válvula	Dispositivo de control de fluidos
VDS©	Sistema Digital de Video de Fermax©
VirtualBox©	Software para virtualización de varios sistemas operativos
VNC©	Red virtual de ordenadores
WAP©	Protocolo de Aplicaciones Inalámbricas
Watchdog	Circuito electrónico automático de control del flujo de un programa
WD©	Fabricante Western Digital©
Webhook©	Método de modificación en la operación de una página Web
WIFI	Conexión inalámbrica digital
Workgroup	Protocolo Microsoft© de redes de trabajo
x bauds	Símbolos (1 ó más bits) por segundo
x bps	Bits por segundo (velocidad transmisión)
x cm	Centímetros (longitud)
x dB	Decibelios (sonido)
x fps	Frames por segundo (vídeo)
x Hz	Hertz (ciclos por segundo)
x mA	Mili amperios (corriente eléctrica)
x uF	Micro faradios (capacidad eléctrica)
x v	Voltios (tensión y voltaje eléctricos)
x w	Vatios (potencia eléctrica)
x Ω	Ohmios (resistencia eléctrica)
Xscreensaver©	Salva pantallas en Raspbian©
ZIP	Formato de compresión de archivos

☺☺☺

*Agradecimientos

Muchas gracias por comprar y especialmente por leer este libro. Mi intención siempre ha sido ayudar y compartir experiencias con otras personas como tú.

Espero que te haya gustado y cualquier sugerencia agradecería lo indicaras en mi blog.

gregochenlo.blogspot.com

Nuevamente muchísimas gracias.

☉☉☉

Notas (v4):

www.ingramcontent.com/pod-product-compliance
Lightning Source LLC
Chambersburg PA
CBHW021349210526
45463CB00001B/30